W0048751

Peter Sawtschenko
Positionierung – das erfolgreichste Marketing
auf unserem Planeten

Peter Sawtschenko

Positionierung – das erfolgreichste Marketing auf unserem Planeten

Das Praxisbuch für ungewöhnliche Markterfolge

Von der Austauschbarkeit zur
Alleinstellung – die erfolgreichsten
Praxis-Strategien für kleine
und mittelständische Unternehmen

Bibliografische Informationen der Deutschen Bibliothek

Die Deutsche Bibliothek verzeichnet diese Publikation
in der Deutschen Nationalbibliografie;
detaillierte bibliografische Daten sind im Internet über
http://dnb.ddb.de abrufbar.

ISBN 3-89749-506-6

Lektorat: Dr. Sonja Ulrike Klug, www.buchbetreuung-klug.com
Umschlaggestaltung: +Malsy Kommunikation und Gestaltung, Willich
Satz und Layout: Das Herstellungsbüro, Hamburg
www.buch-herstellungsbuero.de
Druck und Bindung: Salzland Druck, Staßfurt

Copyright © 2005 GABAL Verlag GmbH, Offenbach
Alle Rechte vorbehalten. Vervielfältigung, auch auszugsweise, nur
mit schriftlicher Genehmigung des Verlages.

www.gabal-verlag.de

Inhalt

Vom Krisen- zum Chancenmarketing

Liebe Leserin, lieber Leser!

Dieses Praxisbuch wird – da bin ich mir sicher – eines der wichtigsten Marketingbücher in Ihrem Leben. Anhand von Praxisbeispielen werde ich Ihnen beweisen, dass gesteigerte Marketingaktivitäten bei Unternehmen, Dienstleistungen oder Produkten zu keinen Erfolgen führen, eine Neupositionierung hingegen traumhafte Erfolge erzielt. Denn Positionierung ist das erfolgreichste Marketing auf unserem Planeten.

Die alltägliche Situation in vielen Unternehmen sieht heute so aus: Trotz steigender Investitionen ins Marketing, wie Anzeigen, Mailings und Vertriebsbemühungen, sinkt die Nachfrage. Durch ein Überangebot von Wettbewerbern, Konsumzurückhaltung und einen harten Preiskrieg wandern immer mehr Kunden zu Konkurrenten ab und immer weniger Angebote werden in Aufträge umgewandelt. Größer werdende Auftragslöcher, Wettbewerber aus den Billigländern, sinkende Umsätze und Gewinne sowie das Rating der Banken machen die Zukunft ungewiss. Doch es gibt einen Ausweg aus der Krise.

Wenn Sie dieses Buch gelesen haben, werden Sie Ihr eigenes Unternehmen, Ihren Markt und Ihre Wettbewerber, Ihr Marketing, Ihre Werbung und Zukunftschancen mit anderen Augen, aus einer neuen Perspektive, sehen. Positionierung ist die Energiequelle und der Turbolader für ungewöhnliche Markterfolge. Es ist die »Geheimwaffe«, mit der Sie sich der Krise, der Austausch-

Werden Sie die Nr. 1 im Kopf Ihrer Zielgruppe

barkeit und dem Preiskampf erfolgreich entziehen, die Nachfrage steigern, neue Spezialisierungsmarktnischen finden und zu einer erfolgreichen Marke werden.

Was Sie erfahren Lassen Sie sich inspirieren und lernen Sie aus den Praxisbeispielen und Positionierungsstrategien! Erfahren Sie unter anderem,

- warum ein Unternehmen mit 15 Mitarbeitern, das durch einen harten Wettbewerb und Preiskrieg fast die Hälfte seiner Kunden verloren hatte, nach seiner Neupositionierung innerhalb von nur zwei Tagen 40 Prozent neue Kunden hinzugewann;
- wie ein kleines spezialisiertes Beratungsunternehmen bei einer Zielgruppenanalyse eine Marktnische erkannte und durch dessen gezielte Nutzung im zweiten Jahr einen Umsatzzuwachs von über 500 Prozent verbuchte;
- warum wir ein Bauunternehmen nach einer Existenz- und Branchenkrise zum unbequemsten Traumhaus-Realisierer Deutschlands positionierten, es dadurch über 80 Prozent aller Anfragen in Aufträge umwandelte und die Bauherren Schlange stehen;
- wie scheinbar austauschbare Produkte mit einer speziellen Positionierungsstrategie als völlig neu wahrgenommen werden und sogar einen höheren Preis erzielen, ohne tatsächlich verändert worden zu sein;
- warum die Analyse eines Patents unter Marketinggesichtspunkten zu einer weltweit einmaligen Produkteigenschaft führte und der Vertrieb innerhalb von zwei Monaten einen Auftragszuwachs von über 60 Prozent verzeichnete – und das in einem stagnierenden Markt;
- wie ein Dienstleistungsunternehmen durch ein neues Positionierungskonzept Vermeiderzielgruppen in Kunden umwandelte und seine Auslastung von 75 auf 95 Prozent erhöhte;
- wie Freiberufler durch Spezialisierung zu gefragten Beratern und zu erfolgreichen Marken werden, und das sogar ohne Werbebudget;
- wie Sie in Zielgruppen-Netzwerken durch Informationsbesitzer, Zielgruppen- und Auftragsbesitzer, Lieferanten

und Zielgruppentreffpunkte neue Kunden finden und Aufträge akquirieren;

- wie Sie im Zielgruppendialog Ihre Innovationen absichern und warum falsche Zielgruppen sich demotivierend auf Ihr Unternehmen und Ihre Mitarbeiter auswirken – und vieles andere mehr.

Als ich mich 1991 mit einer Werbeagentur für Strategisches Dialogmarketing selbständig machte, hatte ich das Glück, dass einer meiner ersten Kunden die FAZ-Informationsdienste mit der EKS-Strategie* (Engpass-Konzentrierte Strategie) wurde. Die EKS ist die Strategie der weltweit erfolgreichsten Unternehmen. *Wolfgang Mewes,* der Begründer der EKS, analysierte den Erfolg von mehreren tausend Führungskräften und Unternehmen und fand heraus, dass sie alle – bewusst oder unbewusst – nach einer ähnlichen Strategie vorgingen, die er in einem Fernlehrgang für jedermann verständlich und nachvollziehbar festhielt. Die EKS gab meinem Werbedenken eine neue Dimension der logischen Zusammenhänge von Erfolgsfaktoren und ist auch in meiner Beratung kleiner und mittelständischer Unternehmen zum Leitfaden geworden.

Die eigene Positionierung entwickeln

Positionierung ist das Instrument mit der stärksten Hebelkraft für kleine und mittelständische Unternehmen aus allen Branchen, wie z. B. Dienstleister, Handwerker, Produkthersteller, Existenzgründer, Serviceunternehmen, Händler, selbst Einzelpersonen wie Berater und Freiberufler.

Das Buch beschäftigt sich mit den wichtigsten Grundregeln der Positionierung, die auf der EKS-Strategie basieren. Die EKS-Strategie ist der Weg zu konkurrenzlosen Spitzenleistungen. Mit ihr sind Unternehmen wie *Kärcher, Belimo, ASWO* usw. zu Markt- oder Weltmarktführern geworden, und sie wurde auch für mich zum Leitfaden.

Reale Praxisbeispiele und Anleitungen

In Teil 1 werden zunächst die theoretischen Grundlagen der Positionierung und des Markenaufbaus behandelt. In Teil 2 bis Teil 6

* EKS® ist ein eingetragenes Warenzeichen

wird eine Fülle verschiedener Positionierungsstrategien aus unterschiedlichen Bereichen vorgestellt und jeweils anhand von realen Praxisbeispielen erfolgreicher Unternehmen veranschaulicht.

Überwiegend finden Sie Positionierungsstrategien und -beispiele kleinerer und mittelständischer Unternehmen, aber auch übertragbare Beispiele mittlerweile groß gewordener Unternehmen, die vor Jahren als kleine gestartet sind. Alle erfolgreichen großen Unternehmen haben einmal klein und meist in einer Nische angefangen; sie sind nicht ohne Grund zu (Welt-)Marktführern geworden. Ich zeige auf, dass die Gesetze der Positionierung auch auf kleine Unternehmen übertragbar sind.

Zu den Positionierungsstrategien finden Sie jeweils Hinweise und Fragen, durch deren Beantwortung Sie Schritt für Schritt Ihre eigene derzeitige Situation analysieren, dann Ihre Positionierung entwickeln und neue Alleinstellungsmerkmale am Markt finden können. Sie werden die Gründe Ihrer Erfolge oder Misserfolge erkennen und Ihre Wahrnehmung für Positionierungschancen schärfen. Die bewusste Suche nach neuen Marktchancen führt Sie automatisch zu neuen Positionierungsnischen. Ich zeige Ihnen, welche Techniken Sie dabei anwenden und wie Sie neue Marktnischen besetzen können.

Eine Markt- bzw. Spezialisierungsnische oder eine Produktpositionierung zu erarbeiten ist der erste wichtige Schritt. Der zweite Schritt ist die Erarbeitung der inhaltlichen Positionierung, der Marketingplan und die werbliche Umsetzung. Hierbei werden Unternehmen oft alleine gelassen. Wenn sich jemand auf Marktnischenstrategien spezialisiert hat, sind es meist Berater, aber kaum eine Werbeagentur. Die Kombination beider übergreifender Disziplinen bietet die beste Voraussetzung, um auch die Markteinführung und Marktdurchdringung sicherzustellen.

Kommende Anforderungen an Werbeagenturen Gerade Werbeagenturen sind bisher noch nicht darauf eingestellt, über den Tellerrand der Planung von Marketingaktivitäten hinauszuschauen. Aber die Aufgaben und Anforderungen an Agenturen werden sich in den nächsten Jahren zwangsläufig verändern. Wenn Sie dieses Buch gelesen haben, werden Sie neue Anforderungen an Ihre Werbeagentur stellen. Doch auch als Auftraggeber müssen Sie bereit sein, neue Wege einzuschlagen, um die Floprate von Marketingaktivitäten zu minimieren. Neue Wege zu gehen bedeutet auch, nicht nur in typischen Werbemaßnahmen zu denken, sondern bereit zu sein, einen Teil des Werbebudgets erst einmal in die Erarbeitung von Positionierungsstrategien zu investieren, bevor Sie mit der Werbung beginnen. Ich werde Ihnen beweisen, dass danach die Marketingmaßnahmen bedeutend erfolgreicher werden.

Die Werbeagentur der Zukunft sollte sich vor allem – und nicht nur, wenn sie für kleine und mittelständische Unternehmen arbeitet – sehr intensiv mit der Entwicklung von Positionierungsstrategien auseinander setzen.

So ziehen Sie den größten Nutzen aus diesem Buch

Arbeiten Sie grundsätzlich schriftlich. Beantworten Sie die Fragen und ergänzen Sie die jeweiligen Bereiche, wenn neue Ideen auftauchen. Die Entwicklung einer neuen Positionierung ist keine Eintagsfliege, sondern ein kontinuierlicher Prozess; sie sollte daher ein fester Bestandteil Ihrer Arbeit werden. Die ständige Beschäftigung mit seiner eigenen Positionierung schärft die Aufmerksamkeit für Möglichkeiten. Eigentlich ist alles schon da, man muss nur lernen, es zu sehen.

Je nachdem, wie man ein Buch liest, kann man sich maximal ca. 10 bis 20 Prozent des Gelesenen merken. Es gibt aber eine effektive Methode, wie man über 80 Prozent gleich im Langzeitgedächtnis speichert, die Erkenntnis mit dem eigenen Unternehmen verbindet, bewusst hinschaut und konditioniert. Wenn Sie ein Kapitel oder eine für Sie wichtige Information gelesen haben, tun Sie zwei Schritte:

Sich mehr Informationen merken

1. Schließen Sie die Augen und verbinden Sie jede neue Information mit dem bestehenden Wissen. Verknüpfen Sie beide zu einer Informationskette.
2. Stellen Sie sich vor, Sie erklären einem vor Ihnen stehenden Mitarbeiter, Freund oder Geschäftspartner die wich-

tigen Erkenntnisse. Je intensiver Sie es tun, d.h., je mehr Sinnesorgane und Emotionalität Sie in der Vorstellung aktivieren, desto »lauter« erreicht es Ihr Langzeitgedächtnis. Je lauter Sie innerlich reden, gestikulieren und deutlich das Gegenüber sehen, desto bildlicher wird die Information im Langzeitgedächtnis abgelegt.

Betriebsblindheit Machen Sie immer den Spagat, indem Sie versuchen, die Erkenntnisse auf Ihr Unternehmen zu übertragen. Laufen Sie nicht in die »Geht bei uns nicht«-Falle. Die Betriebsblindheit ist ein ganz normales Phänomen. Lassen Sie sich auch von der Hilflosigkeit anderer nicht beeindrucken.

Nach Hunderten von Beratungen kann ich Ihnen versichern, dass es so gut wie immer Spezialisierungs- bzw. Wachstums- oder Produktalleinstellungspotenziale gibt, und zwar auch in scheinbar ausweglosen Situationen. Vielfach sind sie bereits im Unternehmen vorhanden, werden aber nicht gesehen.

Nach der Lektüre des Buches ziehen Sie sich am besten zwei bis drei Tage in ein Hotel zurück und erarbeiten in einem gemeinsamen Workshop mit dem Management, der Geschäftsleitung, den Marketing- und Verkaufsleitern, der Produktions- und Entwicklungsleitung und Ihrer Werbeagentur – kurzum: mit allen am Erfolg des Unternehmens wesentlich Beteiligten – die verschiedenen Möglichkeiten einer erfolgreichen Positionierung. Wenn mein Terminkalender es zulässt, stehe ich Ihnen gerne als Berater zur Verfügung.

Wie entsteht Erfolg, und was kann ihn verhindern?

Keine Angst vor Veränderungen! Das erste große Hindernis, vor allem wenn es sich um Spezialisierungsstrategien handelt, sind die Menschen selbst, die Angst vor Veränderungen, das Festhalten an alten Gewohnheiten und ihre Erfahrungen. Zuerst müssen Sie Ihren Kopf freimachen, bereit sein, umzudenken und neue Erkenntnisse aufzunehmen. Außerdem müssen Sie bereit sein, einiges zu verändern. Weil es zu risi-

koreich erscheint, gehen viele Menschen nur zögerlich und halbherzig vor. Haben Sie bitte keine Angst vor Veränderungen! Denn
zuerst wird es nur in Ihrem Kopf passieren ohne Auswirkungen
auf Ihren Alltag. Erst wenn es in Ihrem Bauch und in Ihrem Kopf
stimmt, werden Sie aktiv. Vermeiden Sie jegliches Risiko und
sichern Sie sich im Markt durch »Versuch und Irrtum« ab. Sie
sollten sich bis zu einer Stunde täglich mit Ihrer Positionierung
beschäftigen. Haben Sie erst einmal Ihre Sinne geschärft, werden
Sie die Potenziale automatisch im Tagesablauf beschäftigen und
sich selbst, die Kunden und Zielgruppen, deren Wünsche und
Probleme und dahinter stehende Nischen aus einer ganz neuen
Perspektive sehen.

> **»Es kommt nicht darauf an, mit dem Kopf durch die Wand
> zu gehen, sondern mit den Augen die Tür zu finden.«**
> (Werner von Siemens)

Dieses Buch bietet Ihnen viele neue Sichtweisen, Ihr Unternehmen und dessen Positionierung aus einer neuen Perspektive zu
sehen und den Erfolg deutlich zu verbessern. Die vielen Praxisbeispiele und Fragen können Ihnen den Weg weisen – aber gehen
müssen Sie ihn schon selbst.

Mitglied im Netzwerk »Rasierte Stachelbeeren«

Dieses Buch baut auf meinem letzten Buch *Rasierte Stachelbeeren*
auf. Als Leser haben Sie die Möglichkeit, kostenlos Exklusivmit-
glied im Netzwerk »Rasierte Stachelbeeren« zu werden. Auf diese
Weise können Sie zusätzliche Checklisten zum Buch zur Erarbeitung Ihrer eigenen Positionierung im Internet herunterladen. Sie
erhalten aktuelle Informationen und weitere Erfolgsbeispiele. Das
Netzwerk ist eine Plattform für Profis und Einsteiger, für einen
Erfahrungsaustausch unter den Mitgliedern.

Wenn Sie selbst eine »Erfolgsstory« sind oder Sie welche kennen,
würde ich mich freuen, wenn Sie mir diese mit wenigen Worten
zukommen ließen. Ich werde sie dann mit Ihrem Einverständnis
recherchieren, analysieren und die Vorgehensweise dahinter in

meinem nächsten Buch und in meinem »Rasierte-Stachelbee-ren«-Newsletter per E-Mail veröffentlichen. So profitiert jeder von den Erfahrungen anderer.

www.sawtschenko.de Auf unserer Homepage *www.sawtschenko.de* können Sie sich als Mitglied anmelden. Als Buchleser werden Sie automatisch Exklu-sivmitglied, wenn Sie zusätzlich den Code »Planet« eingeben. Die Mitgliedschaft ist kostenlos und unverbindlich. Nach der Registrie-rungsbestätigung haben Sie Zugang zum Mitgliederbereich.

Und nun viel Erfolg bei der Entwicklung Ihrer Positionierungs-strategie, viel Spaß beim Lesen und viele Erkenntnisse für Ihr Unternehmen!

Peter Sawtschenko   *Frühjahr 2005*

TEIL 1

Einführung

1. Das Problem der Austauschbarkeit

Die Schere zwischen Werbeaufwendungen und Werbewirkung

Seit mehreren Jahren sind viele Unternehmen konfrontiert mit stagnierenden Märkten, zunehmend vergleichbaren Leistungen und sinkender Kommunikationseffizienz. Wachsende Kaufzurückhaltung von Seiten der Konsumenten und steigende Preissensibilität führen außerdem zu einer veränderten Kaufkultur. Das verlangsamte Wirtschaftswachstum in nahezu allen Branchen zwingt Unternehmen, ihre verfügbaren Ressourcen effektiver und effizienter einzusetzen, um den langfristigen Erfolg am Markt zu sichern. Es wird immer deutlicher, dass der Erfolg von Werbeinvestitionen in traditionellen Massenmedien, wie TV, Radio und Printmedien, stetig sinkt.

Verlangsamtes Wirtschaftswachstum

Die Informations- und Werbeflut hat zu einer selektiven Wahrnehmung bei den Verbrauchern geführt. Viele Firmen kommen nicht mehr in die Köpfe der Verbraucher hinein, weil die Informationsüberlastung zu einem Filtern dessen führt, was überhaupt noch geistig aufgenommen wird. Nur mit einem Alleinstellungsmerkmal auf dem Markt haben es Unternehmen leicht, ein klares Vorstellungsbild ihrer Produkte und Dienstleistungen bei ihren Zielgruppen zu verankern. Und nur dann erzeugt Werbung eine Wirkung.

»Ein Geschäft zu eröffnen, ist leicht. Schwer ist es, es geöffnet zu halten.«
(Chinesisches Sprichwort)

Um dennoch zum Konsumenten durchzudringen, werden die Werbeaufwendungen daher häufig überproportional gesteigert. In dieser Spirale öffnet sich aber auch die Schere zwischen Aufwendungen und erzielter Wirkung immer weiter. Effektivität und Effizienz werden dadurch zum zentralen Problem der Kommunikationsstrategie.

Die sinkende Effektivität hat in den letzten Jahren zu einer Verschiebung der Mediainstrumente und der Suche nach neuen Strategien geführt. Die Geheimwaffe Positionierung mit der Verbesserung der Marketingeffizienz durch geringere Streuverluste bei erhöhter Wirkung löst viele Probleme.

Wer heute konkurrenzfähig bleiben will und dabei die wichtigen Grundregeln der Positionierung und die Chancen der Nischenstrategien beachtet, kann sein Produkt, seine Dienstleistung oder sein Unternehmen nicht nur erfolgreich als eigenständige Marke etablieren, sondern auch die Nr. 1 im Kopf seiner Zielgruppe werden.

Der Friedhof der Konkurse

Auftragsverluste im Anbietermarkt

Immer wieder kommen Unternehmen zu mir, die die Zeichen des ruinösen Anbietermarktes lange ignoriert haben und Aufträge an Wettbewerber verlieren. Das sind z. B. Unternehmen, die als Zulieferer in gefährliche Abhängigkeit von ihren Auftraggebern gerieten. Wer noch glaubte, dass die Loyalität der Kunden und die Qualität der Produkte Sicherheit gab, wurde bald eines Besseren belehrt. Trotz verstärkten Marketing- und Vertriebsaufwandes sowie Preisdumpings sanken Auftragsbestand und Deckungsbeitrag rapide. Je weniger Erfolg, desto mehr strengte man sich an. Besonders für kleine und mittelständische Unternehmen wird es scheinbar immer schwieriger, gegen die großen Konkurrenten mit ihrem Marketing-Know-how und ihrem Mediabudget mitzuhalten.

Durch Liquiditätsengpässe, Streichung von Fördermaßnahmen, Basel II – also das ruinöse Rating der Kreditgeber und die damit geplante Verwaltung der Kreditverweigerungspraxis – werden in Zukunft noch viele weitere Unternehmen auf dem Friedhof der Konkurse landen. Viele Unternehmen wissen, dass sie etwas tun bzw. verändern müssen. Doch die Frage ist, was. Wie lassen sich Risiken vermeiden? Wie kann man den Erfolg sicherstellen?

Die Zukunft steckt voller Chancen, aber nur wenige nutzen sie. Ziel ist es nicht, die Vergangenheit zu verteidigen, sondern die Zukunft zu erschaffen und zu einer erfolgreichen Marke zu werden.

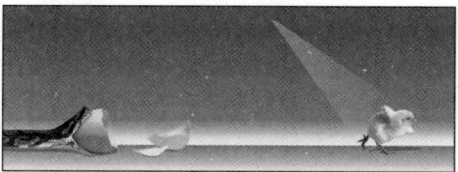

Die Großen fressen die Kleinen – wirklich?

Warum gibt es so viele Spezialisten und besondere Dienstleistungen, aber keiner kennt sie? Warum gibt es so viele Produkte mit hoher Qualität, aber die schlechteren werden besser verkauft? Warum klagen so viele hoch qualifizierte Berater über mangelnde Aufträge, obwohl viele Firmen nach ihnen suchen? Warum verlieren Unternehmen, trotz steigenden Werbeaufwandes, Marktanteile, obwohl die Branche boomt? Warum wandeln immer mehr Unternehmen immer weniger Anfragen in Aufträge um? Wie kann man trotz Branchenkrise ein gesundes Wachstum erreichen?

Den Schlüssel finden Sie in den beiden Bildern auf den Seiten 19 und 21. Die Bäume stehen stellvertretend für eine Branche. Der einzelne Baum steht für ein Unternehmen, ein Produkt oder eine Dienstleistung. Bevor Sie weiterlesen, nehmen Sie sich bitte Zeit, um sich das folgende Bild anzuschauen. Erkennen Sie die Unterschiede zwischen den Bäumen? Notieren Sie mindestens fünf

Unterscheidungsmerkmale. Die große Erkenntnis, die im Bild auf Seite 21 verborgen liegt, haben viele Unternehmen aus den Augen verloren.

Haben Sie die Unterschiede entdeckt? Mussten Sie intensiv danach suchen? Haben Sie dafür einige Zeit gebraucht? Oder fiel es Ihnen sehr schwer, deutliche Unterschiede zu erkennen?

Fehlende Einzigartigkeit So wie es Ihnen beim Bild auf Seite 19 erging, so ergeht es vielen Kunden und Unternehmen: Man sieht keine Unterschiede. Kunden haben das Problem, dass viele Anbieter schlichtweg austauschbar oder schlecht positioniert sind. Gehören Sie auch dazu? Folgerichtig taucht die Frage auf:

Warum soll ein Kunde ausgerechnet bei Ihnen kaufen und nicht bei Ihren Wettbewerbern?

Die wenigsten Unternehmen wissen eine Antwort auf diese Frage, weil sie kein klares Alleinstellungsmerkmal haben. Machen Sie doch mal einen Test und fragen Sie bekannte Unternehmen, was das Einzigartige an deren Angebot ist und warum Sie gerade bei ihnen kaufen sollen. Sie werden überrascht sein, wie wenige Unternehmen und deren Mitarbeiter in der Lage sind, ihre Einzigartigkeit in einem klaren und einfachen Satz zu erklären. Das bedeutet, der Kunde soll ohne einen triftigen Grund kaufen. Diese Unternehmen haben in der Regel Probleme mit ihrem Wachstum und kommen meist gerade so über die Runden. Inhaber und Mitarbeiter sind häufig demotiviert, reagieren nur in Verkaufsgesprächen, statt zu agieren, und erzielen nur einen Bruchteil dessen, was sie eigentlich erreichen könnten.

Positionierung – anders sein als andere

Positionierung beschäftigt sich damit, Lücken im Markt zu finden und sie zu besetzen. Es geht um eine Lücke bzw. Nische, in dem Ihr Unternehmen, Ihre Dienstleistung oder Ihr Produkt als einzigartig wahrgenommen wird, sich entfalten kann und Wachstumschancen hat.

Der Begriff »Nische« oder »Marktlücke« hat hierzulande einen negativen Beigeschmack – völlig zu Unrecht. Alle wirklich erfolgreichen Unternehmen, wie z.B. *Ebay, Kärcher* und viele der in diesem Buch dargestellten, sind zuerst in einer Nische gestartet. Erst wenn sie dort den Durchbruch erreicht hatten, dehnten sie ihr Wirkungsfeld aus und erweiterten ihren Markt.

Eine Neupositionierung hilft Ihnen, sich der Austauschbarkeit und den Preiskampfgesprächen zu entziehen. Nur wer sich von anderen unterscheidet, Alleinstellungsmerkmale hat und für eine besondere Spezialisierung bzw. Zielgruppe steht, wird in Zukunft profitabel arbeiten. Wer sich nicht unterscheidet, für den legt die Konkurrenz oder legen die Kunden den Preis fest.

Heraus aus der Austauschbarkeit

Das Bild des kleinen Baumes zwischen den großen in der folgenden Abbildung zeigt, wie es funktioniert: Auch der kleine Anbieter hat zwischen den großen Platz, wenn er sich auf sein Wachstum in der Lücke konzentriert.

Die Austauschbarkeit bringt Kunden dazu, selbst nach Unterscheidungsmerkmalen zu suchen. Ist es nur der Preis, dann werden sie auch danach entscheiden. In einem Anbietermarkt ohne Alleinstellungsmerkmal bleiben als Unterscheidungsmerkmal anscheinend nur Hardselling-Methoden oder der Preis, wie die jetzt überall so beliebten Werbeslogans *»Geiz ist geil«* oder *»Billig will ich«* verdeutlichen. Sie zeigen, dass viele Käufer sich in ihrer Orientierungslosigkeit einzig am Preis ausrichten, weil sie ansonsten keine Unterschiede in den Angeboten mehr erkennen können.

Wer sich nicht selbst positioniert, wird positioniert. Ist das einzige Unterscheidungsmerkmal der Preis, so wird man auch danach unterschieden. Wer positioniert wird, kann sein Markenimage nicht selbst bestimmen.

Hinter Slogans wie »*Geiz ist geil*«, »*ich bin doch nicht blöd*« usw. stecken Werbestrategien großer einkaufsstarker Unternehmen, die über die Masse und Dumpingpreise im Ein- und Verkauf Schlachten um Marktanteile kämpfen. Dem Kunden ist das nur recht. So pokert er mit den Preisen der Wettbewerber, und das Preisgespräch wird zwangsläufig zu einem festen Bestandteil im Verkaufsgespräch. Schnäppchen zu machen ist mittlerweile zum Volkssport geworden. Der moderne Kunde fällt seine Kaufentscheidung nicht erst beim Einkaufsakt, sondern informiert sich verstärkt vorher nach den Preisen. Diese Erkenntnis wird von den Markt-Mediastudien bestätigt. Schnäppchenjäger sind aber nicht gleichzusetzen mit Billigkäufern, sondern mit Verbrauchern, die Marken preiswert kaufen wollen.

Die Negativspirale

Harter Wettbewerb sowie austauschbare Produkte und Dienstleistungen unterliegen grundsätzlich dem Preiskampf. Das bedeutet: geringer Deckungsbeitrag, mangelnde Liquidität, sinkende Loyalität und schlechte Kreditwürdigkeit. Ohne Alleinstellung steigt der Streuverlust in der Werbung. Die Umwandlungsquote von Anfragen und Angebotserstellung in Aufträge wird immer geringer und die Neukundengewinnung immer teurer. Gleichzeitig steigen die Werbeaufwendungen. Ein vernünftiger Deckungsbeitrag ist scheinbar nur noch mit Masse und Personaleinsparungen zu erreichen, was in der Regel auf Kosten des Kundenservice geht. Ohne Budget keine Werbung – ohne Werbung keine Neukunden. Steckt ein Unternehmen in dieser negativen Spirale, so wird es dringend Zeit, über seine eigene Positionierung nachzudenken.

Der negativen Spirale folgt die Demotivation

Wer als kleines und mittelständisches Unternehmen im Kopf der Kunden in der Preisschublade landet, produziert auf Dauer noch mehr große Probleme. Die anderen austauschbaren Wettbewerber versuchen ebenfalls, über den Preis Aufträge an Land zu ziehen. Der Preiskrieg und das Verkaufsgespräch mit Sonderangeboten wird zum Alltag. Noch viel schlimmer ist das, was bei Unternehmern und deren Mitarbeitern im Kopf passiert. Der Gedanke, dass der Kunde nicht versucht zu handeln, sondern sich aus seinen vorliegenden Angeboten für das günstigere entscheidet, führt zu einer Prostitution im Angebotswesen: Unternehmen sind ständig über die Preise der Wettbewerber informiert, und bei der Angebotserstellung werden nicht selten ohne Aufforderung gleich Sonderkonditionen angeboten. Oder es wird, wie zum Beispiel im Bauhandwerk, durch geschickte Formulierungen ein scheinbar günstiger, aber in Wirklichkeit offener Endpreis angeboten.

Am Ende muss der Kunde für die angeblich nicht voraussehbaren Mehrkosten, für mehr Stunden und Material, draufzahlen. Unzufriedene Kunden, negative Mund-zu-Mund-Propaganda und ein schleichender Ruin sind vorprogrammiert. Schrumpfende Märkte zwingen auch zum Wildern in fremden Revieren. Um große Auftragslöcher zu vermeiden, bieten zum Beispiel Druckereien ihre Leistungen bundesweit zu Dumpingpreisen an. Die Märkte verändern sich immer schneller.

Die Lösung liegt darin, ein neues Alleinstellungsmerkmal zu finden, das ein Unternehmen in den Augen seiner Kunden deutlich von der Konkurrenz abhebt. Ein solches Alleinstellungsmerkmal ist wie eine Motivationsspritze für ein Unternehmen: Es macht Mitarbeiter stolz, wirkt belebend und verändert automatisch jedes Verkaufsgespräch. Aber das Wichtigste ist:

Motivation und Begeisterung für Mitarbeiter und Unternehmen

Unternehmen, die einzigartig sind und in den Augen ihrer Kunden ein Alleinstellungsmerkmal besitzen, brauchen nicht mehr über den Preis zu verkaufen. Statt Preisgesprächen werden mit Kunden und Interessenten Nutzengespräche geführt.

Das Problem der Glaubwürdigkeit bei Bauchladen-Anbietern

Viele Unternehmen sind in einem Nachfragemarkt groß geworden, stehen aber heute überwiegend vor einem Anbietermarkt. Das heißt: Früher bestimmten die Unternehmen über den Preis, weil die Nachfrage der Käufer größer als das Angebot der Firmen war; das war die Situation in den 50er- und 60er-Jahren. Danach wandelten sich die Märkte ins Gegenteil: Der Bedarf wurde mehr und mehr gesättigt, während gleichzeitig das Angebot der Unternehmen immer noch weiter anstieg. So entstand ein Anbietermarkt, in dem die Käufer entscheiden, was sie wo zu welchem Preis kaufen wollen. Mit anderen Worten: Früher saßen die Unternehmen als Verkäufer am längeren Hebel, heute sind es die Käufer als Abnehmer der Waren.

Die Falle der Austauschbarkeit Auf die veränderte Marktsituation reagierten viele Unternehmen mit einer Verbreiterung ihres Produktsangebotes. Sie waren der Ansicht, sich damit auf eine »sicherere« Basis zu stellen, indem sie sich mehrere »Standbeine« zulegten – in dem Glauben: Wenn sich die Produkte A, B oder C nicht mehr so gut verkaufen, dann schaffen eben D, E oder F den nötigen Ausgleich. Doch das ist ein gefährliches Manöver, das zur Angebotsverzettelung führt, aber keineswegs zur Existenzsicherung beiträgt! Denn mit jedem hinzukommenden Angebot, jedem neuen Produkt, jeder neuen Dienstleistung verwässert sich die Kernkompetenz des Unternehmens ebenso wie das Bild, das die Käufer von einem Unternehmen haben. Das Unternehmen verliert mehr und mehr sein Profil. Schließlich weiß niemand mehr, wofür es steht. Auf diese Weise werden Firmen und ihre Produkte austauschbar.

In die Falle der Austauschbarkeit gerät ein Unternehmen dann, wenn es gleiche oder ähnliche Produkte anbietet, wie sie auch andere Mitbewerber anbieten. In diesem Falle fehlt es in den Augen der Kunden an einem besonderen Merkmal, einem herausragenden Nutzen oder einem einzigartigen Vorteil, der ein Produkt erst wertvoll macht, weil es sich darin von anderen Konkurrenzprodukten unterscheidet. Fehlt der Nutzen, so kann nur noch über den Preis verkauft

werden. Denn das Einzige, was die Käufer an einem austauschbaren Produkt noch »geil« finden können, ist der Preis.

Wer als Unternehmen zu einem Bauchladen wird, verwässert langfristig seine Marke, verliert an Profil und steht am Ende für nichts.

Verzettelung ist eine der häufigsten Ursachen für Misserfolg, und zwar sowohl im Produkt- wie auch im Dienstleistungsbereich. Denn Verzettelung führt zu einem unklaren Bild und zu Schwächen in der Kommunikation mit den Kunden. Die Positionierung als Spezialist hingegen führt zur Konzentration, eine grundlegende Voraussetzung für den Erfolg.

Wer es jedem recht machen will, verliert an Profil und wird zur eierlegenden Wollmilchsau,

Wer nur in Marketingaktionen denkt, vernichtet unnötig Geld. Wenn Sie in einem starken Wettbewerbsumfeld ohne eine besondere Alleinstellung agieren und neue Werbeaktionen planen, sollten Sie zuvor über Ihre Positionierung nachdenken. Mit einer Alleinstellung erreichen Sie automatisch eine höhere Aufmerksamkeit und einen höheren Response auf Ihre Aktionen. Zugleich können Sie Geld beim Marketing sparen.

Der Allroundkämpfer verzettelt sich und bleibt in allen Disziplinen mittelmäßig

2. Warum Positionierung unerlässlich ist

Warum sind manche Unternehmen erfolgreicher als andere? Gleichgültig, ob sie als Gegenwind eine Wirtschaftkrise, starken Wettbewerb, Preiskampf oder Marktveränderungen spüren: Sie werden immer erfolgreicher. Ihr Geheimnis ist die richtige Positionierungsstrategie, die ihnen das richtige Alleinstellungsmerkmal im Markt verschafft.

Die richtige Positionierung spielt im Markenaufbau eine wichtige Rolle

Anders sein als andere Jedes Unternehmen sollte sich die Frage stellen: Für was stehen wir und warum soll sich ein Kunde ausgerechnet für uns entscheiden? Um heute in Märkten aufzufallen, muss man einen einzigartigen und andersartigen Nutzen oder Vorteil bieten, der den der Konkurrenten übertrifft bzw. darüber hinausgeht. Es gibt eine Vielzahl von Möglichkeiten, Alleinstellungsmerkmale bzw. Nischenpositionierungen zu finden.

Positionierung hat die Art, wie man heute Werbung betreibt, verändert. Jeder kann die Positionierungsstrategie einsetzen, um ein Produkt, eine Dienstleistung, ein Unternehmen, eine Institution oder eine Person in ein neues und besseres Licht zu rücken.

Positionierung ist das, was man in den Köpfen der Zielgruppe hinterlässt. Marktnischenorientierung,

Zielgruppenorientierung und Nutzenoptimierung sind die stärksten Waffen der flexiblen kleinen und mittelständischen Unternehmen.

Wichtig ist aber, dass sich jede Verbesserung an den konkreten Marktbedürfnissen orientiert. Ebenso wichtig ist der kontinuierliche Dialog mit den Kunden bzw. Zielgruppen. Denn keine andere Quelle kann zuverlässiger Auskunft über die tatsächlichen Bedürfnisse und den Bedarf des Marktes geben als der Markt selbst.

Produkte werden in der Fabrik gemacht – Marken im Kopf

Eine neue Positionierung kann durch eine virtuelle oder durch eine faktische Qualitätsveränderung erreicht werden. »Virtuell« bedeutet, dass ein Produkt, eine Dienstleistung oder ein Unternehmen im Kopf der Zielgruppe als anders, einzigartig oder neu *wahrgenommen* wird – wie eine rasierte Stachelbeere –, ohne dass sich das Produkt *tatsächlich* verändert hätte. Lediglich Verpackung, Preis, Name oder andere Merkmale werden gezielt verändert. Die faktische Qualitätsveränderung bezieht sich auf eine nachweisliche und nachvollziehbare Verbesserung des Produktes.

Im Prinzip kann jedes Kundenproblem eine Markt- und Positionierungsnische sein. Je länger eine Chance bzw. Marktlücke besteht, desto eher kann sie natürlich durch einen Mitbewerber erkannt werden. Ein wichtiger Schritt bei der Suche ist, dass Sie zuvor Ihre Kunden befragen, warum sie bei Ihnen kaufen bzw. gerne kaufen und was Sie noch besser machen können. Möglicherweise werden Sie verblüffende Antworten bekommen und feststellen, dass Sie bereits eine Alleinstellung besitzen bzw. dass Ihre Kunden Ihnen bereits eine besondere Alleinstellung zugewiesen haben. Nehmen Sie auch Kritik dankbar an. Kritik ist eine Quelle für Innovationen und die beste Basis, Ihre Kunden durch ein gezieltes Beschwerdemanagement-Konzept langfristig zu binden: »*Vielen Dank, dass Sie mir Ihr Problem erzählt haben. Die Lösung macht mich reich!*«

Bisher beherzigt nur ein kleiner Prozentsatz aller Unternehmen die Vorteile eines Alleinstellungsmerkmals und macht bedeutend bessere Umsätze bzw. erzielt einen besseren Deckungsbeitrag als andere. Diese Unternehmen haben gegenüber den Mitbewerbern einen unschätzbaren Vorteil.

Stellen Sie sich nur mal vor, dass keiner Ihrer Kunden sich jemals darüber Gedanken machen muss, ob er eine falsche oder schlechte Entscheidung beim Kauf trifft. Wie viel einfacher, vertrauter und erfolgreicher verläuft jedes Verkaufsgespräch! Ihre Verkaufsabschlüsse werden steigen, Sie werden bei jedem Kundenbesuch pro Kopf mehr verkaufen und mit Sicherheit die Kauffrequenz steigern, Sie werden leichter und schneller neue Kunden gewinnen. Das Empfehlungsmarketing bzw. die Mund-zu-Mund-Propaganda laufen zum Nulltarif und lassen Ihre Mitbewerber im Regen stehen.

Neue Ideen und Ansätze für Ihre Positionierung

»Man muss nicht
das Gescheitere
tun, sondern das
Bessere.«
(Jakob Bosshard)

Je nach Unternehmen, Produkt oder Dienstleistung gibt es eine Vielzahl von Positionierungsnischen. Vieles ist schon da und muss nicht neu erfunden werden. Man muss nur lernen zu sehen und auf die eigenen Bedürfnisse zu übertragen. Tausende von Firmen denken täglich über neue Konzepte nach, entwickeln und setzen sie im Markt um. Manche dieser Ideen sind sehr erfolgreich, andere weniger oder gar nicht. Viele Ideen sind auf andere Branchen übertragbar und werden so zur Inspirationsquelle. Kreative Ideen erwachsen häufig aus dem Transfer eines Gedankens auf ein neues Feld, einen anderen Bereich, eine andere Branche.

Fragen an den Leser

Lesen Sie auch unter diesem Aspekt die Unternehmensbeispiele in den folgenden Kapiteln:

- Was lässt sich auf Ihre Branche übertragen?
- Wie könnte ein Transfer in Form eines neuen Produktes oder der Verbesserung eines bestehenden Produktes konkret aussehen?
- Ergibt sich daraus vielleicht schon ein einzigartiger Nutzen, der Ihr Produkt in den Augen Ihrer Kunden bedeutend wertvoller macht, als es bisher war?

In den wenigsten Fällen, vor allem, wenn Sie national tätig sind, finden Sie in der eigenen Branche neue Positionierungsideen. Etwas anderes ist es, wenn Sie regional tätig sind. Dann kann z. B. auch das Internet eine ideale Informationsplattform sein, denn dort finden Sie Positionierungsideen, die sich erfolgreich im Markt etabliert haben, die zu Ihren Stärken passen und die Sie in Ihr Umfeld übertragen können.

Positionierungsideen zu finden bedeutet auch quer zu denken, alte Denkmuster abzulegen, Dinge zu kombinieren und das scheinbar Unmögliche zuzulassen.

Berater

Wer sich Berater auch mal aus anderen Branchen holt, kann seinen Horizont erweitern. Unternehmen, die sich immer wieder Berater aus der eigenen Branche holen, gleichen sich über einen längeren Zeitraum einander an und haben fast zwangsläufig ähnliche Angebote. Denn kreative Anstöße und Veränderungen kommen häufig von außen – von Leuten, die noch nicht betriebs- und branchenblind sind und daher einen unbefangenen Blick auf die Dinge haben.

Der Clio-Effekt

Ein Beispiel ist der Clio-Effekt: Meine Frau bevorzugt kleine Autos. Ihre größte Angst ist, dass sie nicht in eine Parklücke hinein- oder aus ihr herauskommt. Als sie vor Jahren ein neues Auto kaufen wollte und die Clio-Werbung sah, entschloss sie sich, zu einem Autohändler zu fahren, um sich beraten zu lassen. Nach dem Besuch des Autohändlers kam sie ganz überrascht nach Hause und erzählte mir: »Weißt du, was mir passiert ist? An jeder Ecke kam mir ein Clio entgegen.« Wenn Sie sich mit einer Sache intensiv beschäftigen, sehen Sie Dinge, die Sie vorher nicht wahrgenommen haben.

Wenn Sie dieses Buch gelesen haben und sich dann tagtäglich mit Positionierungsstrategien beschäftigen, analysieren Sie jede Anzeige, jeden TV-Spot und jeden Prospekt unter ganz anderen Kriterien. Sie erkennen sofort, wie gut oder schlecht kommuniziert wird und welche Positionierungsstrategie dahinter steckt. Wenn Ihnen ein anderer Unternehmer über seine Schwierigkeiten berichtet, werden Sie in Zukunft ganz andere Fragen stellen und relativ schnell den Engpass erkennen – selbst wenn er aus einer

Ihnen fremden Branche kommt. Seitdem mein Buch *Rasierte Stachelbeeren* auf dem Markt ist, erhalte ich viele Anrufe von Unternehmen. Durch das Buch oder durch ein Telefongespräch haben einige selbst den Engpass in ihrer Positionierung erkannt.

Positionierungsstrategien sind in Amerika schon seit Jahren die Geheimwaffe für kleine und mittelständische Unternehmen. Bei uns beschäftigen sich leider noch zu wenige damit oder das Thema bleibt zu theoretisch. Ob Sie als Dienstleister oder produzierendes Unternehmen tätig sind, Sie sollten jede Strategie auf Übertragbarkeit und Kombination prüfen.

Das Fahrradprinzip Mit der Positionierung ist es wie mit dem Fahrradfahren: Im niedrigen Gang müssen Sie viel strampeln, kommen nur langsam vorwärts und stellen oftmals fest, dass der Markt schneller ist als Sie. Mit einer verbesserten Positionierung schalten Sie in den höchsten Gang mit größter Übersetzung um. Halbherzige Positionierungsversuche, die weder von den Mitarbeitern, dem Produkt oder der Dienstleistung eingehalten werden, schaden mehr, als sie nutzen, und hinterlassen zumeist keinen besonders professionellen oder qualitativ herausragenden Eindruck.

Mit Halbherzigkeit und spontanen Aktionen fahren Sie nur im untersten Gang.

3. So bauen Sie eine Marke auf

Wie Markenaufbau nicht funktioniert

Der Student *Fabian Beitner* von der Fachhochschule Erfurt mit dem Schwerpunkt Marketing hatte für seine Diplomarbeit das Thema »Möglichkeiten und Grenzen der Markenbildung und Markenführung im Handwerk – dargestellt an ausgewählten Beispielen« gewählt. Sein Professor war beeindruckt und sah es als Herausforderung an. Denn er zweifelte daran, dass ein Handwerker, im klassischen Sinne, in der Lage sei, eine Marke aufzubauen. Nachdem *Beitner* alle möglichen Veröffentlichungen recherchiert und analysiert hatte, verstand er, wie große Unternehmen wie *Coca-Cola, IBM, Microsoft* und viele andere mit viel Werbebudget zur Weltmarke wurden. Er fand aber keine adäquaten und spezifischen Lösungsansätze für das Handwerk, denn er stellte fest, dass Handwerkskammern, Innungen und Unternehmen meist nur ein unzureichendes Wissen über Markenaufbau vermitteln und dass das Handwerk sich selbst eher als passives Opfer der Politik anstatt als agierenden Marktteilnehmer sieht.

Eine schwierige Diplomarbeit

Fabian Beitner erarbeitete ein inhaltliches Konzept für seine Diplomarbeit. Das Inhaltsverzeichnis beeindruckte durch seine ungewöhnlich umfangreiche Auflistung aller markenbildungsrelevanten Begrifflichkeiten. Bei dem Versuch, die vielen Erkenntnisse auf das Handwerk zu übertragen, merkte er jedoch, dass das so nicht funktionieren konnte. Er erkannte, dass man zum Aufbau einer Markenstrategie mit einem Baukasten an Möglichkeiten allein keinen Markenaufbau erreicht und dass die angedachte

Irrtümer über den Markenaufbau

Vorgehensweise für einen Handwerker sehr aufwendig und lang-wierig ist, geringe nachhaltige Chancen hat, letztlich unbezahlbar bleibt sowie ein großes Wissen und zusätzliche Mitarbeiter erfor-dert. So nahm er hilfesuchend Kontakt mit vielen Institutionen und Experten auf, die sich mit Marken beschäftigten. Doch zur Vorgehensweise bei der Markenbildung und Markenführung im Handwerk hatte kaum jemand eine befriedigende, konkrete und praxisorientierte Antwort.

Auf Empfehlung des *Handwerks-Magazins* kam er schließlich zu mir. In einer langen gemeinsamen Nacht erklärte ich ihm die Spielregeln, wie man als kleines und mittelständisches Unter-nehmen über eine Positionierungsstrategie den Markenaufbau automatisch erreicht. Nach Absprache mit einem neuen Kunden nahm ich ihn zwei Tage später zu einem anstehenden Workshop zu diesem Thema mit.

Nach dem Workshop wurde dem Studenten bewusst, dass die Er-arbeitung einer Positionierung – bzw. die automatische Entwick-lung zu einer Marke – erst einmal ganz anderer Voraussetzungen bedarf als eines umfangreichen Marketing-Baukastens.

Fazit der Diplomarbeit: Vor allem die Vorgehensweise der Engpass-Konzentrierten Strategie (EKS) und die Positionierung im Marktumfeld haben sich in der Praxis bewährt, wenn es um den Aufbau einer Marke geht.

In vielen Branchen und Publikationen wird der Markenaufbau als das große Ziel propagiert. Doch wenn es darum geht, wie man dies praktisch umsetzt, fehlen die konkreten Wege. Einzig die EKS zeigt einen Weg auf, den auch kleine und mittelständische Unter-nehmen, wie zum Beispiel Handwerker, gehen können (nähere Infos zur Diplomarbeit: *fabian@beitner.name).*

Insolvenzen Warum erzähle ich Ihnen die Geschichte von dem suchenden Stu-denten? Der Student erkannte, dass ein Unternehmen vor allem durch eine klare Positionierung zu einer Marke wird, die dann mit wenig Aufwand am jeweiligen Markt an Bedeutung gewinnen kann. Er verstand auch, warum so viele am Markt scheitern, die glauben, man müsse lediglich einen »Mantel« mit den relevanten

Marketingmaßnahmen über ein Unternehmen legen, um es automatisch viel erfolgreicher und zu einer Marke zu machen. Wenn es so wäre, müssten alle Firmen, die in die Markenbekanntheit ihres Unternehmens, ihrer Produkte oder Dienstleistungen investiert haben, zwangsläufig erfolgreich sein – und Marken wie *Holzmann, Karstadt, Grundig, Opel, VW* etc. auch immer erfolgreich bleiben. Firmen wie *Kübler & Niedhammer Papierfabrik, Herlitz, Kirsch Media, Babcock, Hettlage, Kenvelo, Kögel Fahrzeugwerke* müssten dann vor einer Insolvenz geschützt sein – waren es aber nicht. Allein im Jahr 2003 haben ca. 39 470 und im ersten Halbjahr 2004 ca. 19 300 Firmen Insolvenz angemeldet.

Erschreckend ist, dass es trotz Millionen Euro an Werbebudget viele Unternehmen nie geschafft haben, eine erfolgreiche Marke zu werden.

Lassen Sie sich nicht beeindrucken von den großen Unternehmen und den millionenschweren Werbebudgets, mit denen viele kleine und mittelständische Unternehmen nicht mithalten können! In die Welt der großen Marken hineinzuschauen ist manchmal sehr lehrreich, besonders wenn man feststellt, dass dort auch nur mit Wasser gekocht und oft viel Lehrgeld bezahlt wird. Manche neuen Erkenntnisse sind zwar interessant, lassen sich aber auf Grund der notwendigen und kostspieligen Werbemaßnahmen nicht auf kleine und mittelständische Unternehmen übertragen.

Millionenschwere Werbebudgets garantieren nicht den Erfolg

Die Ursache für den Erfolg großer Marken von heute erkennen Sie, wenn Sie zu den Anfängen zurückgehen.

Wie Unternehmen zu Marken wurden

Die Unternehmen, die zu erfolgreichen Marken wurden, hatten am Anfang ihrer Geschäftsgründung erst einmal ganz andere Ziele, als nur »groß«, »Weltmarktführer« oder »Global Player« zu werden. Vielmehr war es ihr Ziel, mit einer guten Geschäftsidee eine hohe Anziehungskraft zu erreichen, einen neuen Markt zu schaffen, Gewinne einzufahren und zu expandieren. *McDonald's* ist ein gutes Beispiel für die Strategie der frühen Anfänge. 1955 er-

Die Strategien der frühen Anfänge

öffnete *Raymond Albert Kroc* in Illinois das erste Schnellrestaurant, ein kleines unscheinbares Ladenlokal. Erst nachdem die Geschäftsidee des Schnellrestaurants im Markt angenommen worden war und die Menschen vor den Läden Schlange standen, setzte der gezielte und konsequente Markenaufbau ein. Mit 30000 Restaurants in 119 Staaten und täglich 47 Millionen Mahlzeiten expandierte das Unternehmen schließlich weltweit zum erfolgreichsten Franchise-Unternehmen.

Nicht teure Marketingmaßnahmen im großen Umfang sind der erste Schritt zur Markenbildung, sondern eine klare Spezialisierung.

Positionierung und Marketing führen zum Branding-Prozess

Es sind nicht immer Jahrzehnte notwendig, um eine Marke aufzubauen, wie es bei *Mc Donald's, Coca-Cola, BMW* usw. der Fall war. Vielen gelingt dies heute in erheblich kürzerer Zeit. Man denke z. B. an die New Economy mit *Yahoo, Amazon, Ebay* oder *AOL*.

Das große Geheimnis der erfolgreichen Positionierung und des Markenaufbaus ist die Kontinuität und die Konsequenz, auf dem eingeschlagenen Weg weiter fortzuschreiten.

Kontinuität und Konsequenz Viele Verantwortliche in den Unternehmen haben heute keine Geduld und beachten nicht die Gesetze des Erfolgs. Jede Positionierung bzw. jeder Markenaufbau benötigt ein kontinuierliches Marketing und eine gewisse Zeit, bis sich die Wirkung zeigt. Wer hinter die Kulissen der erfolgreichen Marken, Unternehmen oder Personen schaut, wird feststellen, dass sie alle Hochs und Tiefs durchgemacht haben. Nur wer konsequent durchgehalten und ständig an seinem Erfolg gefeilt hat, ist irgendwann aus dem Schattendasein herausgetreten. Von den vielen anderen, die aufgegeben oder sich verzettelt haben, spricht kein Mensch mehr. Lernen Sie aus den Positionierungsfehlern der großen Marken, denn bei den kleinen Unternehmen spiegeln sich die gleichen

Prozesse wider. Die Fehler der Großen sind nur transparenter und öffentlicher. Die Großen verlieren Marktanteile, die kleinen verlieren Umsatz und Profil und leiden unter Auftragslöchern.

Positionierung und Markenidentität

Die Kommunikation der Positionierung steht beim Markenaufbau naturgemäß im Mittelpunkt. Hier liegt auch eine potenzielle Schwäche vieler Unternehmen. Die Positionierung einer Marke ist das strategische Herzstück der Markenpolitik. Um eine Marke aufzubauen, ist es unerlässlich, die konkrete Positionierung bzw. Alleinstellung in jeder Kommunikation mit dem Markennamen zu verbinden, um die Vermittlung der Markenidentität zu etablieren. Alle Maßnahmen wie Produkt-, Preis-, Vertriebs- und Kommunikationspolitik müssen zielgerichtet aufeinander abgestimmt werden. Hier sind Themen wir Corporate Design und Corporate Identity wichtige Bausteine.

Herzstück der Markenpolitik

Die Positionierung einer Marke setzt unermüdliches Engagement voraus. Auch kleine und mittelständische Unternehmen sollten auf die Macht der Marke setzen, um von nicht unerheblichen Wettbewerbsvorteilen zu profitieren. Positionierung hilft Unternehmen nicht nur, schwarze Zahlen, ein leistungsstarkes Produkt oder eine Dienstleistung mit hoher Sogwirkung zu erarbeiten, sondern ebenso, ein starkes Image, einen sauberen Ruf und die Kraft einer auch emotional starken Marke aufzubauen. Der Aufbau und die Pflege einer Marke setzen ein durchdachtes Marketingkonzept voraus, um eine kontinuierliche Markenführung zu gewährleisten.

Vorteile einer starken Marke

Eine starke Marke hat folgende Vorteile:

- geringere Marketingaufwendungen, da die Marke Bekanntheit und Kundentreue garantiert
- größere Verhandlungsstärke gegenüber Partnern und Lieferanten

- höherer Deckungsbeitrag, weil die Kunden mit der Marke eine höhere Qualität und einen größeren Nutzen assoziieren
- Schutz gegen den reinen Preiswettbewerb, wenn die Marke ein Alleinstellungsmerkmal darstellt

Immaterielles Vermögen Zusätzlich wird die Marke künftig als immaterielles Vermögen eine immer größere Bedeutung erlangen. Schon heute liegt bei vielen Unternehmen der Markenwert höher als der Sachwert.

Positionierung und Marketing

Positionierung, Branding und USP (*unique selling proposition* = einzigartiges Verkaufsargument) werden oft dem Marketing zugeordnet. Ich möchte die Begriffe »Marketing« und »Positionierung« jedoch ganz bewusst trennen. Die Positionierung geht dem Marketing immer voran. Viele der in den folgenden Kapiteln vorgestellten Positionierungsstrategien können eine Ausrichtung der Unternehmensstrategie bewirken und zu einer Alleinstellung am Markt verhelfen. Die Erarbeitung einer Positionierungsstrategie beinhaltet die Analyse vieler Positionierungskanäle mit weit verzweigten Seitenkanälen. Ist die Positionierungsstrategie vorhanden, so können dann daraus auch die notwendigen Marketingmaßnahmen abgeleitet werden. Jedoch umgekehrt vorzugehen und mit dem Marketing zu beginnen, bevor man sich überhaupt über die Positionierung im Klaren ist, zäumt das Pferd vom Schwanz auf. Aus der Marketingbrille einen USP zu entwickeln, engt Ihre Kreativität ein und ist eine sehr einseitige, aber weit verbreitete Vorgehensweise.

Eintagsfliegen Nicht selten haben sich im Laufe der Zeit bestimmte Einstellungen, Vorgehensweisen und Meinungen im Unternehmen verselbständigt. Das Wichtigste – der Markt, die Kunden und deren ureigenste Bedürfnisse – versinken im Nebel von eigenen Zielen und Aktionen, die oft nichts weiter sind als zeitlich befristete Preis- und Leistungsangebote oder bloße Reaktionen auf den Wettbewerb. Unter dem Aspekt der Nachhaltigkeit sind sie auf Dauer Eintagsfliegen mit Verfallsdatum, weil sie dem Unternehmen keinen langfristigen Wettbewerbsvorteil verschaffen. Oftmals ist nur ein kleiner, aber gravierender Umdenkungsprozess in der Positionierung notwendig, um das Unternehmen, die Produkte oder Dienstleistungen wieder attraktiver zu machen und einen herausragenden Nutzen zu bieten.

Was ist eigentlich eine Marke?

Besonders in vielen kleinen und mittelständischen Unternehmen, auf Tagungen und Kongressen wird die Marke und das Branding als das »große Ziel« definiert. Wenn man hinterfragt, wie man das Ziel erreichen will, reduzieren sich die Antworten jedoch oft auf typische Marketingmaßnahmen: Man müsse eben viel mehr Werbung machen als bisher.

Markenentwicklung heißt nicht: mehr Werbung als bisher

Lassen Sie uns den Begriff »Marke« einmal näher betrachten. Zuerst einmal ist jeder Eigenname ein Markenname. Jeder Mensch steht mit seinem Namen und damit, wie er handelt, denkt und reagiert, für etwas – privat wie geschäftlich, ob positiv oder negativ, z.B. als der Nörgler, der Hilfsbereite, der Verständnisvolle, der Souveräne etc. Manche spielen bewusst eine bestimmte Rolle, um sich so zu positionieren, andere sind authentisch nach dem Motto: »So bin ich eben«.

Wichtig ist, dass andere Sie in eine bestimmte Schublade stecken und damit positionieren. Wenn Sie sich als unverwechselbares Markenprodukt betrachten, entsprechend verhalten und handeln, bestimmen Sie selbst Ihre Positionierungsschublade.

Wird ein Eigenname mit einer besonderen Leistung oder Kompetenz in Verbindung gebracht und erreicht er eine breitere Öffentlichkeit, so steigt die Bedeutung des Markennamens. Letztendlich ist jeder natürliche oder künstliche Name, gleich ob er sich im Besitz einer Einzelperson, eines Unternehmens oder einer sozialen Gruppe befindet, ein Markenname. Wie stark ein Name jedoch im Gedächtnis der Zielgruppe haften bleibt, hängt davon ab, für was er steht und wie man sich positioniert hat. Denn die Stärke einer

Der Name allein bringt es noch nicht

Marke liegt in ihrer Fähigkeit, Entscheidungen bzw. das Kaufverhalten zu beeinflussen. Wer mit großem Werbeaufwand nur einen Namen bekannt machen will und glaubt, allein damit zu einer Marke zu werden, baut auf sandigem Boden und vernichtet Geld. Ein Name allein ist nur Schall und Rauch, selbst wenn Sie ihn beim Patent- und Markenamt angemeldet haben. Denn wenn dieser Name lediglich mit einem austauschbaren Produkt oder einer austauschbaren Dienstleistung in Verbindung gebracht wird, hat jeder besser positionierte Wettbewerber mehr Erfolg, selbst wenn viel Geld in die Markenbekanntheit investiert worden ist.

Um eine wertvolle Marke aufzubauen, muss die Dienstleistung, das Produkt oder das Unternehmen für etwas Besonderes stehen. Jede Marke braucht eine Aura.

Die Aura der Marke Die Marke und ihre Aura vermittelt den Kern und die »Seele« des Unternehmens. Sie definiert die langfristigen Markenziele, bestimmte rationale und emotionale Differenzierungsaspekte, ist die Voraussetzung für jegliche Kommunikation und immer eine strategische Topmanagement-Aufgabe. Wer undifferenziert dasselbe anbietet wie alle anderen, wer nicht unverwechselbar ist, kann seine Produkte, seine Dienstleistungen oder sein Unternehmen nur schwer als Marke positionieren. Dazu gehört zwingend immer ein Alleinstellungsmerkmal.

Fast alles lässt sich zu einer wertsteigernden und kostbaren Marke entwickeln. Sie können sogar aus einer einfachen Kartoffel, einem Brot, einem Grillhähnchen, einem Kugelschreiber oder einem Motivationstrainer eine Marke machen. Selbst aus dem Grundwasser lässt sich ein hochwertiges Markenprodukt entwickeln. Es kommt nur darauf an, dass man etwas richtig und glaubhaft positioniert.

Das Konzept der Unternehmenssanierer

Wenn Sie viel Geld hätten und wollten es sinnvoll einsetzen, würden Sie sich dann an Unternehmen beteiligen, die kurz vor der Insolvenz stehen? Eigentlich nicht, oder? Immer wieder hört man von Investoren, die schlecht laufende oder kurz vor der Insolvenz stehende Unternehmen aufkaufen oder sich daran beteiligen, das Management austauschen, sanieren und dann erfolgreich verkaufen. Da stellt sich die Frage: Warum hat das vorherige Management es nicht fertig gebracht?

Was ist das Geheimnis dieser Investoren? Bei der Auswahl der Unternehmen ist die erste Bedingung, dass die Branche insgesamt gut verdient. Investoren gehen davon aus, dass das Management versagt hat. Wenn andere in der Branche gut verdienen, macht das Management offenbar etwas verkehrt. Also ersetzt man es durch ein neues. Neben der betriebswirtschaftlichen und technologischen Sanierung sind die Positionierung auf Erfolg versprechende Marktsegmente bzw. die Neupositionierung, der Vertrieb und das Marketing Ausschlag gebende Faktoren. In vielen Fällen ist eine betriebswirtschaftliche und technologische Sanierung nicht zwingend erforderlich, stattdessen aber die Ausrichtung auf Marktnischen und die richtige Positionierung innerhalb der Branche. Eine erfolgreiche Sanierung durch Neupositionierung funktioniert aber auch in Branchen, die insgesamt Umsatzrückgänge verzeichnen.

Auswahl von Investoren

Beispiel orthopädische Schuhmacher

Ich hatte den Auftrag, als Gastredner vor einer Vereinigung orthopädischer Schuhmacher über Positionierung einen Vortrag zu halten. Vorab stellte ich vier wichtige Fragen:

1. Warum ist das Thema Positionierung interessant für Ihre Veranstaltung?
2. Wie viel Prozent der Mitglieder sind erfolgreich?
3. Warum sind sie erfolgreich?
4. Warum sind die anderen nicht erfolgreich?

Daraufhin erhielt ich zum Teil resignierte Antworten. Maximal zwanzig Prozent waren wirklich erfolgreich. Im Rahmen meiner ständigen Recherchen ist ein Vortrag in einer Branche für mich immer eine Gelegenheit, die Ursachen für Erfolg und Misserfolg zu analysieren. Für telefonische Interviews erhielt ich Adressen von erfolgreichen und weniger erfolgreichen orthopädischen Schuhmachern. Die telefonische Befragung bestätigte mir sehr schnell, dass die Misserfolgsursache in fehlender oder schlechter Positionierung und Verzettelung lag. Entsprechend konnte ich so in meinen Vortrag branchenbezogene Beispiele einbringen.

Die falsche Zielgruppe im Hause

Der überwiegende Teil der orthopädischen Schuhmacher war durch seinen »Gemischtwarenladen« wenig erfolgreich. Viele Ladenlokale waren so strukturiert: Eine Ecke war mit teuren orthopädischen Schuhen und mageren Hinweisen ausgestattet, dass es sich um eine Spezialabteilung handelt. Der Rest des Ladens beherbergte preiswerte bzw. billige Schuhe, die man auch bei Wettbewerbern sah. Es wurde die übliche falsche Theorie vertreten: »Wenn die eine Produktsorte nicht läuft, haben wir immer noch ein zweites Standbein.«

Ob modische Schuhe gesund für die Füße sind, spielt keine Rolle; Hauptsache, sie sehen schön aus. Orthopädische Schuhe hingegen haben Stütz- und Korrekturfunktion, müssen verschiedene Anforderungen erfüllen und wirken für modebewusste Käufer oftmals konservativ, für andere aber biologisch vertretbar. Betraten modische Kunden den Laden und erblickten zuerst die orthopädischen Schuhe, waren sie enttäuscht vom altmodischen Geschmack und empört über die saftigen »Apothekerpreise«. Eine entsprechend negative Schublade wurde im Kopf angelegt. Die Inhaber konnten mit den orthopädischen Schuhen interessante Deckungsbeiträge erwirtschaften, aber die Anzahl der Kunden reichte fürs Überleben nicht aus.

Unkundiges Personal wegen fehlender Erträge

Weil die Erträge nicht stimmten, wurde auch am Fachpersonal gespart. Als ich vor einigen Jahren im Auftrag eines Kunden Schuhfachgeschäfte analysierte, stellte ich mit Erschrecken fest, dass viele Spezialgeschäfte wegen der hohen Personalkosten auf Aushilfen als Ersatz für Fachberater setzten. Wenn der Kunde nach Schuhmessen, Abrolllängen, Zehenfreiheit, Fersenhalt, Ballenpunkt etc. fragte, wurde das Aushilfspersonal verlegen oder verwies auf den Chef, der aber gerade nicht im Hause war.

Für die Unzufriedenheit der Kunden machte man gerne die orthopädische Abteilung verantwortlich. Denn die war der Grund für den Missmut der Kunden. Durch die Äußerungen der Kunden veränderte sich auch die Einstellung der Mitarbeiter zum Image des Ladens. Hätte man aber als orthopädischer Schuhmacher diese Spezialabteilung eliminiert, wäre man im Umfeld und im Preiskampf austauschbar geworden. Die Hoffnung, dass die Abteilung irgendwann doch erfolgreich wird, konnte man nicht ausschließen. Denn einige andere Kollegen waren ja sehr erfolgreich.

Dass man durch die verwässerte Positionierung mit zwei heterogenen Produktarten zwei völlig verschiedene Zielgruppen ansprach, so dass letztlich für beide Abteilungen der Erfolg ausblieb, erkannte man nicht. Falsche Vorbilder für die immer noch in vielen Branchen praktizierte Diversifizierungsstrategie gibt es genug.

Mehr als 80 Prozent aller Menschen tragen falsche bzw. zu kleine Schuhe und klagen über die direkten oder indirekten Folgen. Unnatürliches Gehen beeinträchtigt die Körperbalance, belastet Gelenke, Sehnen, Muskeln und führt zu Verspannungen im ganzen Körper. Besonders die extrem belasteten Sportler leiden unter schlechtem Schuhwerk. Diagnostiziert der orthopädische Arzt als Ursache falsches Schuhwerk, sucht die Leidenszielgruppe nach spezialisierten orthopädischen Schuhgeschäften im Umfeld. So wie in vielen anderen Berufen ist nicht jeder Spezialist auch ein guter Spezialist. In dieser Branche spielt die Mund-zu-Mund-Propaganda eine wichtige Rolle.

Bei wirklich erfolgreich positionierten orthopädischen Schuhgeschäften ist das Einzugsgebiet bedeutend größer als bei profillosen Geschäften. Um zu *Reiner Ritter* nach Troisdorf *(www.ritter-schuhe. de)* zu kommen, nehmen die Kunden oftmals bis zu 200 Kilometer Anfahrt in Kauf. Und wenn sie schon den weiten Weg machen, dann kaufen sie sich nicht nur ein Paar Schuhe, sondern gleich mehrere.

Der Spezialist mit der dankbaren Zielgruppe

Lothar Jahrling aus Gießen *(www.jahrling.de)* hat sich unter anderem mit seinen Videoanalysen und ungewöhnlichen Erfolgen weit über die Grenzen von Hessen einen Namen bei Spitzensportlern und als Experte für Kinderschuhe gemacht. Dort warten Kunden geduldig bis zu mehreren Wochen auf einen Termin. Wenn Sie den Ladenraum betreten, haben Sie im Vergleich zu normalen Schuhgeschäften erst einmal das Gefühl, er habe vergessen, Schuhe nachzukaufen. Fein und großzügig präsentiert man dort die wenigen ausgesuchten Bequemschuhmarken. Doch die Lager stehen voll mit den unterschiedlichsten Weiten und Größen. Die orthopädische Abteilung bedarf einer guter fachlichen Beratung, mehr Zeit für die Analyse, für Messen, Anprobieren, das Erstellen und Korrigieren von Einlagen etc.

Der emotionale Faktor

Der körperliche Kontakt beim Vermessen und Anprobieren ist dabei ein wesentlicher emotionaler Faktor. Füße sind in einer Beziehung am anderen Ende der Berührungsskala. Das heißt, Füße sind normalerweise das »Letzte«, was man als ästhetisch empfindet; Gesicht und Hände gelten eher als ästhetisch und werden auch eher von anderen berührt. Je älter man wird, desto seltener berührt ein anderer Mensch die Füße. Ein Kunde spürt sehr wohl, ob ein Verkäufer seine Füße beim Schuhkauf ernst nimmt und sich gerne damit beschäftigt oder den potenziellen Fußpilz und die Geruchsquelle meidet. Orthopädische Schuhe und notwendige Dienstleistungen haben eine klare Zielgruppe. Die Kunden wissen, dass sie mehr kosten, und sie sind auch bereit, dafür mehr zu bezahlen.

> **Mit anderen Worten: Was die erfolgreichen orthopädischen Schuhmacher den nicht erfolgreichen voraus hatten, war**
>
> - **eine klare Fokussierung auf orthopädische Schuhe (Produktkonzentration anstatt -diversifizierung) und ebenso**
> - **die klare Fokussierung auf die Zielgruppe derer, die diese Schuhe benötigen (Zielgruppenkonzentration anstatt -streuung).**

Fragen an den Leser

1. Wie ist Ihr Unternehmen positioniert? Beschreiben Sie Ihr Unternehmen in einem Satz.
2. Warum kauften die Kunden ursprünglich ausgerechnet bei Ihnen?
3. Warum kaufen Kunden heute bei Ihnen bzw. nicht mehr bei Ihnen? Was unterscheidet Ihre Produkte und/oder Ihren Service von dem der Konkurrenz? Stellen Sie die Einzigartigkeit von Produkt/Service entsprechend heraus?
4. Ist das Betonen der Einzigartigkeit von Produkt/Service immer Thema Ihrer Marketing-Verkaufsbemühungen? Wenn ja, inwiefern, und wenn nein, warum nicht?
5. Inwiefern haben Sie Ihre Geschäftsmethoden oder die Produkt- bzw. Dienstleistungslinien seit Beginn Ihrer Geschäftstätigkeit verändert?
6. Mit welchen zusätzlichen Produkten oder Dienstleistungen haben Sie Ihre Kernkompetenz eventuell verwässert (»Bauchladenstrategie«)?
7. Worin besteht die größte Reklamation Ihrer Kunden, und wie geht Ihre Firma mit diesem Problem um?
8. Wer sind Ihre größten Konkurrenten und was bieten sie im Gegensatz zu Ihnen?
9. Was ist der größte Schwachpunkt Ihrer Konkurrenz, und wie nutzen Sie diese Schwäche konkret aus?
10. Was ist Ihr Marktpotenzial und Ihr derzeitiger Anteil an diesem Markt?

TEIL 2
Spezialisierungsstrategien

1. Die Positionierung als Spezialist

Spezialisierung ist die Königsdisziplin, die zur Positionierung führt. Es gibt mehrere verschiedene Strategien bzw. mehrere Kriterien, unter denen sich ein Unternehmen spezialisieren kann:

- die Spezialisierung auf Wissen
- auf Zielgruppen
- auf Problemlösungen
- die soziale oder technische Spezialisierung und
- die Produktspezialisierung.

Sie alle werden in diesem und den folgenden Kapiteln behandelt. Dabei ist eine Kombination mehrerer Spezialisierungsstrategien möglich und oft auch unternehmerisch sinnvoll.

Vorteile der Spezialisierung

Spezialisten, die sich auf einen klar abgegrenzten Bereich konzentrieren, bieten bessere oder ungewöhnlichere Leistungen als Allrounder. Spezialisierung führt bei produzierenden Unternehmen dazu, dass mit deutlich weniger Energie produziert wird, die Produktivität und die Effektivität steigen, die Kosten sinken und größere Rationalisierungsvorteile entstehen. Eine breite Angebotspalette ohne Spezialisierung hingegen erfordert höhere Kosten, eine größere Lagerbreite, einen größeren Maschinenpark und vieles andere mehr.

Produzierende Unternehmen

Produzierende Unternehmen, die sich spezialisieren, erzielen mit geringerem Mitteleinsatz – also effizienter – eine höhere Produktivität.

Aber auch nicht produzierende Unternehmen, wie z. B. Berater und Dienstleister, profitieren von einer Spezialisierung: Je öfter gleiche oder ähnliche komplexe Aufgaben erarbeitet werden müssen, desto schneller und professioneller können sie ausgeführt werden und desto höher ist der Deckungsbeitrag.

Auch bei geistigen Arbeiten, wie sie viele Dienstleister ausüben, ergeben sich Rationalisierungsvorteile, da durch wiederholte Abläufe gleicher oder ähnlicher Aufgaben eine Routine entsteht, die zu Lerngewinnen und größerer Effektivität führt.

Spezialisierung verleiht außerdem mehr Souveränität und Sicherheit in der Ausführung der Arbeit, erhöht damit deren Qualität und erlaubt es, Kundenbedürfnisse klarer wahrzunehmen.

Der Spezialist erreicht eine höhere und sichere Problemlösungskompetenz. Er weiß in einem kleinen ausgewählten Bereich vieles, während der Allrounder von allem immer nur wenig weiß. Der Spezialist hat zwar nur einen kleinen Aufgabenbereich, dafür verdoppelt sich in vielen Gebieten alle drei Jahre sein Wissen. Er muss auch nicht mit der ständigen Informationsüberflutung kämpfen, denn seine Aufmerksamkeit ist klar auf sein jeweiliges Wissensgebiet fokussiert.

Der Traum eines jeden Unternehmers

Stellen Sie sich vor, Sie haben ein Alleinstellungsmerkmal am Markt: Sie legen den Hebel um und werden morgen anders – neu – wahrgenommen. Sie richten sich auf eine Zielgruppe aus, sind in Ihrer Branche der Experte, und plötzlich haben Sie Kundenwarteschlangen vor Ihrer Tür. Man redet über Sie. Sie werden weitergereicht. Kunden sind bereit, für Ihre Leistung mehr zu bezahlen. Ihr Know-how vergrößert sich gegenüber Ihren Mitbewerbern, Sie werden ein interessanter Ansprechpartner, und hochkarätige Kunden suchen Ihren Rat. Andere Unternehmen möchten mit Ihnen kooperieren und öffnen Ihnen den Zugang zu ihren Zielgruppen. Die Kundenbindung steigt, und Sie machen Ihre Geschäfte zu 90 Prozent mit Stammkunden. Neukunden kommen auf Empfehlung, und Ihr Werbebudget setzen Sie hauptsächlich ein, um sich bei den Kunden zu entschuldigen, die Sie auf Grund der vielen Nachfragen nicht bedienen können. Ihre Angst ist nicht der schrumpfende Markt, sondern wie Sie sinnvoll expandieren. Sie sagen Nein zu Herausforderungen, die nicht zu Ihrer Kernkompetenz gehören. Sie sind anders und außergewöhnlich und Ihre Kunden bekommen bei Ihnen das, was sie woanders nicht bekommen. Sie sind der Marktführer in Ihrem Marktsegment.

Marktführerschaft – mit allen damit verbundenen Vorteilen – können Sie nur durch Spezialisierung erreichen, und zwar unabhängig von Ihrer Unternehmensgröße und Ihrer Branche.

Spezialisierung versus Diversifikation

Unternehmen behaupten gerne pauschal, sie böten ihren Kunden »Qualität«, und dies sei ihr besonderes Merkmal, mit dem sie sich von anderen abhöben. Doch Qualität allein ist kein ausreichendes Unterscheidungsmerkmal, um sich von der Konkurrenz abzugrenzen! Denn auch sämtliche Mitwerber behaupten jederzeit von sich, »Qualität« zu liefern.

Qualität allein genügt nicht

Qualität ist etwas, das die Kunden immer voraussetzen, egal wo sie kaufen. Von daher ist Qualität allein kein Werbe- oder Verkaufsargument. Die Behauptung, der Beste zu sein, ist unspektakulär und bringt Ihnen keine Aufmerksamkeit.

Der Kunde will vielmehr wissen, was Sie von den anderen Anbietern *unterscheidet*. Die entscheidende Frage lautet: *Was bekommt der Kunde nur bei Ihnen, aber bei keinem anderen?* Im Zweifelsfalle wählt der Kunde lieber einen Anbieter, der anders ist. Anders kann man durch Spezialisierung werden.

Wenn Sie erfolgreiche Unternehmen einmal genauer unter die Lupe nehmen, werden Sie schnell feststellen, dass sie fast alle etwas gemeinsam haben: Sie sind spezialisiert! Sie konzentrieren sich auf *ein* Gebiet – *ein* Produkt, *eine* Zielgruppe, *eine* Problemlösung usw. – und erlangen dadurch auf diesem Gebiet Expertenstatus. Die Spezialisierung hat gegenüber der Diversifikation große Vorteile: Sie gewinnen schneller und zielorientierter wesentlich höhere Lernerfolge und Lernerfahrungen als jemand, der auf mehreren Hochzeiten gleichzeitig tanzt. Sie wissen genau, wo Ihre Kunden »der Schuh drückt«, und können passgenaue Problemlösungen anbieten, mit denen Sie der Konkurrenz überlegen sind, weil Sie einen deutlich höheren Nutzen bieten.

Beispiele Die Firma *Kärcher* hat sich nach einigen erfolglosen Umwegen mit der Diversifizierung nur noch auf die Herstellung von Hochdruckreinigern konzentriert und wurde dadurch Weltmarktführer. *Rational* hat sich auf die Herstellung von Großküchengeräten konzentriert und wurde Weltmarktführer. *Winterhalter* hat sich auf die Herstellung von Geschirrspülern für die Gastronomie konzentriert und wurde damit Marktführer.

> **Aufbauend auf Ihrer Kernkompetenz können Sie, je nach Ausrichtung, oftmals das Gleiche tun wie vorher – allerdings wesentlich fokussierter und daher erfolgreicher. Spezialisierung sichert die eigene Marktposition, und das auch in Krisenzeiten.**

Die Spezialisierung hat viele Wettbewerbsvorteile. Denn wir alle sind darauf konditioniert, uns an Siegern zu orientieren. Wer die Ziellinie als Erster durchschreitet, gilt als der Kompetenteste auf seinem Gebiet. Er ist in aller Munde. An ihn erinnert man sich; an ihn denkt man zuerst. Und an ihn wird man sich wenden, wenn man Fragen zu seinem Gebiet hat oder einen Rat sucht.

Höhere Gewinne Für einen Spezialisten ist man bereit, mehr zu bezahlen. Je größer ein Problem ist, desto stärker ist der Wunsch, einen wirklichen Spezialisten zu finden, bei dem man echte Hilfe findet. Wenn Sie z.B. wüssten, dass Sie Ihren Führerschein für ein Jahr verlören, weil Sie zu schnell gefahren sind, ohne ihn aber Ihren Beruf nicht mehr ausüben könnten, welchen Anwalt würden Sie aufsuchen und was ist Ihnen dieser Anwalt wert? Gehen Sie zum Anwalt »um die Ecke«, der von der Ehescheidung bis zum Mietrecht alles abdeckt, oder gehen Sie zu einem Experten für Verkehrsrecht? Wenn eine schwierige Herzoperation ansteht, gehen Sie dann zur nächstgelegenen Klinik oder in eine Spezialklinik für Herzerkrankungen?

Spezialisten geben dem Kunden das gute Gefühl, seine Interessen zu vertreten. Spezialisten lernen schneller die Wünsche, Ziele, Probleme und Besonderheiten ihrer Kunden kennen, und die Kunden haben umgekehrt das Gefühl, dass ihnen ein hoher Nutzen geboten wird, den sie woanders nicht bekommen.

Der Austauschbare sammelt im Prinzip nur »Kleingeld« bei vielen heterogenen Aufträgen ein: Er hat einen hohen Marketingaufwand bei hohen Streuverlusten, geringe Deckungsbeiträge und eine geringe Liquidität.

Wer sich als Spezialist auf eine »Leidenszielgruppe« konzentriert, hat noch zusätzliche Vorteile; denken Sie an das Beispiel der orthopädischen Schuhe und der Menschen, die diese Art Schuhe für ihre Gesundheit unbedingt brauchen. Leidenszielgruppen suchen selbst aktiv nach Lösungen (via Internet, Medien etc.) und kontaktieren von sich aus diejenigen, die sie für Problemlöser halten, während Austauschbare ihre Kunden aktiv akquirieren müssen. Der Zielgruppendialog ist fach- und feedbackorientiert.

Der Spezialist macht echte Gewinne durch seinen Status als Experte oder sogar als Marktführer: Er hat einen geringen Marketingaufwand bei geringen Streuverlusten, höhere Deckungsbeiträge und eine höhere Liquidität. Er bestimmt seinen Marktpreis weitgehend selbst.

Eine klare Spezialisierung bietet mehr Raum für Marketingmaßnahmen zum Nulltarif, wie z.B. Fachbeiträge für die Presse, Vorträge und Seminare. Im Marketing gehört das Empfehlungsmanagement zu den effektivsten Instrumenten. Je klarer und spezialisierter ein Unternehmen als Problemlöser positioniert ist, desto einfacher kann ein Empfehler darüber reden. Wer nicht spezialisiert ist und einen Bauchladen voller Produkte anbietet, bleibt auf einer Stufe stehen, wird austauschbar.

Spezialisieren Sie sich auf ein kleines Gebiet, das klar begrenzt ist. Sie sollten in Ihrem Umfeld oder Markt der Erste oder der Einzige sein. Wer als Erstes auf den Markt kommt, hat immer die größten

Lieber der Erste im Dorf als der Zweite in der Stadt

Vorteile: Er kann sich im Prinzip seine Kundschaft aussuchen; die anderen hingegen müssen nehmen, was übrig bleibt. Lernen Sie, wirtschaftlichen Erfolg aus dem Expertenstatus zu ziehen.

Der Erfolg einer Spezialisierung ist am Ende die gelungene Kombination zwischen Fachwissen, Marktbekanntheit und wirtschaftlichem Erfolg.

Ein evolutionskonformes Naturgesetz

Die Natur macht es vor Die Marktnischenpositionierung bzw. Spezialisierung ist ein evolutionskonformes Naturgesetz und gleichzeitig eine Überlebensstrategie. Aufschlussreich sind die Parallelen des starken Wettbewerbs in unserer Wirtschaft und in der Natur. *Charles Darwin* entdeckte auf seinen Forschungsreisen, dass eine Finkenart auf den Galapagos-Inseln eine ganz natürliche Spezialisierungsstrategie anwandte, als die Nahrungsgrundlage durch die rasante Vermehrung immer knapper wurde. Vögel »wissen« intuitiv: Je mehr sie sich um eine Nahrungsquelle streiten, umso eher werden die Ressourcen aufgebraucht und umso größer ist die Gefahr, dass die eigene Spezies verhungert. So bildeten sich 13 verschiedene Unterarten der Finken, die sich jeweils auf unterschiedliche Nahrungsquellen bzw. Beschaffungsarten spezialisierten. Sie veränderten ihre Fähigkeiten, indem sie zum Beispiel ihre Schnäbel oder Flugeigenschaften an ihren Lebensraum anpassten und sich Nahrungsnischen suchten, zu denen andere keinen Zugang hatten. Wären die Vögel »intelligenter« und hätten sie ein Marketingseminar besucht, so hätten sie in der Not sicherlich aufs falsche Pferd gesetzt und mit viel Power in fremden Revieren um Marktanteile gewildert, wie es die Unternehmen vielfach tun, anstatt sich an der Natur als Vorbild zu orientieren.

Dasselbe wie bei den Vögeln können wir überall in der Natur bei allen Lebewesen beobachten: Jedes Tier, jede Pflanze ist auf einen bestimmen Nahrungs- und Lebensraum spezialisiert. *Wolfgang Mewes* hat mit der EKS (Engpass-Konzentrierten oder Evolutions-Konformen Strategie) gezeigt, dass sich auf die Wirtschaft und die Unternehmen übertragen lässt, was in der Natur als Gesetz gilt.

Unternehmen, die die Marktnischenstrategie verfolgen, ständig überprüfen und sich den veränderten Märkten anpassen, haben die größte Chance zu überleben. Überprüfen und anpassen bedeutet nicht, seine Kernkompetenz zu verlassen, sondern sich zu konzentrieren, sich zu verbessern und das Wissen zu erweitern.

Erfolgreiche Unternehmen verhalten sich evolutionskonform, indem sie die Strategie der Spezialisierung anwenden, wie sie überall in der Natur zu finden ist.

Fragen an den Leser

Wenn Sie bereits spezialisiert sind:

1. Was ist Ihre besondere Alleinstellung, und was macht diese unwiderstehlich?
2. Was bekommt der Kunde nur bei Ihnen, aber bei keinem anderen?
3. Können Sie aus Ihrer Spezialisierung Rationalisierungspotenzial ableiten?
4. Welche weiteren Zukunftspotenziale bietet Ihre Spezialisierung?
5. Steht Ihre Alleinstellung bzw. Spezialisierung immer im Vordergrund Ihrer Kommunikation, Ihrer Marketingmaßnahmen und Vertriebsgespräche?

Wenn Sie in die Austauschbarkeits- oder Preisfalle geraten sind:

1. Wie und in welchen Teileigenschaften unterscheidet sich Ihr Produkt oder Ihre Leistung von denen der Mitbewerber?
2. In welchem Bereich bzw. bei welcher Zielgruppe ist Ihr Marktanteil am größten?
3. Zu welcher Zielgruppe besteht eine besondere Beziehung?
4. Welche Produkte / Services, die Sie nicht anbieten, wurden von Kunden bereits mehrfach verlangt?
5. Welche Probleme lösen Sie bereits und welche könnten noch besser gelöst werden, wenn Sie sich darauf spezialisieren würden?
6. Aus welchen zusätzlich bestehenden Leistungen oder Stärken lässt sich eine Spezialisierung ableiten?
7. Verfügen Sie bereits in einem Gebiet über ein hohes Wissen, das Sie so nebenbei weitergeben und von dem Ihre Kunden profitieren? Welche Möglichkeiten bestehen daraus und/oder in Kombination mit anderen Stärken, ein neues Produkt oder eine neue Leistung anzubieten?

8. Womit oder wie können Sie Ihrer Zielgruppe einen zwingenden Nutzen bieten?
9. Was trauen Ihnen Ihre Kunden noch bzw. vor allem zu?
10. Was könnte Ihr Unternehmen außerdem noch anbieten, und welche Spezialisierungsmöglichkeiten bieten sich an?
11. Was würden Sie am liebsten tun? Wer könnte sich dafür interessieren?

2. Die Positionierung über Zielgruppenspezialisierung

Eine der besten Möglichkeiten, sich zu spezialisieren, ist die Konzentration auf eine ganz bestimmte Zielgruppe und deren Bedürfnisse. Statt unterschiedliche Käufergruppen mit heterogenen Bedürfnissen oberflächlich zu bedienen, wird nur eine einzige Zielgruppe bedient, und zwar mit einem Angebot, das in die Tiefe geht, genau auf ihre Wünsche zugeschnitten ist und dadurch einen herausragenden Nutzen bietet.

Mit der in diesem Kapitel dargestellten Erfolgsstory möchte ich Ihnen den Weg von einer scheinbar ausweglosen Situation bis hin zur Strategieentwicklung und Positionierung einschließlich Marketingmaßnahmen beschreiben. Marketing bzw. Werbung sind erst nach der Positionierung sinnvoll und werden durch die Positionierung bedeutend erfolgreicher.

Der Weg aus einer ausweglosen Situation

Erfolgsbeispiel einer Zielgruppenspezialisierung

Ein Unternehmen mit 15 Mitarbeitern, das durch harten Wettbewerb und Preiskrieg fast die Hälfte seiner Kunden verloren hatte, gewann nach der Neueröffnung im Anschluss an die Neupositionierung innerhalb von zwei Tagen 40 Prozent neue Kunden hinzu. Nach einer Woche gab es bereits Kundenwarteschlangen von sechs Monaten für die Spezialangebote. Vier Wochen nach der Eröffnung wurde es für den *Oskar für den Mittelstand 2004* nominiert.

Die Unternehmensgründung

PhysioAktiv GmbH

Aufbauend auf seinen Stärken hatte der Physiothera-peut *Hartmut Seidel* im Mai 2001 sein Unternehmen *PhysioAktiv GmbH* im Gesundheitszentrum Bad Laer gleich mit vier Mitarbeitern gegründet. Das Unternehmen posi-tionierte sich als der Anbieter für Gesundheitsfitness mit hoch qualifizierten Mitarbeitern. Schnell etablierte es sich bei Kranken-kassen und Ärzten im Bereich medizinische und therapeutische Anwendungen, Muskelstärkung, Krankengymnastik, Massagen, Lymphdrainage etc., ausgestattet mit den besten computergesteu-erten Geräten und überwiegend staatlich anerkannten Physiothe-rapeuten, Masseuren und Sportlehrern als Mitarbeitern.

Hartmut Seidel setzte auf Qualifikation, Weiterbildung, Kompe-tenzzuweisung und unternehmerisches Denken seiner Mitarbei-ter. Mit einer 1100 Quadratmeter großen Fitnessfläche sicherte er sich so den Umsatz und ein gesundes Wachstum. Innerhalb von drei Jahren wuchs das Unternehmen auf 15 Mitarbeiter und etablierte sich kompetent im regionalen Umfeld.

Externe Unternehmensberater, überwiegend mit Erfahrung aus der Fitnessbranche, ergänzten die fachlichen Weiterbildungsmaß-nahmen. Mit dem Wachstum wurde auch das Angebot erweitert: um Aerobic, Kardiotraining, Abnehmkurse etc.

Mit der Angebotserweiterung wollte man bestehenden Kunden zusätzliche Anreize bieten, das Geschäft ergänzen sowie neue Kunden anziehen. Die Logik lag nahe: Was der eine nicht braucht, ist vielleicht für den anderen interessant. Was *Hartmut Seidel* aber wie viele andere Unternehmen nicht bedachte, war:

> **Zusätzliche Produkte führen schnell zur Verzettelung und zur Vergleichbarkeit. Sie verwässern die Kernkompetenz und hinterlassen ein »diffuses Bild« der Leistungen bei den Kunden.**

Die Krise

Hartmut Seidel erging es wie vielen anderen Unternehmen, die ähnlich handeln wie er: Das ursprünglich klare Leistungsangebot für eine eng umrissene Zielgruppe wurde im Übermut des Anfangserfolgs durch Angebotserweiterung verwässert, so dass das Unternehmen seinen USP, seinen klaren Vorsprung vor Mitbewerbern, verlor und in die Falle der Austauschbarkeit geriet. 2003 kam unweigerlich die Krise.

Verwässerung des Angebots

Für Kunden und Interessenten wirkte das Angebot der *Physio-Aktiv GmbH* vergleichbar mit dem konkurrierender Anbieter aus dem Fitnessbereich, während sich das Unternehmen früher auf medizinische Dienstleistungen konzentriert hatte. Neukundengespräche drifteten schnell in die Preisargumentation ab, der Preis wurde zwangsläufig zu einem festen Bestandteil des Verkaufsgesprächs und die Neukundengewinnung schwieriger.

Immer mehr bestehende Kunden kündigten ihre Abos, weil sie in ihrer Nähe bessere – sprich: günstigere – Angebote sahen. Bis Mitte 2003 reduzierte sich der Kundenstamm fast auf die Hälfte. Alle Empfehlungen externer Berater, Kundenbindungs- und Empfehlungsmaßnahmen, Marketingaktivitäten zur Neukundengewinnung, Tage der offenen Tür etc. brachten nicht den erhofften Erfolg. Die Mitarbeiter waren demotiviert und fürchteten um ihren Arbeitsplatz.

Harter Wettbewerb sowie austauschbare Produkte und Dienstleistungen unterliegen grundsätzlich dem Preiskampf. Preiskampf bedeutet: geringer Deckungsbeitrag, mangelnde Liquidität und schlechte Kreditwürdigkeit.

- Was hätten Sie an dieser Stelle dem Unternehmen empfohlen?
- Welche Marketingmaßnahmen sollte es unbedingt durchführen, um den Kundenverlust zu stoppen, alte Kunden zu reaktivieren und neue Kunden zu gewinnen?
- Hat das Unternehmen überhaupt noch eine Chance, mit Marketingmaßnahmen wieder Wachstum zu generieren?

Fragen an den Leser

Hartmut Seidel sah ein, dass seine Spezialisierung im Wettbewerbsumfeld verwässerte, und suchte nach neuen Wegen. Nachdem er mein Buch *Rasierte Stachelbeeren* gelesen hatte, wurde ihm klar, dass die im Buch beschriebene Vorgehensweise eine neue Möglichkeit bietet. Wir vereinbarten einen Marktnischen-, Positionierungs- und Strategieworkshop.

Der MarktnischenStrategieWorkshop Ziel des Workshops war es, mit den bestehenden Stärken eine neue, lukrative und konkurrenzlose Marktnische und Spezialisierungsfelder im Umfeld zu finden. Mit weiteren sieben Mitarbeitern wurden in zwei Tagen die Ist-Situation, Abhängigkeiten, Wettbewerber und Zukunftschancen analysiert. Sehr schnell wurde allen klar, dass das Unternehmen mit den bestehenden Angeboten und der verwässerten Spezialisierung keine Arbeitsplatz erhaltende und sichere, geschweige denn langfristig profitable Zukunft hatte. Als Voraussetzung für ein konstruktives Arbeiten wurde im Voraus das Bewusstsein für Spezialisierung gestärkt. Danach wurden alle besonderen Stärken, potenziellen Geschäftsfelder und Zielgruppen sehr genau analysiert. Es wurden die meistversprechenden Zielgruppen und Problemlösungen bzw. möglichen Marktnischen und -potenziale erarbeitet, potenzielle Kooperationspartner und Joint-Venture-Marketingpartner, Zielgruppen- und Auftragsbesitzer analysiert.

»Wer nicht in Zielgruppen denkt, denkt gar nicht.«
(Ted Levit, amerikanischer Managementprofessor)

Die ideale Zielgruppenpositionierung Bei der Zielgruppenanalyse war schnell zu erkennen, dass ein großer Teil der bestehenden Kunden Rückenschmerzpatienten und ältere Menschen waren, die fit bleiben wollten. In dieser Phase erkannten alle, dass eine Spezialisierung auf diese Zielgruppe (80 Prozent aller Menschen leiden an Rückenschmerzen) das größte und nachhaltigste Marktpotenzial bot und bei einer Neupositionierung ca. 90 Prozent der bestehenden Kunden ansprach.

Bei der Analyse »Was könnte Ihre Zielgruppe davon abhalten, Ihr Angebot anzunehmen?« wurde schnell klar, dass neben den üblichen Monats-Abos mit flexibler Zeiteinteilung alternative Angebote notwendig waren. Deshalb wurden zusätzlich Kompaktkurse angeboten. Je nach Wunsch, verfügbarer Zeit oder akutem

Leidensdruck können Interessenten das Intensivprogramm individuell nutzen und planen. Ein umfangreicher Maßnahmenplan wurde in einer To-do-Liste festgehalten. Geplanter Termin für die Eröffnung mit der neuen Positionierung war Januar 2004.

Die neue Positionierung und die Marketingmaßnahmen

Eine Positionierung zu erarbeiten, erfordert zuallererst eine Analyse der Unternehmensressourcen und des Know-hows, eine Recherche des Marktes über die unterschiedlichen Krankheitsformen, bestehende und alternative Therapieformen, wissenschaftliche Veröffentlichungen und vieles mehr. Folgendes ergab sich daraus: Die meisten Konzepte zur Behandlung von Rückenproblemen in Deutschland sind einseitige Lösungen, etwa in Form von Muskelaufbautraining, manchmal auch mit Aerobic kombiniert. Die meisten Betroffenen leiden aber unter chronischen und psychisch bedingten Rückenschmerzen. Wissenschaftliche Erkenntnisse aus der Ursachenforschung und Therapiemaßnahmen haben hingegen gezeigt, dass ein Erfolg nur über eine *ganzheitliche* Vorgehensweise erreicht werden kann.

Darin lag die Chance für das Unternehmen! Man konnte sich von »oberflächlichen« Problemlösungen für die Leidenszielgruppe der Rückenschmerzgeplagten abheben, indem man eine bessere, gründlichere und höherwertige Lösung mit medizinischem Charakter anbot. Auf diese Weise konnte man sich deutlich mit Vorsprung vor Mitbewerbern profilieren.

> **Hieran zeigt sich deutlich der Vorteil der Zielgruppenspezialisierung: Wer seine Zielgruppe gut kennt und über das notwendige Hintergrundwissen verfügt, kann ihr eine Problemlösung mit einem herausragenden, ja zwingenden Nutzen bieten. Damit erhöht sich automatisch auch die Anziehungskraft des Unternehmens auf diese Zielgruppe.**

Wenn uns etwas »auf der Seele liegt«, ist besonders oft die Wirbelsäule betroffen. Zusätzlich spielen das Mentaltraining, gesunde Gedanken, Körpererfahrungen, physikalische Reize zur Aktivierung des gesamten Stoffwechsels und die alltags- und berufsbezogene Rückenschule eine ebenso wichtige Rolle wie die ärztliche Erfolgskontrolle und ein Nachhaltigkeitsprogramm zur Sicherstellung des schmerzfreien Zustandes.

Risiken und Chancen in der Zukunft Bereits im Vorfeld müssen bei der Erarbeitung der Positionierung alle Risiken und Chancen der Zukunft berücksichtigt werden. Dazu gehören zum Beispiel

- die psychologischen und faktischen Hemmschwellen, das Angebot anzunehmen,
- Kooperationen und Joint-Venture-Marketingmöglichkeiten,
- zukünftige potenzielle Teilzielgruppen,
- Co-Branding-Chancen und Referenzen,
- Empfehlungsmarketing,
- Markenschutz und Aufbau hoher Hürden, um sich vor potenziellen Wettbewerbern zu schützen, und
- die Analyse der notwendigen Marketingmaßnahmen, um mit geringsten Mitteln glaubwürdig den größten Erfolg zu erreichen, schließlich
- eine Kosten- und Zeitplanung.

Das neue ganzheitliche RückenVital-Programm Unter Berücksichtigung der bestehenden Ressourcen und der Ausbildung der Mitarbeiter des Unternehmens *PhysioAktiv* wurde in gegenseitiger Abstimmung ein bis dahin einmaliges »Acht-Schritte-Rücken-Intensiv-Programm« entwickelt. Da die Mitarbeiter bereits im Vorfeld eine Rückenschulausbildung in der Schmerzambulanz der Universitätsklinik Göttingen absolvierten, waren die wissenschaftlichen Erkenntnisse ein tragender und übergreifender Bestandteil des Acht-Schritte-Programms und des Co-Branding-Prozesses. Wenn es um Gesundheit und hohe wissenschaftliche Glaubwürdigkeit geht, spielt die Co-Branding-Strategie – das Schmücken mit fremden Federn (vgl. dazu Kapitel 6 in Teil 4) – ein sehr wichtige Rolle. Die Schmerzambulanz der Universitätsklinik Göttingen mit Prof. Jan Hildebrand genießt weit über die Grenzen einen hervorragenden Ruf und eignete sich von daher sehr gut für ein Co-Branding.

Nach der Zusammenstellung aller Positionierungsargumente wurde ein Werbeträger im Zeitungsformat gestaltet. Die vierfarbige

Zeitung eignete sich besonders gut, um alle Informationen übersichtlich darzustellen und geplante Marketingziele zu erfüllen.

»Nie wieder Rückenschmerzen« – unter dieser Überschrift stand die Kernaussage. *»Endlich zum kraftvollen, beweglichen und schmerzfreien Rücken mit dem Acht-Schritte-Rücken-Intensiv-Programm – eine neue, ganzheitliche Behandlungsmethode zur Heilung chronischer und akuter Rückenschmerzen.«* Und: *»In wenigen Wochen zum schmerzfreien Rücken.«*

Positionierung braucht eine neue Schublade im Kopf der Zielgruppe. Dabei ist der Name ein wichtiges Werkzeug. Er muss so gewählt werden, dass er die Kernkompetenz zum Ausdruck bringt. Daher galt es, einen neuen Namen zu finden. *PhysioAktiv* war erklärungsbedürftig und in der Region

www.rueckenvital.de

in eine diffuse Schublade abgelegt. Die neue Positionierung war eine Chance, einen sich selbst erklärenden Kernkompetenz-Namen zu etablieren, der den Brandingprozess deutlich verbesserte. Die Wahl fiel auf *RückenVital Zentrum Bad Laer*. *»RückenVital«* sagt aus, um was es geht, *»Zentrum«* zeugt von Größe, und der Ortsname Bad Laer unterstreicht den Kur- und medizinischen Aspekt. Während der Entwicklungszeit wurden in unserer Abteilung alle Werbemaßnahmen wie die Gestaltung des neuen Corporate Designs mit Wort-Bildmarke, Geschäftsausstattung, Poster und Zeitung, Anzeigen, PR und Internetauftritt entwickelt. Der neue Name wurde markenrechtlich angemeldet und der notwendige Domainname gesichert.

Besonders wichtig war die Entwicklung des gesamten Auftritts (Corporate Design, Corporate Identity und Internet). Ziel war es, das Unternehmen als fortschrittliche Institution mit klinischem Anspruch darzustellen. Die Bildmarke zeigt eine abstrakte Linie der Wirbelsäule, und die Wortmarke in blauer Schrift zeugt von Größe. Ergänzt wird das Ganze durch ein Key-Visual-Bild, auf dem eine Frau die Hände auf dem Rücken zu einer gebetsähnlichen Haltung zusammenführt. (Ein Key-Visual bzw. Schlüsselbild kann eine grafische, bildliche, farbliche oder dreidimensional visu-

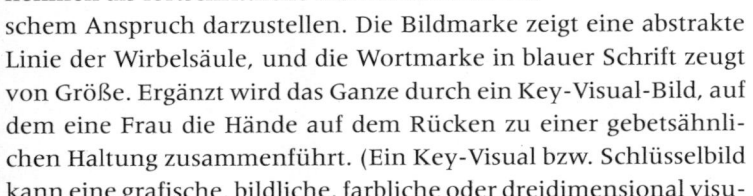

Das neue Logo

alisierte Idee bzw. Figur sein, die eng mit einer Marke verknüpft wird.) Die Kleidung der Mitarbeiter, die bisher überwiegend orange war, ist nun weiß. Weiß ist zugleich die Kleidung der Ärzte und Krankenschwestern und steht stellvertretend für Kompetenz im medizinischen Bereich.

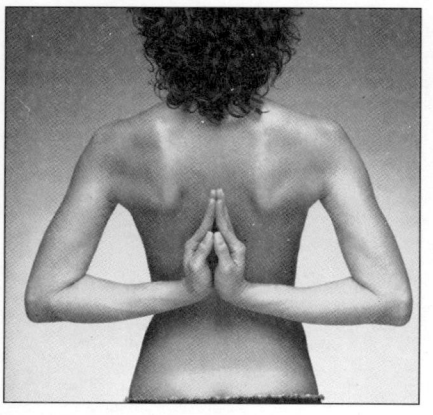

Key-Visual von
RückenVital

In einer gemeinsamen Schulung kam es mir darauf an, vor der Eröffnung alle Mitarbeiter auf die neue Positionierung einzustimmen. Zuerst einmal wurden alle möglichen Engpässe besprochen, die bei der Neueröffnung auftauchen konnten. Unter anderem sollten zusätzliche Telefonleitungen installiert werden. Bei der Schulung standen vor allem die Beratungsgespräche im Vordergrund. Zur Neueröffnung kam es darauf an, die innere Haltung zu verändern (weg von den Preisgesprächen!), neue Energien freizusetzen, glaubwürdig die neue Positionierung zu leben und Gesprächsargumentationen parat zu haben.

Angesichts der umfangreichen Leistungen, des Mehrwerts für die Zielgruppe, der Schulung der Mitarbeiter und der Weiterentwicklungen wurde ein entsprechend lukrativer Deckungsbeitrag kalkuliert. Für die Mitarbeiter war es ein angenehmes Gefühl, nicht mehr auf die Preisdiskussion eingehen zu müssen. Wenn potenzielle Kunden nun auf den Preis zu sprechen kommen, erhalten sie Entzug schaffende Antworten, unter anderem mit dem Argument: *» Wenn es Ihnen Ihr Rücken nicht wert ist, sollten Sie nochmals darüber nachdenken. Außerdem haben wir aufgrund der vielen Anfragen sowieso Aufnahmestopp.«*

Zielgruppennetzwerk und Kooperationen

Viele Zielgruppen, besonders Leidenszielgruppen – also Menschen, die ein gemeinsames Defizit, wie z.B. eine Krankheit, verbindet – sind oft eingebunden in ein Netzwerk von Anlaufstellen, Auftrags-, Informations- und Zielgruppenbesitzern wie zum Beispiel Ärzten, Krankenkassen, Arbeitgebern, Schulen bei Kindern und Zielgruppenmedien. Hat man die Empfehler (Auftrags- und Zielgruppenbesitzer) im Netzwerk glaubwürdig überzeugt, ist die Neukundengewinnung gesichert.

Beim Marketing können Spezialisten mit klarer Zielgruppenspezialisierung genau zielen, Allrounder hingegen müssen streuen. Das heißt: Wer sich auf eine Zielgruppe konzentriert, hat es leichter, seine Kunden zu erreichen, indem er sich im Umfeld derjenigen bewegt, die ebenfalls mit derselben Zielgruppe zu tun haben. Somit lassen sich Streuverluste bei Werbemaßnahmen weitgehend vermeiden.

Ein bedeutender Zielgruppenbesitzer für *RückenVital* sind Ärzte. Deshalb wurde von Anfang an geplant, die Erst- und Abschlussuntersuchung vom jeweiligen Arzt des neuen Kunden durchführen zu lassen. Krankenkassen waren überdies bereit, ihren Mitgliedern Zuschüsse zu gewähren und für Kinder sogar die gesamten Kosten zu übernehmen.

Die Neueröffnung und der Oskar

14 Tage vor der Eröffnung wurde über einen regionalen Verteiler an ca. 25 000 Haushalte, Arztpraxen, Apotheken, den Einzelhandel und diverse andere Zielgruppennetzwerke eine *RückenVital*-Zeitung verteilt, außerdem wurde in allen Wochen- und Tageszeitungen der Region mit Anzeigen und redaktionellen Beiträgen zur Eröffnung eingeladen. Journalisten und Fachpublikum wie Krankenkassen, Ärzte, Bürgermeister etc. erhielten eine persönliche Einladung. Geschäftspapiere, Visitenkarten, neue Kleidung, Türstopper, Poster etc. – an alles wurde gedacht.

Die Vorbereitung zur Neueröffnung

Am 24. und 25. Januar 2004 war Eröffnung und Tag der offenen Tür – ein sensationeller Erfolg! Bereits am ersten Tag kamen insgesamt über 1300 Besucher. Informationsgespräche – üblicherweise Einzelgespräche – mussten an diesen Tagen mit Gruppen von bis zu 28 Interessenten durchgeführt werden und das Telefon stand nicht still. Mitarbeiter arbeiteten alle drei Schichten durch, und vor der Tür standen die Besucher Schlange. Am zweiten Tag verbuchte das Unternehmen 40 Prozent mehr Neukunden. Nach einer Woche waren alle Spezialkompaktkurse bis zum Sommer ausverkauft.

**Nominiert für den
Oskar für den
Mittelstand 2004**

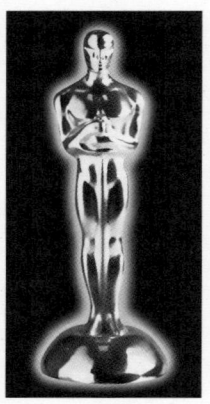

Unter der Schirmherrschaft des Bundesministers für Wirtschaft und Arbeit findet jährlich eine öffentliche Ausschreibung zur Nominierung der besten mittelständischen Unternehmen für den Wirtschafts- und Medienpreis *Oskar für den Mittelstand* statt. Beeindruckt von den Erfolgen des *RückenVital Zentrums Bad Laer* wurde das Unternehmen vom Landkreis für eine Nominierung vorgeschlagen. Am 26. Februar 2004, einen Monat nach Eröffnung, erreichte dann die offizielle Nominierung das Unternehmen.

Stellvertretend für viele Reaktionen war die Aussage eines älteren Herrn und Kunden: *»Jetzt kann ich endlich meinen Freunden sagen, wo ich hingehe und was sie davon haben, wenn sie es auch tun. Ich habe viele Bekannte, die Probleme mit dem Rücken haben!«* Ein anderer Interessent wollte wissen: *»Mein normales Fitness-Abo läuft noch bis August, kann ich in das Rückenprogramm trotzdem einsteigen?«* Als eine junge potenzielle Kundin über den Preis für die Kompaktprogramme verhandeln wollte, wurde ihr mitgeteilt, dass aufgrund der vielen Anfragen bis zum Juni Aufnahmestopp sei. Daraufhin sagte die junge Dame: *»Eigentlich bin ich auch wegen meiner Eltern hier, die dringend etwas tun wollen. Gibt es nicht doch eine Möglichkeit, früher anzufangen?«*

Nicht der Preis stand bei den Kunden im Vordergrund, sondern die Angst, zu lange warten zu müssen, um das Angebot nutzen zu dürfen. Für das Unternehmen hatte sich die Situation vom Anbieter- zum Nachfragemarkt gedreht: Es musste nicht mehr den Kunden nachlaufen und seine Dienstleistungen wie »sauer Bier« anbieten, sondern es hatte Mühe, die riesige Nachfrage zu befriedigen.

Ein Nachfragesog war entstanden, der das Marketing erleichterte (Pull-Marketing). Und genau das ist es, was eine Positionierung im günstigen Fall bewirken kann! Wer sich hingegen in der Austauschbarkeit bewegt, kann ausschließlich über Druck verkaufen (Push-Marketing), indem er versucht, in einem starken Wettbewerbsumfeld mit hohem Werbeaufwand etwas in den Markt »hineinzudrücken«.

Der Erfolg zieht Kreise

Fürchteten vor der Neupositionierung die Mitarbeiter um ihren Job, so machte sich bereits nach den ersten zwei Tagen eine Zukunftseuphorie breit. Durch die höhere Kompetenzzuweisung der Kunden stiegen das Selbstbewusstsein und die Selbstsicherheit der Mitarbeiter. Die Spezialisierung auf eine Leidenszielgruppe und die Anerkennung ihrer neuen Position bzw. die Positionierung des Unternehmens war für alle Mitarbeiter ein befreiendes Gefühl. Schon nach wenigen Tagen wurden neue Mitarbeiter gesucht.

Veränderte Stimmung im Unternehmen

Erfolg zieht Kooperationen an und aktiviert Wettbewerber. Als der Bürgermeister und das Fremdenverkehrsamt von dem Drei-Wochen-Urlaubs-Kompaktangebot von *RückenVital* hörten, waren sie sofort interessiert, Kooperationen mit bestehenden Kur- und wenig ausgelasteten medizinischen Angeboten zu knüpfen. Innerhalb weniger Wochen lagen mehrere Angebote einer Zusammenarbeit von Geräteherstellern, Franchise-Agenturen und anderen Anbietern vor. Sogar die ersten Franchise-Interessenten standen vor der Tür.

Journalisten, die über das *RückenVital Zentrum* schreiben wollten, wurden selbst Kunden und erklärten sich bereit, weiterhin Berichte zu platzieren. Nicht eingeladene bzw. »vergessene« Ärzte kamen von sich aus und wollten sich vor Ort über das Angebot für ihre Patienten informieren. Wenige Wochen später las man in den Anzeigen der Wettbewerber aus dem Fitnessbereich, dass sie jetzt »auch« ein spezielles Rückentraining anboten. Wer Erfolg hat, kann bald mit Nachahmern rechnen – das ist heute in allen Branchen üblich. Doch die Nr. 1 bleibt die Nr. 1 in den Augen der Zielgruppe.

> **Wer als Erster mit einem neuen Angebot auf den Markt kommt, hat einen Vorsprung vor Wettbewerbern und Nachahmern und kann diesen halten, indem er weiterhin innovativ bleibt. Es gilt, der Konkurrenz immer eine Nasenlänge voraus zu sein.**

Bei einer Neupositionierung sollte man als wichtigstes Ziel immer zuerst auf den vorhandenen Stärken und der Kernkompetenz des

Unternehmens aufbauen. Die Leistungen des *RückenVital Zentrums* waren zum größten Teil deckungsgleich mit dem des vorherigen Unternehmens *PhysioAktiv GmbH*. Bestehende Einrichtungen und Geräte entsprachen den neuen Anforderungen. Der wichtige Unterschied jedoch war der, dass man vorher die unterschiedlichsten Zielgruppen im Hause hatte, während es jetzt ausnahmslos Menschen mit Rückenschmerzen sind. Über 90 Prozent aller Altkunden waren bereits wegen ihrer Rückenbeschwerden Kunden und in Behandlung!

Hier zeigt sich der Kern der Zielgruppenspezialisierung: Statt vielen etwas zu bieten, wurde jetzt einer eng umrissenen Zielgruppe – nämlich Rückenschmerzgeplagten – etwas Bestimmtes geboten. In der Folge veränderte sich die Wahrnehmung dieser Zielgruppe: Aus dem »diffusen Bild« entstand ein klares Angebotsprofil mit zwingendem Nutzen, nämlich Rückenschmerzen zu beseitigen oder zu verhindern.

Nachdem im Ablauf des Acht-Schritte-Programms Routine eingekehrt war, konzentrierte man sich auf die Teilzielgruppen unter den Rückenschmerzpatienten. So erzielte man z.B. mit der Rückenschule in Kindergärten sofort große Erfolge. Dabei wurden den Kindern spielerisch Übungen beigebracht und das Körperbewusstsein aktiviert. Das Angebot sorgte für große Aufmerksamkeit bei Eltern und Medien. So ließ es sich nicht verhindern, dass ein regionaler Radiosender vor Ort war und darüber berichtete (Werbung zum Nulltarif!). Ein ausrangiertes und restauriertes Flugzeug auf dem Parkplatz des *RückenVital Zentrums* wurde zum fliegenden Klassenzimmer bzw. Kindergarten und Schulungsstätte. Am Ende jeder Veranstaltung wurde der Film *Das fliegende Klassenzimmer* gezeigt, und das Flugzeug selbst wurde zum interessanten Gesprächsstoff bei Kindern, Eltern und Medien. Weitere Angebote für Schüler mit Vorträgen in Schulen wurde gestartet und weitere Teilzielgruppen wie Firmen und Arbeitnehmer anvisiert. Jeder Mitarbeiter suchte sich aus den Teilzielgruppen seine Lieblingsgruppe aus und übernahm die Verantwortung für die Marktrecherche und den Kontakt.

Spezialisierung bedeutet, zuerst spitz in den Markt zu gehen und sich dann auf Teilzielgruppen zu konzentrieren.

Die PR-Strategie

Spezialisierung bietet traumhafte Voraussetzungen für eine effektive PR-Arbeit – das ist eine ihrer positiven Nebeneffekte. Von Anfang an wurden daher zwei Strategien verfolgt. Zum einen war es das Unternehmen *RückenVital Zentrum Bad Laer* mit seinem Konzept, seinen Mitarbeitern und seiner Einrichtung. Zum anderen war es wichtig, eine Person, nämlich den Inhaber und Physiotherapeuten *Hartmut Seidel,* als Spezialisten für die Öffentlichkeitsarbeit zu positionieren. Ziel war es, alle 14 Tage Fachartikel über die unterschiedlichen Ursachen und Erkrankungsformen von Rückenschmerzen, Therapieerfolge und Erfolgsberichte zu publizieren, um weitere Teilzielgruppen anzusprechen.

Spezialisierung bietet Werbung zum Nulltarif

Physiotherapeuten gibt es zuhauf, und sie haben leider, trotz intensiver Ausbildung, nicht den Stellenwert eines Arztes. Damit der Weg bis zur allgemeinen Kompetenzzuweisung dennoch nicht zu lange dauerte, wurde deshalb bei jeder Gelegenheit auch die Co-Branding-Strategie genutzt. Co-Branding bedeutet, sich mit fremden Federn bzw. mit anderen Marken zu schmücken. Es ist eine ganz normale und legitime Vorgehensweise, die viele Unternehmen bewusst oder unbewusst einsetzen. Ein Entwicklungsunternehmen, das z. B. mit Zellwachstumsstrukturen experimentiert, erhält automatisch ein viel größeres öffentliches Ansehen, wenn es dies im Auftrag für ein Weltraumlabor tut.

Co-Branding

Eine wichtige Voraussetzung, um die Kompetenz von *Seidel* als Spezialist zu unterstreichen, war einerseits die Zusammenarbeit mit der Universität Göttingen und andererseits die ergänzenden Aussagen von Fachärzten in Fachartikeln.

Als *PhysioAktiv* rutschte das Unternehmen in die Austauschbarkeitsfalle. Alle Versuche, mit Marketingmaßnahmen neue Kunden zu gewinnen und eine kontinuierliche Auslastung zu erreichen, hätten niemals Erfolg gebracht. Als *RückenVital Zentrum Bad Laer* wurde das Unternehmen zum Zielgruppenspezialisten mit Alleinstellungsmerkmal und erzielte hohe Aufmerksamkeit bei Presse, Empfehlern und Kooperationspartnern. Innerhalb kürzester Zeit wurde das Unternehmen regional die Nr. 1 im Kopf der Zielgruppe. Eine Leidenszielgruppe ist eher bereit, für eine

Vom Austauschbaren zum Zielgruppenspezialisten

Problemlösung zu bezahlen, als eine reguläre Zielgruppe: Der Deckungsbeitrag verbesserte sich daher deutlich, und die Liquidität stieg. Die Zielgruppenspezialisierung führte automatisch zu geringerem Werbeaufwand und geringeren Streuverlusten. Vor der Eröffnung schrieb das Unternehmen rote Zahlen. Nach dem Erfolg war abzusehen, dass man bereits nach vier Monaten wieder die Gewinnzone erreichte.

Aus dem Beispiel lernen

Mit Nischen-positionierung zum Markenprozess Das Beispiel *RückenVital Zentrum* zeigt, dass ein Zielgruppen-, Spezialisierungs- und Positionierungsprozess gleichzeitig auch eine Unternehmens- und Markenbildungsstrategie beinhaltet. Deshalb ist Positionierung das erfolgreichste Marketing auf unserem Planeten. Dahinter steht diese Erfolgsphilosophie:

- **Nicht gewinnorientiert vorgehen, sondern nutzenorientiert denken und handeln – Nutzen im Sinne eines speziellen Angebots für eine besondere Zielgruppe.**
- **Immer versuchen, den größten Engpass bzw. das brennendste Problem seiner Zielgruppe zu lösen – im Beispiel *RückenVital:* nicht irgendwelche undifferenzierten Fitnessangebote, sondern alle Angebote unter dem Problem der Rückenschmerzlinderung und -beseitigung bündeln.**
- **Konsequent den Nutzen für seine Zielgruppe steigern.**
- **Nur absolute Kundenzufriedenheit und hohe Begeisterung anstreben.**
- **Wer die Probleme anderer löst, löst auch seine eigenen – daraus folgen mehr Anziehungskraft und Gewinn.**

Die Philosophie wird von den Mitarbeitern getragen und gelebt, das heißt, alle müssen informiert und geschult sein.

Die Macht der Spezialisierung

Die Diversifikationsstrategien haben in den letzten 30 Jahren gegenüber den Spezialisierungsstrategien eindeutig verloren. Ein Beispiel unter vielen ist *Daimler Benz*. Der Konzern entwickelte sich unter *Edzard Reuter* bis zur Mitte der 90er-Jahre in die Breite, indem Unternehmen der unterschiedlichsten Sparten hinzugekauft wurden. Als einige dieser Unternehmen ins Stolpern gerieten, färbte sich dies auch negativ auf die Kernkompetenz des Autobaus ab: Es traten vermehrt Qualitätsprobleme bei den Fahrzeugen auf, und die Kunden wanderten zur Konkurrenz ab. Die Entwicklung zum weltumspannenden Technologiekonzern war gescheitert. Diese Erkenntnis kostete *DaimlerChrysler* mehrere Milliarden Euro Lehrgeld.

Der Traum vom globalen Technologiemixkonzern endete da, wo *Daimler Benz* angefangen hatte: bei der Konzentration auf den Bau hochwertiger und prestigeträchtiger Automobile und LKWs. – In den Diskussionen um die potenzielle Schließung und das Überleben von Standorten bei *Opel* war die sinngemäße Kernaussage eines ehemaligen Vorstandes: »*Spezialisierte Standorte haben in Zukunft die größte Chance zu überleben*«.

Angst vor Spezialisierung

Warum spezialisieren sich immer noch so wenige? Die Grundsätze der Positionierung sind noch recht neu. Zum anderen besteht eine regelrechte Angst vor Spezialisierung, nämlich die Angst, nicht genug Kunden bzw. Arbeit zu bekommen oder Kunden zu verlieren. Auch die falsche Vorstellung, Spezialisierung sei gefährlich, einseitig und langweilig, wirkt hinderlich. Doch genau das Gegenteil ist der Fall. Je spezialisierter Sie sind, desto mehr Anziehungskraft, Auslastung und Kunden haben Sie. Angst muss heute nur derjenige haben, der nicht spezialisiert ist.

Viele Unternehmen können nicht Nein sagen. Sie wollen oder können den Verlockungen der vielen schönen Zusatzeinnahmen, die aus Angebotserweiterungen erwachsen können, nicht widerstehen. Eigentlich, so sollte man meinen, verhalten sich diese Unternehmen richtig. Doch in Wirklichkeit führt die Erweiterung zur Verzettelung und zum »Bauchladen«.

Als Experte müssen Sie nicht nur wissen, was Sie wollen, sondern auch wissen, was Sie nicht mehr wollen und was Ihren Erfolg verzögert oder verhindert.

Auch mir erging es so, dass ich mit zusätzlichen Anfragen konfrontiert wurde. Aufgrund langjähriger Berufserfahrung ist man geneigt und in der Lage, viele Kundenprobleme zu lösen, auch solche, die über die Kernkompetenz hinausgehen. Jedes Kundenproblem aktiviert die schlummernden Potenziale und das »Helfersyndrom«. Es hat einige Zeit gedauert, bis ich erkannte, dass ich an einem Sprachfehler litt: Ich konnte nicht Nein sagen. Hat man jedoch erst einmal gelernt, Aufgaben abzulehnen, die über die Kernkompetenz hinausgehen, so konzentrieren sich die Kräfte und Energien. Und die Konzentration führt über kurz oder lang zum Durchbruch am Markt und dann geradewegs zur Marktführerschaft, in meinem Fall zum Praxisexperten für Positionierungsstrategien.

Es gilt folgender Grundsatz: Je kleiner die gewählte Nische, desto leichter ist es, der Erste zu sein, und desto leichter haben Sie es, neue Kunden zu gewinnen.

Besser spitz statt breit Wenn Sie eine neue Positionierungsnische gefunden haben, bleiben Sie darauf konzentriert, und versuchen Sie nie, breit in den Markt zu gehen. Je größer das Angebot ist, mit dem Sie werben, desto schwieriger ist es, Aufmerksamkeit zu bekommen. *Physio-Aktiv* wurde durch die Angebotserweiterung austauschbar, so dass alle Marketingmaßnahmen erfolglos blieben. Als *RückenVital Zentrum* stand am Anfang nur die Problemlösung für chronisch erkrankte Menschen im Vordergrund, nicht die einzelnen Rückenbereiche, Erkrankungsformen und deren Zielgruppen. Erst nach und nach wurden diese Bereiche kommuniziert.

Konzentration auf Teilzielgruppen

Tabugruppen als Kunden Weitere Beispiele für eine erfolgreiche Konzentration auf eine Zielgruppe: Homosexuelle und Transvestiten gelten für viele Unternehmen als Tabugruppe für eine individuelle Zielgruppenansprache, obwohl sie sehr konsumfreudig und markentreu sind.

Um speziell diesen Konsumenten gerecht zu werden und sie als Kunden zu gewinnen, bietet eine Bank in England Transvestiten zwei Kreditkarten für ihre Bankgeschäfte mit unterschiedlich integrierten Bildern an: einmal im Alltagsoutfit und einmal im Transvestitenoutfit. – In den USA schalten Großunternehmen wie das Einrichtungshaus *IKEA* oder die Fluggesellschaft *American Airlines* Werbung speziell für Homosexuelle.

Die *Sopur-GmbH* hat sich auf die hohe Qualität von Rollstühlen für den Behindertensport spezialisiert. Diese Teilzielgruppe mit speziellen Anforderungen macht zwar nur ca. drei Prozent der Rollstuhlfahrer in Deutschland aus, sie ist aber sehr homogen, d. h. jung und sportlich. Mit der Positionierung des Rollstuhls als Individualprodukt, dem Engagement für den Behindertensport sowie einem engen Kontakt zu den Meinungsbildnern in den Reha-Zentren und -Kliniken wuchs das Unternehmen auf über 200 Mitarbeiter. *Sopur* erkannte clever die Marktlücke: Während die Konkurrenz die Zielgruppe der Behindertensportler mied, da sie ja 97 Prozent des Gesamtmarktes aussparte, konnte das Unternehmen durch seine Spezialisierung wachsen.

Eine angeblich zu kleine Zielgruppe

> **Die Annahme, eine Zielgruppe sei »zu klein«, um mit ihr rentable Geschäfte zu machen, ist einer der häufigsten Trugschlüsse, denen Unternehmen mit Angst vor Spezialisierung immer wieder unterliegen! Fast jede Zielgruppe ist größer, als man zunächst annimmt, was aber bei »oberflächlicher« Marktbetrachtung in Folge eines breiten Sortimentsangebots nicht erkannt wird.**

Je »spitzer« Sie sich auf eine Teilzielgruppe konzentrieren, desto besser können Sie kommunizieren, desto glaubwürdiger werden Sie wahrgenommen und desto schneller wachsen Sie. Am Ende beweist sich die These: »Weniger ist mehr«.

Wenn auch Sie sich als Dienstleistungsunternehmen in einer ähnlichen Wettbewerbssituation befinden wie *RückenVital* bzw. die *PhysioAktiv GmbH* in oder vor ihrer Krise, sollten Sie sich für die Beantwortung folgender Fragen Zeit nehmen. Legen Sie sich einen Dateiordner im PC oder einen Ordner mit Register für die einzelnen Themen an. Wie schon angekündigt, erfordert die Erarbeitung einer neuen Positionierung, dass Sie sich immer wieder Zeit nehmen und daran arbeiten. Der erste Schritt ist die Analyse Ihrer Unternehmensstrategie.

Basisfragen zur Strategieentwicklung

1.
Interne Probleme und Abhängigkeiten

Interne und externe Engpässe machen die tatsächliche Situation des Unternehmens transparent und geben bereits einen ersten Überblick über mögliche Risiken und Chancen in der Zukunft. Achten Sie hierbei besonders darauf, welche Abhängigkeiten Ihr Unternehmen langfristig gefährden könnten. Kann zum Beispiel ein Lieferant, der in Konkurs geht oder übernommen wird, Sie in Gefahr bringen? Kann Ihre Bank Ihnen den Hahn zudrehen, was nicht selten schon zum Konkurs geführt hat, obwohl Aufträge vorhanden waren? Der interne Engpass bei *PhysioAktiv* war die mangelnde Liquidität durch die Mitgliederverluste und die ersten Reaktionen der Hausbank.

Definieren Sie zuerst die internen Probleme und Abhängigkeiten, wie zum Beispiel Abhängigkeiten von Banken, Finanzen, Personal, Know-how etc. Markieren Sie farblich die drei wichtigsten Probleme und Abhängigkeiten.

2.
Externe Probleme und Abhängigkeiten

Die externen Engpässe bei *PhysioAktiv* waren die Austauschbarkeit und der Preiskampf. Immer mehr bestehende Kunden kündigten ihre Abos, weil sie in ihrer Nähe günstigere Angebote sahen. Als »Bauchladen« hatte das Unternehmen wenig Chancen, zu einer Marke zu werden.

Definieren Sie alle externen Probleme und Abhängigkeiten, wie zum Beispiel Lieferanten, Vertrieb, Kundenbeziehungen, Reklamationen, Wettbewerb etc. Markieren Sie farblich die drei wichtigsten Probleme und Abhängigkeiten.

3.
Risiken in der Zukunft

Ohne Alleinstellung und besonderen Nutzen hatte *PhysioAktiv* trotz Marketingmaßnahmen wenig Zukunftschancen. Der Name *PhysioAktiv* war erklärungsbedürftig und in der Region in eine diffuse Positionierungsschublade abgelegt.

Schauen Sie in die Zukunft und listen Sie alle Risiken auf, mit denen Sie in den nächsten Jahren rechnen müssen. Märkte werden sich verändern. Veränderte Märkte erfordern neue Strategien. Was wird sich in Zukunft in Ihrer Branche bzw. Zielgruppe verändern und wie? Welche Veränderungen können eine Bedrohung werden? Markieren Sie farblich die drei wichtigsten Risiken.

Trotz Gesundheitsreform steigt der Bedarf nach physiotherapeutischen Maßnahmen und die Bereitschaft, für Lösungen selbst zu zahlen.

**4.
Chancen in der
Zukunft**

Schauen Sie in die Zukunft und listen Sie alle Chancen und Risiken für Ihre Unternehmenszukunft auf. Markieren Sie farblich die drei wichtigsten Chancen.

Die Wettbewerber im Einzugsgebiet von *PhysioAktiv* waren ähnlich positioniert und hatten gleiche oder ähnliche Angebote zu günstigeren Preisen, aber mit bedeutend weniger qualifiziertem Personal.

**5.
Die wichtigsten
Wettbewerber**

Listen Sie Ihre wichtigsten Wettbewerber auf und analysieren Sie deren besondere Alleinstellungsmerkmale bzw. Verkaufsargumente. Die Wettbewerbsanalyse wird in vielen Unternehmen vernachlässigt. Oftmals existiert nicht mal ein Archiv über die Werbeunterlagen der Wettbewerber.

Machen Sie sich die speziellen Stärken bewusst. Die Stärkenanalyse steigert das Selbstbewusstsein und das Selbstwertgefühl. Wer sich mit der Analyse der Unternehmensschwächen verzettelt, erreicht genau das Gegenteil. Am effektivsten gelingt die Stärkenanalyse, indem Unternehmensleitung, Mitarbeiter und Werbeagentur gemeinsam formulieren, wo sie die größten Stärken (Spezialisierung, Know-how, Service etc.) sehen, und diese anschließend auch bewerten – zum einen aus eigener Sicht und im Vergleich zum Wettbewerb, zum anderen aus Sicht der Zielgruppe. Gehen Sie noch einen Schritt weiter und befragen Sie Kunden, von denen Sie wissen, dass sie ehrlich und konstuktiv ihre Meinung sagen.

**6.
Analyse der
besonderen
Stärken**

In der Stärkenanalyse des Unternehmens und bei den Mitarbeitern von *Physio Aktiv* kristallisierten sich sehr schnell die Alleinstellungsmerkmale und Potenziale im Vergleich zu den Wettbewerbern heraus. Neben den staatlich anerkannten Physiotherapeuten, Masseuren und Sportlehrern waren die computergesteuerten Geräte eine klare Abgrenzung zu Mitbewerbern.

Bewerten Sie Ihre Stärken und Besonderheiten im Vergleich zu den wichtigsten Wettbewerbern. Existieren eventuell bereits Alleinstellungsmerkmale? Analysieren Sie, inwieweit das Alleinstellungsmerkmal als Priorität kommuniziert wird (gut positioniert oder schlecht kommuniziert)?

Die Definition zusätzlicher Potenziale hilft dabei, neue Marktnischen zu finden, die erfolgreich besetzt werden können. Hinterfragen Sie mögliche Verwendungszwecke Ihrer besonderen Stärken. Denken Sie dabei in (Dienstleistungs-)Produkten. Das heißt, versuchen Sie, aus jeder Idee ein Produkt zu kreieren.

**7.
Analyse der
potenziellen
Geschäftsfelder**

Diese Phase bietet zwei Denkansätze: zum einen, wie sich die Stärken sinnvoll einsetzen lassen, wenn Sie etwas ganz Neues anfangen möchten; zum anderen, aufbauend auf den Unternehmenserfahrungen, wie sich die Stärken im bestehenden Geschäftsfeld mit neuen Leistungen verbessern lassen. Losgelöst von den Rahmenbedingungen und der Realisierbarkeit produzierten in dieser Analyse- und Kreativphase die Workshop-Teilnehmer bei *PhysioAktiv* viele neue Zukunftsideen. Diese Phase öffnet eine Bandbreite neuer Wege und Visionen.

Analysieren Sie Ihre potenziellen Geschäftsfelder: Was könnte Ihr Unternehmen mit den besonderen Stärken außerdem noch anbieten und welche Spezialisierungsmöglichkeiten liegen nahe? Welche Probleme können aufgrund der speziellen Stärken besonders gut gelöst werden? Welche weiteren Verwendungszwecke, Vermarktungschancen und Märkte stehen dahinter? Was könnten Sie außerdem leisten? Was würden Sie am liebsten tun? Wer könnte sich dafür interessieren?

8.
Analyse der erfolg-
versprechendsten
(Teil-)Zielgruppen

Heutige Märkte zerfallen in eine Vielzahl kleiner und lukrativer Minimärkte. Die genaue Zielgruppen- und Teilzielgruppendefinition wird leider immer noch sehr oberflächlich gehandhabt. Dabei bietet die exakte Analyse eine Fülle von Marktnischen- und Positionierungsmöglichkeiten.

Bei der Teilzielgruppenanalyse mit *PhysioAktiv* war schnell zu erkennen, dass ca. 90 Prozent der Kunden wegen ihrer Rückenschmerzen trainierten. Somit war zwar die Zielgruppe bereits im Hause, aber das Unternehmen hatte sich nicht klar als der Problemlöser auf diese Zielgruppe positioniert.

Ihre Zielgruppe ist wichtiger als Ihre kapitalen Werte. Welche Zielgruppen hatte Ihr Unternehmen früher und welche jetzt? Wie viel Prozent des Umsatzes entfallen auf diese Zielgruppen? Welche Zielgruppe ist die interessanteste und lohnendste? Wer sind die 20 Prozent Ihrer Zielgruppen, mit denen Sie nach dem Pareto-Prinzip 80 Prozent Ihres Umsatzes machen bzw. machen könnten (bitte nach ABC bewerten)?

Bei welcher Zielgruppe haben Sie die höchste Anziehungskraft (1 = hoch, 2 = mittel, 3 = gering)? Welche Zielgruppe lieben Sie bzw. mit welcher würden Sie am liebsten arbeiten? Wie sollte Ihre Lieblingszielgruppe bzw. Ihr Lieblingskunde der Zukunft aussehen? Bewerten Sie nach Größe, Leidensdruck, höchstem Nutzen und Anziehungskraft. Selektieren Sie die erfolgversprechendste Zielgruppe und konzentrieren Sie sich bei der nächsten Frage zunächst nur auf diese.

Die Analyse der brennendsten Probleme ist, neben der Zielgruppenanalyse, der wichtigste Schritt, um Innovationen zu entwickeln. Denken Sie bitte immer daran, jedes Problem kann eine Marktnische sein – besonders wenn es sich um eine Leidenszielgruppe handelt. Ebenso wichtig ist der kontinuierliche Dialog mit den Zielgruppen. Denn keine andere Quelle kann zuverlässiger Auskunft über die tatsächlichen Bedürfnisse und den Bedarf des Marktes geben als der Markt selbst. Der direkte Kontakt zu den Zielgruppen ist noch immer das beste Instrument, wenn es darum geht, das eigene Angebot zu überprüfen, es gegebenenfalls an die Veränderungen des Marktes anzupassen und auch die Werbung gezielt darauf auszurichten. Durch den ständigen Dialog mit Ihrer Zielgruppe werden Sie automatisch zum Informationsbesitzer und haben so ein absolut zuverlässiges Frühwarnsystem.

Beispiel *RückenVital:* Für Menschen, die unter chronischen Rückenschmerzen leiden, ist Schmerzfreiheit oftmals ein scheinbar unerreichbarer Traum. Der Leidensweg chronisch erkrankter Rückenschmerzpatienten ist mit täglichen Schmerzen und Bewegungseinschränkungen verbunden. Es gibt oft keine Haltung, in der man entspannt und schmerzfrei ist. Was bleibt, ist eine resignierte Lebenseinschränkung und der Frust, dass das Leben an einem vorübergeht. Der Traum, sportlich aktiv zu sein, mit anderen etwas zu unternehmen, mit den Kindern und Enkelkindern herumzutollen, beschränkt sich auf das Zuschauen oder darauf, diesen Aktivitäten aus dem Wege zu gehen. Diesen Menschen wieder eine neue Hoffnung zu geben ist ein wichtiger emotionaler Faktor in der Positionierung.

Die brennendsten Probleme der erfolgversprechendsten Zielgruppe: Welche Probleme empfindet Ihre Zielgruppe als besonders brennend (faktisch/emotional)? Welche Wünsche, Bedürfnisse und Sorgen sind Ihnen bereits bekannt? Denken Sie dabei an: Vertrauen, Risiken, Preise, bisherige Problemlösung und Erwartungen, Finanzierung, Erreichbarkeit, Ängste, Hemmschwellen, Kompetenz, Informationen etc. Werden Sie selbst zur Zielgruppe und gehen Sie im Kopf der Zielgruppe spazieren! Durchforsten Sie alle emotionalen und faktischen Probleme, selbst wenn sie Ihr Angebot nicht tangieren. Die Probleme Ihrer Zielgruppe bergen oft auch einen Fundus an Trojaner-Strategien (vgl. ab Seite 178).

Sinnvolle Innovationen lösen immer das brennendste Problem einer Zielgruppe. Dabei geht es nicht immer darum, nur nach neuen, aufwendigen oder gar kostenintensiven technischen Innovationen zu suchen. Innovationen können technisch, faktisch oder virtuell – also nur im Kopf – eine Vorstellung auslösen und ein (psychologisches) Bedürfnis befriedigen. Wichtig ist, dass die Innovation im Kopf Ihrer Zielgruppe ein neues Fenster öffnet. »Virtuell« bedeutet, dass eine Dienstleistung oder ein Produkt eine Positionierungsnische besetzt und im Kopf der Zielgruppe als anders, einzigartig oder neu wahrgenommen wird.

Durch die anschließende direkte und persönliche Befragung der Zielgruppe selbst wird sowohl die eigene Einschätzung überprüft als auch die Wirksamkeit der folgenden Werbemaßnahmen sichergestellt. Das sonst übliche Innovationsrisiko wird so praktisch auf null reduziert und garantiert eine erfolgreiche Umsetzung am Markt.

Die tiefere Analyse der brennendsten Probleme von Rückenpatienten zeigte, dass mit einseitigen, muskelaufbauenden Therapien bei chronischen Rückenerkrankungen kein nachhaltiger Erfolg zu erzielen war. Eine intensive Recherche über die neuesten wissenschaftlichen Erkenntnisse war Voraussetzung zur Erarbeitung einer ganzheitlichen Therapie und führte zum Acht-Schritte-Rücken-Intensiv-Programm.

Analysieren Sie Innovationspotenziale: Welche zusätzlichen Leistungen lösen die Probleme der erfolgversprechendsten Zielgruppe? Womit oder wie kann man der Zielgruppe einen zwingenden Nutzen bieten? Suchen Sie nach Begeisterungsmerkmalen. Lassen Sie allen Ideen freien Lauf, selbst wenn Sie glauben, dass eine Idee unmöglich zu realisieren ist. Wenn Sie später die einzelnen Positionierungsstrategien andocken, werden Sie eventuell überraschende Lösungen finden.

**11.
Hemmschwellen
der Zielgruppe**

Bei der Erarbeitung der Positionierung von *RückenVital* wurden alle Risiken und Chancen aus der Zukunft berücksichtigt. Dazu gehören zum Beispiel auch die psychologischen und faktischen Hemmschwellen, das Angebot anzunehmen. Durch das Infragestellen des Konzeptes wurden die Probleme der Teilzielgruppen deutlich, z. B. Mütter mit Kindern, Berufstätige, die nur abends Zeit hatten, etc.

Was könnte Ihre Zielgruppe davon abhalten, Ihre Leistung in Anspruch zu nehmen? Da Sie erst einmal im Elfenbeinturm arbeiten und noch kein Marktfeedback haben, sollten Sie an diesem Punkt der Erarbeitung Ihre Ideen kritisch in Frage stellen.

**12.
Hemmschwellen-
abbauende Ideen**

Die Hemmschwellenfaktoren führte bei *RückenVital* zu veränderten Öffnungszeiten und einem individuellem Programmangebot, wie dem 38-Stunden-Coaching-Intensiv-Programm, der Drei-Wochen-Kompakt-Kur von 8.00 – 13.00 Uhr, dem Vier-Wochen-Rückenprogramm morgens von 8.00 – 12.30 Uhr, dem Zehn-

Wochen-Rückenprogramm abends (für Berufstätige) von 17.30 Uhr – 20.30 Uhr und dem Zwölf-Monats-Rückenprogramm von 7.00 Uhr – 21.00 Uhr.

Wann würde Ihre Zielgruppe das Angebot auf jeden Fall annehmen? Denken Sie bitte erneut über Innovationen nach und suchen Sie zu jeder Hemmschwelle eine Lösung.

Spezialisierung erfordert sinnvolle sich ergänzende Kooperationspartner. Durch eine intelligente Kooperation können Sie nicht nur Ihr Angebot ohne Risiko erweitern, sondern auch zusätzliche Kundenprobleme lösen, zu denen Sie selbst nicht in der Lage sind. Dadurch werden Kräfte freigesetzt, der Durchbruch im Markt beschleunigt und neue Kunden durch die Zielgruppen des Kooperationspartners hinzugewonnen. Partner mit gleichem Wissen und Fähigkeiten jedoch können schnell zu Konkurrenten werden. Deswegen ist die Auswahl eines komplementären Partners die ausschlaggebende Voraussetzung. Erfolge ziehen automatisch Kooperationspartner an. Als der Bürgermeister und das Fremdenverkehrsamt vom Drei-Wochen-Urlaubs-Kompakt-Angebot hörten, waren sie sofort interessiert, Kooperationen mit bestehenden Kureinrichtungen und wenig ausgelasteten medizinischen Angeboten zu knüpfen. Geräthersteller, Franchiseagenturen und andere Anbieter suchten ebenfalls den Kontakt.

13. Kooperationsmöglichkeiten

Mit wem kooperieren Sie zurzeit? Welcher Produkt- oder Dienstleistungsbesitzer kann Ihr Angebot verbessern (Co-Branding)? Haben andere Branchen bereits Lösungen für ähnliche Probleme? Was können Sie einem Kooperationspartner anbieten? Wer bietet ergänzende Produkte? Wer hat sonst noch einen Nutzen durch Sie?

Unternehmensziele definieren sich niemals nach einer Variablen, sind also keinesfalls an Trends oder Zeitgeist orientiert.

14. Das Unternehmensziel mit Ausrichtung auf ein Grundbedürfnis

PhysioAktiv und die Mitbewerber sprangen auf jeden Trend auf und erweiterten, je nach Bedarf, das Angebot. Als *RückenVital Zentrum* konzentrierte und spezialisierte man sich auf das konstant bleibende Grundbedürfnis Rückenschmerzen. Fürchteten vor der Neupositionierung die Mitarbeiter um ihren Job, so machte sich bereits nach den ersten zwei Tagen eine Zukunftseuphorie breit. Durch die höhere Kompetenzzuweisung der Kunden stiegen das Selbstbewusstsein und die Selbstsicherheit der Mitarbeiter. Die Spezialisierung auf eine Leidenszielgruppe veränderte positiv die Kommunikation der Mitarbeiter mit dem Kunden. Die Spezialisierung gab den Kunden ein sicheres Gefühl, die richtige Entscheidung getroffen zu haben.

Definieren Sie gemeinsam mit Ihren Mitarbeitern Ihre Unternehmensziele und fassen Sie das Wichtigste zu einem Leitsatz zusammen.

Welches konstante Grundbedürfnis wollen Sie in Zukunft lösen? Werden Sie zum Beispiel nicht bester Hersteller von einer bestimmten Art von Datenspeicher, sondern bester Problemlöser für die Sicherung von Daten, nicht bester Anbieter von Marketingseminaren, sondern bester Problemlöser für alle, die neue Kunden suchen. Tragen Sie alle Formulierungen zusammen, bewerten Sie diese und fassen Sie die wichtigste Aussage zu einem für jedermann verständlichen und nachvollziehbaren Leitsatz zusammen.

Ihr Leitsatz: _____

3. Die Marktnischen-Positionierung

Die Marktnischen-Positionierung beschäftigt sich damit, Marktlücken im Markt zu finden und sie zu besetzen – Lücken, in denen Unternehmen, Dienstleistungen oder Produkte als einzigartig wahrgenommen werden, sich entfalten können und Wachstumschancen haben. Der Markt ist voller Nischen, die entdeckt werden wollen.

Das folgende Beispiel der *GastroFibu AG* ist das Ergebnis einer systematischen Analyse einer Zielgruppe, deren brennendster Probleme und der daraus zwangsläufig resultierenden Innovation in eine neue Marktnische. Überlegen Sie bitte bei jedem Schritt der Entwicklung, inwieweit ähnliche Ansätze sich auf Ihr Unternehmen übertragen lassen.

Erfolgsbeispiel einer Marktnischen-Positionierung

Die Ausgangssituation

Nach über einem Jahrzehnt praktischer Tätigkeit als Inhaberin eines Getränkefachgroßhandels gründeten *Jeannette und Udo Krüger* die Gastronomie-Consulting-Agentur *Gastro-Compact* mit den Schwerpunkten Projekt- und Krisenmanagementberatung, Rechnungswesen, Finanzierung, Vertragswesen sowie Existenzgründungsberatung. Es war schon eine besondere Herausforderung, sich der überwiegend beratungsresistenten Klientel Gastronomie

Gastro-Compact und die neue Marktnische

anzunehmen. Trotzdem verzeichnete *Gastro-Compact* ungewöhnliche und nachhaltige Erfolge. In der Regel schließen ca. 50 Prozent aller Neugründer innerhalb des ersten Jahres wieder ihren Betrieb. Durch die professionelle Beratung wurde die Quote auf maximal zehn Prozent reduziert. Im Jahre 2000 wurde das Unternehmen mit dem Innovationspreis ausgezeichnet.

Der Erfolg hatte auch seinen Preis

Um einen umfassenden Service zu bieten, wurde das Angebot von *Gastro-Compact* immer breiter. Damit wuchs der Aufwand in der Beratung und somit auch die Kosten. Die Neukundengespräche wurden immer länger und die Umwandlungsrate in Aufträge immer geringer. Das Unternehmen lief in die Verzettelungsfalle. In dieser Situation kontaktierte die Familie Krüger mich. In einem gemeinsamen Workshop wurde unter anderem geklärt, was das Unternehmen in Zukunft tun sollte und was nicht mehr. Am Ende des Workshops war allen klar, dass der Umfang des bisherigen Angebotes für eine professionelle Beratung zwingend notwendig ist. So entwickelten wir ein Dominopaket.

Der einzige Unterschied zu vorher war, dass das Angebot in mehrere aufeinander aufbauende Stufen aufgeteilt wurde. Die erste kostengünstige Beratungsstufe diente dazu, um Vertrauen auf- und Hemmschwellen abzubauen. Nach jeder weiteren Stufe konnte sich der Gastronom für die nächste entscheiden. Die Vorgehensweise der Prozessbegleitung hatte für alle Beteiligten große Vorteile. Statt wie bisher erst nach Abschluss des Gesamtprojektes die Rechnung zu schreiben, konnte *Gastro-Compact* nach jeder Stufe sofort abrechnen und die Liquidität sichern.

Trotz Erfolg schwebte jedoch eine Unzufriedenheit über dem Unternehmen. Die Auftragsbeschaffung erforderte intensive Überzeugungskraft und die individuelle Beratung viel Energie und Engagement. So gut wie jeder Beratungsauftrag war ein Job mit Verfallsdatum. Der Wunsch, mit der Kernkompetenz etwas Neues zu schaffen, öffnete den Kopf, um genauer die Probleme der Zielgruppe zu analysieren. Die Vorstellung über die Zukunft und die Rahmenbedingungen waren bereits klar definiert. Hier stand das *McDonald's*-Konzept Pate: Es galt, etwas Neues mit kontinuierlichen Einnahmen zu entwickeln, zu testen, zu standardisieren und zu multiplizieren.

Das Problem der Zielgruppe

Der unternehmerische Alltag des Gastronomen ist ein Fulltime-job. Neben der täglichen Organisation wie dem Einkauf, der Personalführung oder dem Ausrichten von Veranstaltungen muss er auch die Rolle des Kaufmanns spielen. Und hier liegt oft das größte Problem: Gastronomie und Buchhaltung – ein Meer an Zahlen oder mehr als Zahlen? Als Multitalent bleibt dem Wirt oft nicht mal die Zeit, sein Kassenbuch zu führen. Der Überblick, wer, wann, was, wie viel bezahlt, geht schnell verloren. Deshalb besetzt er diese bedeutende Rolle mit seinem Steuerberater – und drückt ihm seine Buchhaltungsordner in die Hand. Hoffnungsvoll schaut der Gastronom dann auf seine Betriebswirtschaftlichen Auswertungen (BWA), ohne die Flut von aktuellen Monats- und kumulierten Jahreszahlen, die Vorjahresmonats- und Vorjahreszahlen und die Zuordnung der prozentualen Werte zu verstehen. Es sind oft nicht die mangelnden betriebswirtschaftlichen Kenntnisse, sondern die Darstellung des Zahlenmaterials, die verwirrt und die Betriebssituation im Unklaren lässt.

Die Zielgruppe Gastronomie

Neben dem mangelnden Durchblick muss der Gastronom auch zwischen den Zeilen lesen können. Ein Beispiel: Die meisten Steuerberater stellen in ihren Auswertungen ausschließlich den Gewinn, je nach Lage des Unternehmens, dar. Hört sich gut an, klingt nach viel Geld. Nur eines versteht der Gastronom nicht: Sein Bankkonto sinkt immer mehr in tiefe, gefährliche Abgründe. Was er nicht in diesen Auswertungen sieht, sind seine monatlichen Verpflichtungen gegenüber seinen Kreditgebern. Doch die haben schon lange ihre Raten von seinem Konto abgebucht. Schnell, sehr schnell, zeigen sich hier existenzgefährdende Löcher! Viele Fragen bleiben für den Gastronomen unbeantwortet: Hat er überhaupt etwas verdient, wenn ja, wo ist das Geld geblieben? Diese Fragen zu beantworten und seine momentane betriebswirtschaftliche Situation abzuklären, gehört für den Gastronomen zu seinen brennendsten Problemen.

Das brennendste Problem

Der Schwerpunkt der Zielgruppenbeschreibung ist bewusst auf die betriebswirtschaftlichen Probleme fokussiert. Natürlich hat der Gastronom noch andere Probleme, wie zum Beispiel die Neukundengewinnung und die Kundenbindung. Auch dafür wurden von *Gastro-Compact* interessante multiplizierbare Konzepte erarbeitet, die aber im Vergleich zu der anvisierten Marktnische keine so nachhaltige Auftragssicherheit gewährleistet hätten.

Fragen an den Leser

- Was hätten Sie *Gastro-Compact* empfohlen?
- Welches brennendste Problem würden Sie wie lösen?
- Was passt zur Kernkompetenz?
- Hat Ihre Zielgruppe ähnliche Probleme bzw. gibt es Zielgruppen, die zu Ihren Stärken passen?

Die neue Marktnische

Die Frage nach dem größten Engpass der Zielgruppe und einem zwingenden Nutzen führte zu einer neuen Marktnische. In ihrer Tätigkeit erkannte *Gastro-Compact* sehr schnell, dass die Hauptursache für eine Krisenmanagementberatung sehr oft auf eine unzureichende Erklärung der BWA zurückzuführen war.

In einem zweiten gemeinsamen Workshop wurde systematisch die neue Marktnischenidee erarbeitet. Der Bauchladen-Steuerberater, der Autohäuser, Blumengeschäfte, Modeboutiquen – einfach alle Branchen – bedient, kann hier oft nicht weiterhelfen. Wirkliche Hilfe kann nur ein Spezialist für die Gastronomie leisten. Am 1. August 2002 wurde dann der von der EU geförderte erste branchenspezifische Finanzbuchhaltungsservice, *GastroFibu AG*, gegründet. Es war der erste bundesweit tätige Branchenspezialist für Gastronomie und Hotellerie.

GASTRO*FIBU*.DE

Die Problemlösung

Gemeinsam mit Fachexperten aus Steuer- und Rechtsberatung wurde ein bis dahin einmaliger *Fünf-Sterne-Gastronomie-Finanzbuchhaltungs-Service* entwickelt, der zusätzlich ein einfaches und effektives Führungs-, Kontroll- und Sicherungssystem beinhaltete. Die Gastronomen gewinnen damit mehr Sicherheit durch vollständige Transparenz ihres Betriebs und verbessern so ihr kaufmännisches und wirtschaftliches Handeln. Selbst Laien werden schnell zu Profis ihrer betriebswirtschaftlichen Bewertung.

Die besondere Dienstleistung beinhaltet einen monatlichen kostenlosen Hol- und Bring-Service mit schrankfertiger Archivierung in Archivboxen sowie einer kostenlosen Bereitstellung von Aktenordnern. Alle Überweisungsträger und Meldeformulare werden unterschriftsreif vorgefertigt. Monatlich erhält der Gastronom bis zum 15. des Folgemonats die einfache, übersichtliche und kommentierte Auswertung der Buchhaltung mit konkreten Empfehlungen und allen fälligen Zahlungen auf einen Blick – nichts wird mehr vergessen. Es werden laufend die Wareneinsatzquoten, Personal- und Objektkosten auf Wirtschaftlichkeit überprüft, und es wird auf anstehende Liquiditätsengpässe hingewiesen. Ein monatlicher Abgleich zu den Prüfkennziffern des Finanzamts vermeidet Steuerschätzungen und existenzgefährdende Steuernachzahlungen. Professionell und kostengünstig wird außerdem die oft aufwendige Lohnabrechnung erstellt.

Das ist insgesamt aktives Unternehmensmanagement: Es wird nicht mehr reagiert, sondern agiert. Im Gegensatz zu üblichen Buchhaltungen werden hier alle Kosten, Raten und Beiträge grundsätzlich nach Fälligkeit und nicht nach Zahlung gebucht. So sieht der Gastronom immer, was er dem Finanzamt oder seinem Vermieter noch zu zahlen hat, und wird nicht erst informiert, wenn ein wichtiger Gläubiger sein Konto sperrt. Auch die Problematik der einseitigen Gewinn-Verlust-Darstellung wurde verändert. In seiner persönlichen Auswertung kann der Gastronom monatlich ersehen, was für ihn nach Bezahlung der Kreditverpflichtungen an flüssigen Mitteln (Cashflow II) übrig bleibt.

Ein ungewöhnlicher Service

Ruft Ihr Steuerberater Sie alle ein bis zwei Wochen an und fragt, ob alles in Ordnung ist, ob Sie irgendwelche Fragen haben, oder gibt er Ihnen Tipps, wie Sie die Löhne steuerlich optimieren können, wie Sie die Verluste durch verdorbene Lebensmittel oder Gastgeschenke wie den Espresso nach dem Essen steuerlich geltend machen können? Gibt er Ihnen Hinweise, dass Sie die Kalkulation verbessern sollten, den Mietzins oder die Preise für Getränke im Vergleich zu anderen neu verhandeln sollten? Haben Sie schon einmal vor Begeisterung Ihren Steuerberater angerufen und sich für den ungewöhnlichen Service bedankt, dann ein befreundetes Unternehmen angerufen und Ihren Steuerberater empfohlen?

Für die Mitarbeiter der *GastroFibu AG* ist der kontinuierliche telefonische Kontakt ein wichtiger Teil der Kundenbetreuung. Positionierung ist die Summe aller Dinge. Sie erinnern sich an die Wunschvorstellung: etwas Neues entwickeln, testen, mit kontinuierlichen Einnahmen standardisieren und multiplizieren. Bis auf das Multiplizieren waren die ersten Weichen gestellt. Statt sich wie in der Beratung von Auftrag zu Auftrag immer mit Dienstleistungseintagsfliegen seinen Lebensunterhalt zu verdienen, erreichte *GastroFibu* eine monatlich kontinuierliche Einnahme mit einer hohen Lebenszeit von Kunden. Während vielen Steuerberatungskanzleien durch Insolvenzen ihre Mandanten verlieren und durch zum Teil nicht mehr einforderbare Außenstände hohe Verluste verzeichnen, wird bei *GastroFibu* die monatliche Rate im Voraus abgebucht. Ist ein Gastronom insolvent, wird sofort die Bearbeitung eingestellt, so dass Außenstände vermieden werden.

Problem der Kundengewinnung

Der scheinbar schwierige Weg zum Kunden

Im Vorfeld analysierten wir alle Möglichkeiten der Kundengewinnung und testeten sie in ersten kleinen Feldversuchen in der Zielgruppe. Alle klassischen Instrumente, wie ein vorgeschaltetes Telefonmarketing mit nachfolgendem Mailing und persönlichem Besuch, erwiesen sich mit der niedrigen Umwandlungsquote als unwirtschaftlich. Einen Gastronomen davon zu überzeugen, seinen Steuerberater zu wechseln, entpuppte sich als die schwierigste Hürde.

Zur Zeit der Neuen-Märkte-Euphorie, als man noch Millionen in neue Unternehmen investierte, mussten einige Broker, Investoren und Banken erkennen, dass sie über Vertrieb und Neukundengewinnung noch viel lernen müssen. Ein typisches Beispiel dafür war ein junges Unternehmen aus der IT-Branche: Über 10 Millionen DM investierte man in die Entwicklung, bevor man feststellte, dass der Vertrieb der Produkte doppelt so teuer war wie der kalkulierte Deckungsbeitrag.

Nicht immer lassen sich Kunden auf einfache und direkte Art und Weise gewinnen, selbst wenn der gebotene Nutzen absolut zwingend ist. Hier ist Strategie gefragt, um die Zielgruppe auf anderen Wegen zu erreichen.

Welche Lösung für die Kundengewinnung bei *GastroFibu* schlagen Sie vor? Denken Sie dabei auch an Zielgruppen- und Auftragsbesitzer:

Fragen an den Leser

- Wer sind die wichtigsten Partner der Gastronome und welche Probleme haben diese?
- Wer genießt das größte Vertrauen in der Zielgruppe?
- Wer kann eine Mund-zu-Mund-Propaganda in Gang setzen?
- Wer ist ein Empfehler?
- Wer würde gerne mit der *GastroFibu AG* kooperieren?
- Wer ist ein interessanter Joint-Venture-Marketingpartner (vgl. ab S. 166)?

Wenn es Ihnen mit Ihren Marketingmaßnahmen ähnlich geht, können Sie aus dem Fallbeispiel eigene Strategien für Ihr Unternehmen ableiten.

Kreditwürdigkeit der Kreditgeber

Während Banken ihre Kredithürden signifikant nach oben geschraubt haben, leben Brauereien und Getränkefachgroßhändler von der Expansion und davon, ihre Gastronomiepartner finanziell zu unterstützen, um wiederum selbst ihre Wertschöpfung zu verbessern. Mit jährlich ca. 600 Millionen Euro an Darlehen sind die Brauereien und Getränkefachgroßhändler die größten Kreditgeber der Gastronomie. Angesichts der aktuellen Basel-II-Kriterien sind alle Kreditgeber verpflichtet, ein effektives Kontrollmanagement im Darlehensgeschäft einzurichten. Ohne eigenes und effektives System verschlechtert sich das Rating des Kreditgebers entscheidend. Dies wiederum schlägt sich in deutlich schlechteren Bankkonditionen nachhaltig nieder.

Die Darlehensvergabepraxis der Brauereien und Getränkefachgroßhändler erforderte neue Strategien. Die Frage war nur, welche. Laut Vorstand einer großen Brauerei verbringen die Vertriebsleute ca. 80 Prozent ihrer Zeit damit, die ausstehenden Raten persönlich abzuholen. Ob ein Gastronom kurz vor der Insolvenz stand, wusste aber der Vertrieb nicht, oftmals nicht mal der Gastronom selbst. Denn das Zahlenwerk der Steuerberater war für beide ein Buch mit sieben Siegeln. Für die Betreuung der solventen Partner blieb häufig nur noch wenig Zeit und Energie. Zur Einschätzung von Risiken und Erfolgschancen der Problempartner fehlen den Brauereien und Großhändlern oft das Know-how, reale Vergleichskennzahlen, Transparenz und eine partnerschaftliche Offenheit. *»Wüssten wir früh genug, ob ein Gastronom Pleite geht«*, so der Vorstand, *»könnten wir viele unnötige Verluste vermeiden«*.

Auch für die Gastronomie wird es wie für andere Branchen immer schwieriger, ohne Transparenz der wirtschaftlichen Situation Kredite zu erhalten. Das bedeutet, dass keine Brauereien, Getränkehändler oder Banken zukünftig bei neuen Darlehen – oder bei Unregelmäßigkeiten in laufenden Kreditgeschäften – ohne ein eigenes und effektives Sicherungssystem Kredite vergeben oder halten können.

Rating – nur eine Eintagsfliege mit Verfallsdatum?

Die Hoffnung, durch ein in der Regel teures Rating die Probleme in den Griff zu bekommen, entpuppt sich sehr schnell als Luftschloss angesichts der Laufzeit und der damit verbundenen Gefahr der wirtschaftlichen Veränderungen. Was bleibt, ist die Hoffnung oder ein ständig neues Rating. Die Frage ist dann aber immer noch, in welchem Turnus und wer die Kosten trägt. Alle Versuche, ein Risiko-Managementsystem einzuführen, brachten nicht den erhofften Erfolg.

Vom Krisen-zum Chancen-management Grundsätzlich gilt: Je intensiver man im Vorfeld die Probleme bzw. Engpässe der Zielgruppe und deren unmittelbarer Partner analysiert, im persönlichen Dialog bespricht und bestätigen lässt, desto größer sind die Chancen, einen zwingenden Nutzen zu entwickeln, der das Problem der Neukundengewinnung löst. Einen zwingenden Nutzen, der für *alle* Seiten – Kreditgeber, Kreditnehmer, Gastronomen und *GastroFibu AG* – Vorteile bringt und ein bis dahin ungelöstes Problem löst.

Der größte Engpass in der Kreditvergabe ist ein funktionierendes Risiko-Managementsystem. *GastroFibu AG* ist als vertrauter Informationsbesitzer und Dienstleister der Gastronomie und Hotellerie das Bindeglied zwischen Kreditnehmer und Kreditgeber. Wenn zwischen beiden Parteien für die Gewährung eines Darlehens eine Offenlegung der BWA vereinbart wird, muss ein Instrument geschaffen werden, dass monatlich die aktuelle Situation widerspiegelt, ohne die gesamte BWA offen zu legen. Insolvenzen der

Partner sind nie ganz auszuschließen. Doch in Zukunft gilt es, die Anzahl der Insolvenzen drastisch zu verringern und den Erfolg der Partner mit geeigneten Maßnahmen zu steigern. Voraussetzung ist, ein *Lifetime-Rating* mit Frühwarnsystem für Kreditnehmer und Kreditgeber zu installieren, um drohende Darlehensverluste rechtzeitig zu erkennen, gegebenenfalls gemeinsam gegenzusteuern oder weitere unnötige Verluste zu reduzieren.

In einem gemeinsamen Brainstorming entwickelten wir dann die Idee des *Living-Rating* und meldeten es als Marke an. Das Herzstück der monatlichen Auswertung wurde das kostenlose Acht-Punkte-*Living-Rating*-Frühwarnsystem zur Erkennung wirtschaftlicher Gefahren. Das monatliche *Living-Rating* ist eine wertvolle Hilfe im täglichen Entscheidungsprozess und zeigt dem Gastronomen, an welcher Schraube er drehen muss, um seine Kreditwürdigkeit zu verbessern und Investoren zu überzeugen. Es zeigt jederzeit an, wo, wie, wann und was man verändern muss, um Risiken zu vermeiden. Somit haben Gastronome immer einen aktuellen Gesamtüberblick über Rentabilität, Gewinn, Liquidität, Verbindlichkeiten etc. Statt aufwendige BWAs zu interpretieren, dokumentieren Noten die aktuelle unternehmerische und wirtschaftliche Situation. Mit dieser Auswertung können die Kunden schneller und effektiver handeln. Falls von einem Kreditgeber eine Offenlegung verlangt wird, erfüllen in der Regel

Living-Rating – Frühwarnsystem zum Nachweis der Kreditwürdigkeit

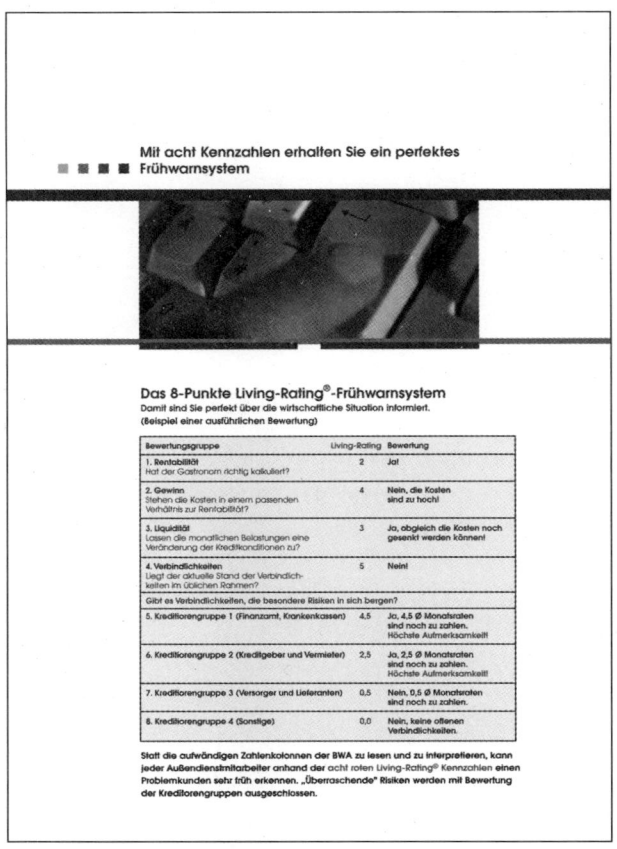

Aus der Broschüre für die Gastronomie

diese acht Kennzahlen alle notwendigen Anforderungen eines funktionierenden Risiko-Managementsystems, um die Kreditwürdigkeit nachzuweisen. Dies fördert das Vertrauen zwischen Kreditgebern und -nehmern und bietet Verhandlungsspielraum für Zinskonditionen, die Höhe des Kredites und die Kreditbereitschaft.

Ohne dass man eine BWA lesen und interpretieren muss, hat jeder Außendienstmitarbeiter anhand der acht Kennzahlen die Früherkennung von Problemkunden jederzeit im Überblick und kann gezielt Hilfestellung anbieten. Brauereien und Getränkefachgroßhändler verbesserten mit dem *Living-Rating* die Risikostruktur ihrer Investitionen in die Partner und reduzierten selbst ihre Kreditausfälle, so dass sich auch ihr eigenes Rating verbesserte.

Vor der Neugründung wurden von uns alle wichtigen Details im Bereich Corporate Identity, Corporate Design, Logoentwicklung, Geschäftsausstattung, inhaltliche Positionierung (faktisch und virtuell) gegenüber Zielgruppe und Kreditgeber, Internetpräsenz und werbliche Umsetzung in Broschüren etc. erarbeitet. Bei der Entwicklung der Dienstleistungspositionierung bedienten wir uns des bereits in der Branche gelernten Bewertungs- und Kategoriemodells für Qualität und Auszeichnung im Namen: der *Fünf-Sterne-Gastronomie-Finanzbuchhaltungs-Service*. Für die unterschiedlichsten

★★★★★

Der 5 Sterne Gastronomie-Finanzbuchhaltungs-Service

Erste branchenspezifische Buchhaltung
Bundesweiter Hol- und Bring-Service
Einfache und übersichtliche Auswertungen
Monatliches Living-Rating® Frühwarnsystem
Kostensparender Service

GASTRO**FIBU**
AKTIENGESELLSCHAFT

Aus der Broschüre für die Gastronomie

Maßnahmen wie Mailings, Anzeigen, Presseberichte etc. wurden Textbausteine und Argumentationen unter Berücksichtigung der emotionalen Wahrnehmung bzw. Konditionierung (geistigen Schublade), des Qualitäts- und Vertrauensanspruchs und der didaktischen/visuellen Darstellung des Zielgruppennutzens als Baukastensystem erarbeitet und eine Bildauswahl sowie Collagen erstellt. Durch die Spezialisierung und die Konzentration der Kräfte erfolgte ein dynamischer Lernprozess.

Fünf-Sterne-Service

Die Zielgruppenbesitzer gewinnen

Es galt, das Problem der Neukundengewinnung zu lösen. Die besten Empfehler sind immer Zielgruppen- und Auftragsbesitzer. Sie genießen das größte Vertrauen zur Zielgruppe. Selbstverständlich haben wir im Vorfeld nichts dem Zufall überlassen, alle Aspekte einigen ausgewählten Brauereien und Getränkefachgroßhändlern präsentiert und die Anziehungskraft der Problemlösung bestätigen lassen. Vorstände und Vertriebsleute der im Vorfeld ausgewählten Brauereien und Getränkefachgroßhändler erkannten sehr schnell die Vorteile und erklärten die Kooperation mit der *GastroFibu AG* zur Chefsache. Vorstände sendeten persönliche Briefe mit Empfehlung an ihre Gastronomiebetriebe. So war es

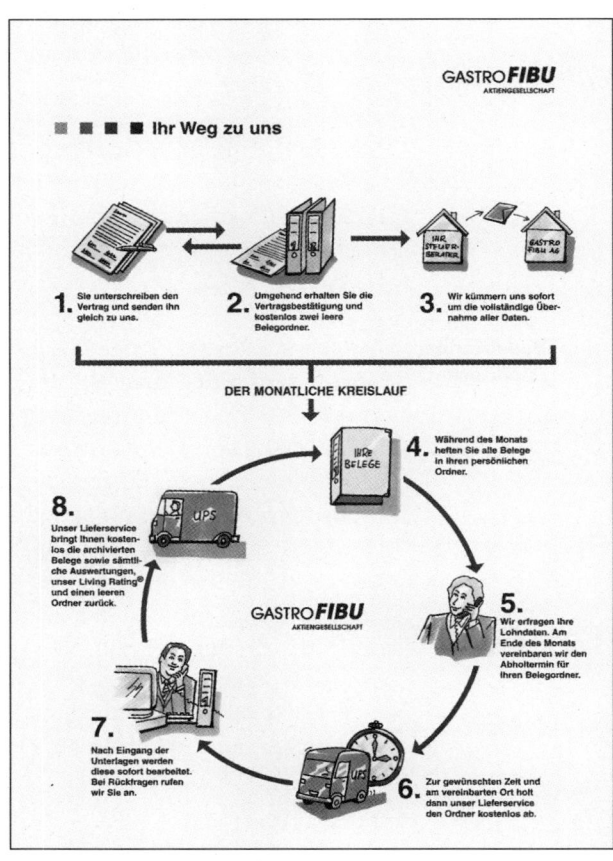

Aus der Broschüre für die Gastronomie

Wer die Probleme
anderer löst, löst
auch seine eigenen nur eine Frage der Zeit, bis die Vertriebsleute die ersten Adressen mit interessierten Gastronomen weiterreichten. Die Umwandlungsquote in Neukunden durch den Vertrieb der *GastroFibu AG* lag nach ein bis zwei Kontakten bei über 60 Prozent. Innerhalb eines Jahres hatte das Unternehmen bereits über 60 Kunden. Es dauerte nicht lange, bis die ersten zwei Brauereien nach einigen Pilotprojekten schriftlich ankündigten, dass sie ihre eigenen Partnergastronomien – ca. 800 – sukzessive der *GastroFibu AG* übergeben. Kein Steuerberater würde in dieser Zeit so viele Neukunden gewinnen!

Oft ist es leichter, statt der Zielgruppe selbst (hier: Gastronomen) zuerst die Zielgruppenbesitzer (hier: Getränkefachgroßhändler und Brauereien) zu gewinnen. Dies vermindert den Werbeaufwand erheblich.

Da das Buchhaltungssystem von *GastroFibu* alle Daten für die Jahresbilanz so weit vorbereitet, dass sie nur noch in das System des Steuerberaters übernommen werden müssen, ist für jede Steuerberatungskanzlei die Kooperation ein interessantes Zusatzeinkommen.

Auf der Suche nach einer Steuerberatungskanzlei, die bundesweit vertreten ist, stieß man auf die national tätige *ecovis* Gruppe, die drittgrößte Steuerberatungsgruppe Deutschlands. Dort war man beeindruckt von dem Konzept und der schnellen Neukundengewinnung und bestätigte, dass in der zielgruppenorientierten Dienstleistung die Zukunft liegt. Die erste Steuerberatungskanzlei aus der Gruppe machte allein durch die Kooperation mit *GastroFibu* bereits im ersten Jahr einen bedeutenden fünfstelligen Mehrumsatz! Umgekehrt hat die *GastroFibu AG* durch ihre Kooperation mit *ecovis* ein bundesweites Netzwerk an Steuerberatern.

Echte Kooperationen sind immer zum beiderseitigen Nutzen und schaffen eine Win-win-Situation.

Nach europäischem Gesetz dürfen Buchhalter ihren Beruf auch als Selbständige ausüben und die Bezeichnung »Finanzbuchhaltungs-Service« und die Worte »Buchhaltung« und »Buch-

führung« benutzen. In Deutschland rechtfertigt die Steuerbera- **Die Steuerberater-
kammer klagt das
»U« ein**
terkammer jedoch ihre Existenz unter anderem damit, dass sie
jedem, der diese Begriffe benutzt, mit einer Klage droht und
gerichtlich vorgeht. Im Zuge der Gründung der *GastroFibu AG*
wurden deshalb sowohl der Name als auch der Geschäftszweck
dem Verband zur Genehmigung vorgelegt und erteilt. Mit zuneh-
mendem Erfolg der *GastroFibu AG* sah man plötzlich den Begriff
»*Fibu*« im Firmennamen als Bedrohung an, handelt es sich doch
um einen geschützten Begriff für die Finanzbuchhaltung, der angeblich Steuerberatern vorbehalten ist. Vor dem Landesgericht
Magdeburg wurde Klage eingereicht und im Zuge eines Vergleich
verlor das Unternehmen das »U« am Ende des Firmennamens.
Heute heißt das Unternehmen *GastroFib AG,* und das »U« steht als
weiteres Mahnmahl und Feindbild zum Schutz der Steuerberater
vor spezialisierten Unternehmen und Revierwilderer als Trophäe
auf dem Verbandsdach (oder -boden).

Nichtsdestotrotz verbuchte die *GastroFib* AG im ersten www.gastrofib.de
Geschäftsjahr 60 neue Kunden. Im darauf folgenden Jahr
verzeichnete die AG innerhalb von zwölf Monaten einen
weiteren Umsatzzuwachs von über 500 Prozent.

Aus dem Beispiel lernen

Die hinter dem Beispiel stehende Erfolgsphilosophie:

- Den größten Engpass bzw. das brennendste Problem
  der erfolgversprechendsten Zielgruppe lösen: statt Beratung allgemeine betriebswirtschaftliche Auswertung mit
  existenzsichernder Funktion.
- Marktnischenspezialisierung und Standardisierung führen
  zu Spitzenleistungen und schnellen Lerngewinnen.
- Die vorhandenen Kräfte auf den wirkungsvollsten Punkt
  konzentrieren: den größten Engpass seiner Zielgruppe,
  hier: der Zielgruppe Gastronomie und der Zielgruppenbesitzer Brauereien und Getränkefachgroßhandel, lösen.

Fragen an den Leser

Eine Marktnische zu finden, setzt voraus, dass Sie konsequent und kontinuierlich immer wieder im Kopf Ihrer Zielgruppe spazieren gehen. Denken Sie bei neuen Ideen gleich in Produkten, machen Sie also aus jeder neuen Idee ein Produktkonzept. Diese Vorgehensweise zwingt Sie dazu, jede Idee zu Ende zu denken, und zeigt Lücken und Chancen auf.

1. Analysieren Sie, wie Sie Ihre besonderen Stärken und Teilbereiche weiter ausbauen können und welche Potenziale sich daraus ergeben.
2. Analysieren Sie immer wieder die größten Engpässe bzw. Probleme der erfolgverspechendsten Zielgruppe. Jedes Problem, das noch keiner gelöst hat, kann eine interessante Marktnische sein.
3. Sprechen Sie mit Ihrer Zielgruppe. Deren Probleme sind die Quelle für neue Marktideen.
4. Analysieren Sie alle Zielgruppen- und Auftragsbesitzer, die direkt oder indirekt mit Ihrer Zielgruppe Kontakt haben.
5. Wer sind die wichtigsten Partner, und welche Probleme haben diese?
6. Wer genießt davon das größte Vertrauen in der Zielgruppe?
7. Wer ist ein interessanter Joint-Venture-Marketingpartner?
8. Sprechen Sie mit Zielgruppen- und Auftragsbesitzern. Auch deren Probleme sind eine Quelle für neue Marktideen.
9. Wer von den Zielgruppen- und Auftragsbesitzern würde gerne mit Ihnen kooperieren?
10. Wer kann eine Mund-zu-Mund-Propaganda in Gang setzen bzw. hat einen großen Vorteil davon, dass er Sie weiterempfiehlt?
11. Analysieren Sie, bei welcher Problemlösung die Nachfrage am größten ist.
12. Wenn Sie eine neue Marktnische gefunden haben, sichern Sie die Anziehungskraft bei der Zielgruppe ab.
13. Machen Sie den Markttest. Erarbeiten Sie ein reales Angebot und testen Sie, ob die potenziellen Kunden auch bereit sind, dafür zu bezahlen.

Die Domino-Positionierung (Leistungsbausteine)

Wenn ein Dienstleistungspaket zu umfangreich oder schwer als Gesamtkonzept zu verkaufen ist, hilft es oft, das Angebot in mehrere Pakete bzw. Leistungsbausteine aufzuteilen. Die erste kostengünstige Beratungsstufe diente als Trojaner (vgl. Kapitel 8 in Teil 3), um Vertrauen aufzubauen und Hemmschwellen abzubauen. Nach jeder weiteren Stufe kann sich der Kunde für die nächste entscheiden. Die Vorgehensweise der Leistungsbausteine hat für alle Beteiligten große Vorteile. So kann z. B. nach jeder Stufe sofort abgerechnet werden.

Lässt sich das Domino-Konzept auch auf Ihre Produkte oder Dienstleistungen anwenden? Wenn ja, wie?

Die Mehrwert-Nutzen-Positionierung

Eine Möglichkeit, sich vom Wettbewerb abzusetzen, besteht darin, entweder das Produkt »optisch« zu verändern, ihm eine neue bzw. zusätzliche »Bedeutung« zu geben oder einen »Mehrnutzen« hinzuzufügen.

- *Persil* setzte sich erfolgreich durch die Einführung der *Megaperls* vom Wettbewerb ab.
- *Calgonit* bietet mit den *Power-Ball-Tabs* einen »Mehrnutzen« an, der das Geschirr zum Edelstein macht, und zwar mit dem Claim: »Ganz nah am Diamanten.«
- *Drano*-Abflussreiniger fand eine Nische mit dem Feindbild »Haare, die das Abflussrohr verstopfen«. Mit dem Versprechen »Löst den Haarknoten« zeigt der Spot, wie ein Abflussrohr, das demonstrativ durch ein Bündel Haare zusammengeschnürt ist, mit *Drano* wieder frei wird.

4. Die David-gegen-Goliath-Positionierung

Klein gewinnt gegen Groß

Eine spezielle Form der Marktnischen-Positionierung ist die David-gegen-Goliath-Positionierung. Wer als kleines Unternehmen im Wettbewerb mit den Großen steht, zieht zwangsläufig den Kürzeren. Jede Branche hat ein oder mehrere Großunternehmen, die den Markt beherrschen und den »Kleinen« scheinbar keine Chance geben. Der Kleine kann den Großen nicht mit Kapital und Werbebudget oder Einkaufskonditionen und Preisen Paroli bieten. Einer der Kernfehler besteht darin, dass viele kleine Unternehmen es aber trotzdem versuchen – sie wollen mit den großen mithalten und dieselben Produkte in der gleichen Sortimentsbreite und -tiefe anbieten. Das geht so gut wie immer schief und endet in maßloser Verzettelung, in einem steten Kampf um Kunden in einem Markt, der von Austauschbarkeit geprägt ist, oder schlimmstenfalls in der Pleite!

> **Für kleine Unternehmen viel geschickter, als mit den großen mitzuhalten, ist es, sich eine Marktnische zwischen den großen Unternehmen zu suchen. So hat auch der kleine David gegen den großen Goliath gute Erfolgschancen!**

Unerfüllte Bedürfnisse zwischen Massenprodukten

In jedem Markt bzw. in jeder Branche gibt es unerfüllte Bedürfnisse – das ist die Achillesferse der Großbetriebe. Die »flächendeckende« Bedienung von Kunden durch Großunternehmen lässt häufig an vielen Stellen Lücken, z. B. im Bereich der persönlichen Beratung und Betreuung bei der Anwendung von Produkten oder im Bereich ergänzender Leistungen, die von Teilzielgruppen gewünscht werden. Es sind Zielgruppen, die nicht gerne Geschäfte mit einer anonymen Institution machen, sondern mit Menschen, die sie kennen und denen sie vertrauen, oder die bei Großunternehmen nicht das finden, was sie suchen.

Solche Nischen und Teilzielgruppen können Kleinunternehmen viel besser als die großen bedienen! Kleinere und mittelständische Unternehmen sind gut beraten, wenn sie gezielt nach solchen Lücken bzw. Nischen suchen, anstatt zu versuchen, den Großen Konkurrenz zu machen.

Erfolgsbeispiel Computerbranche

Die großen Computerhersteller für Hard- und Software wie *Dell, Hewlett Packard, Microsoft* und *Apple* verkaufen gigantische Mengen von Computern rund um den Globus. Was sie nicht bieten, ist jedoch

Nische zwischen Großunternehmen

- Hilfe bei der Auswahl des richtigen Computers mit der ausreichenden Speicherkapazität in Abhängigkeit von den individuellen Bedürfnissen des Users,
- Hilfe bei der Auswahl der richtigen Software für bestimmte individuelle Zwecke,
- Hilfe bei der Installation neuer Software oder beim Entfernen alter Software,
- Hilfe bei Computerabstürzen, bei Würmern, Viren usw.,
- eine regelmäßige Wartung und Pflege von Computern, z. B. regelmäßige Bereinigungen der Festplatte, Herunterladen aktueller Updates und Upgrades der Softwareprogramme usw.

Sobald der Kunde erst mal einen PC gekauft hat, wird er mit all diesen Problemen zu Hause oder im Büro allein gelassen. Es geht den Großunternehmen wie den Computerhändlern nur darum, eine möglichst große Stückzahl von Computern in möglichst kurzer Zeit in den Markt zu drücken – alles andere zählt nicht. So fehlt es im gesamten Bereich der EDV fast flächendeckend an individueller, persönlicher Betreuung und Beratung der Kunden, die oft zu spät merken, wenn sie den falschen PC, den falschen Laptop oder die falsche Software eingekauft haben.

Marktnische für Einzelkämpfer Hierin liegt eine lukrative Marktnische für Kleinanbieter, sogar für Einzelkämpfer auf dem Markt! Eine Nische, die allerdings erst ganz wenige kleine Unternehmen wirklich professionell bedienen, z.B. die *Lieb-EDV-Beratung* in Bergisch Gladbach. *Lieb* konzentriert sich im Köln-Bonner-Raum genau auf diese persönliche Rundum-Betreuung, die andere nicht bieten. Er baut sogar die Computer individuell für seine Kunden zusammen, damit sie genau den Ansprüchen des Einzelnen genügen. Hilfe bei der Auswahl der richtigen Software und deren komplette Installation beim Computerkauf ist selbstverständlich. Darüber hinaus hilft er bei Problemen aller Art, besonders natürlich bei den ständig auftauchenden Viren und Würmern, die immer wieder die Festplatten gefährden.

Vor 15 Jahren hat *Helmut Lieb* als Einzelkämpfer fast ohne Startkapital angefangen, heute macht er mehr als eine Million Euro Umsatz mit kleinen und mittelständischen Unternehmen wie auch mit Privatpersonen. Bei Anfragen aus der weiteren Umgebung jenseits des Köln-Bonner-Raumes lehnt er ab – seine Nachfrage ist so groß, dass er sie allein in seinem Einzugsgebiet nur mit Mühe decken kann.

Fragen an den Leser

1. Legen Sie sich eine zweispaltige Stärken- und Schwächen-Liste Ihrer Mitbewerber an. Auf der linken Seite listen Sie alle Stärken und auf der rechten Seite die entsprechenden Schwächen im Hinblick auf das Produkt oder die Leistung auf.

2. Definieren Sie die Zielgruppen und Teilzielgruppen. Die Zielgruppenanalyse ist deswegen wichtig, weil nicht jeder für eine Lösung in Frage
   kommt oder bereit ist, dafür zu bezahlen.
3. Bewerten Sie die Schwächen und Lösungen nach verschiedenen Kriterien
   wie: Größe und Anziehungskraft der Problemlösung, Marktgröße, Kosten
   für den Kunden und Bereitschaft, für die Lösung zu bezahlen, sowie
   weitere Spezialisierungsmöglichkeiten. Wo sehen Sie die Lücken im Angebot großer Anbieter?
4. Testen Sie am Ende immer Ihre Idee im Markt unter realen Bedingungen.

5. Die Problemlösungsspezialisierung

Eine Problemlösungsspezialisierung beschäftigt sich damit, ein brennendes oder die brennendsten Probleme, Wünsche und Ziele, auch zielgruppenübergreifend, zu lösen. Wenn zum Beispiel Architekten, Anwälte, Schreiner, Maler oder Ärzte die Zielgruppen sind und man nach Problemen sucht, die alle diese Zielgruppen betreffen, so ist ein gemeinsamer Nenner die Neukundengewinnung. Ein Bauunternehmen kann sich auf die Zielgruppe Ladenbau, Tennis- oder Sporthallen konzentrieren oder auf eine homogene Bauherren-Zielgruppe, die preisgünstig bauen will oder sicher und stressfrei ihr Traumhaus realisieren möchte.

Unter Problemlösungsspezialisierung versteht man die Konzentration auf die Bedürfnisse, Wünsche und Probleme einer homogenen Zielgruppe.

Erfolgsbeispiel zur Problemlösungsspezialisierung

Mit dem folgenden Beispiel möchte ich Ihnen beweisen, dass man sogar mit immateriellen und virtuellen Werten Erfolg haben und mit einer Problemlösungsspezialisierung auch in einer extremen Branchen- und Unternehmenskrise ungewöhnliche Erfolge erzielen kann. Überlegen Sie bitte bei jedem Schritt der Entwicklung, inwieweit sich ähnliche Ansätze auf Ihr Unternehmen übertragen lassen.

Konjunkturschwäche, Insolvenzen und das Absinken der durchschnittlichen Betriebsgröße haben in der Bauwirtschaft ihre Spuren hinterlassen. Als ich mit einer Gruppe von Bauunternehmen einen Strategie- und Positionierungsworkshop durchführte, waren acht von neun Teilnehmer bereits insolvent geworden und als neues kleines Unternehmen, überwiegend im Renovierungsbereich, neu gestartet. Der Neunte rief mich einige Tage später an und teilte mit, dass seine Bank ihm ebenfalls geraten hatte, sein Unternehmen mit 110 Mitarbeitern zu schließen.

Die Ausgangssituation

Der Betriebswirt und Bauingenieur *Bruno Saftschek* war einige Jahre in einem mittelständischen Fertighausunternehmen Geschäftsführer und verantwortlich für Marketing, Vertrieb und kaufmännische Leitung. 1984 gründete er die *Christian Seemann GmbH Hausbau*. Als Bauträger mit eigenem Vertrieb und Vergabe an Subunternehmen erstellte er Massiv- und Fertighäuser im oberen Preissegment. Schon zu dieser Zeit besaß er durch das Konzept des offenen Wohnens eine Profilierung im Markt. 1989 geriet das Unternehmen dennoch in eine Ertragskrise.

Im Wettbewerbsumfeld der Fertighäuser stand mittlerweile überwiegend der Preis im Vordergrund. Um einen Auftrag zu erhalten, köderte der Vertrieb sehr oft Kunden mit »optisch günstigen« Preisen, hinter denen sich jedoch versteckte Kosten und die Verwendung minderwertiger Materialien verbargen. Unter dem Motto »Nach mir die Sintflut« wurde den Kunden alles Mögliche versprochen; Hauptsache, der Vertag wurde unterschrieben und die Provision war sichergestellt. Damit waren Ärger und Stress für die Bauherren vorprogrammiert. Denn die interessierten Bauherren gingen davon aus, dass das Angebot der Ausführung des Musterhauses entsprach. Nach der Bemusterung stellten sie jedoch fest, dass alle optisch schönen Elemente nicht im Angebot enthalten waren und eine Aufbemusterung die anvisierten Preisvorstellungen sprengte. Je nach Baugrundstück, Lage und Bauvorschriften erhöhte sich der Preis im Nachhinein nicht selten nochmals zusätzlich um bis zu 20 bis 35 Prozent.

Der Preiskrieg und seine Spielregeln

Bei einer Umwandlungsquote von einer Anfrage bis zum Auftrag von lediglich einem bis drei Prozent wurde der Marketing- und Vertriebsaufwand zu einem erheblichen Kostenfaktor und die Ausführung der Bauaufträge immer mehr zu einer Arbeitsbeschaffungsmaßnahme. Die Marktsituation ging auch an der *Christian Seemann GmbH* nicht spurlos vorbei. Erschwerend kam hinzu, dass das exklusive Villenkonzept besonders hochwertig bemustert wurde.

Der Umdenkungsprozess

Nachdem *Bruno Saftschek* erkannt hatte, dass er mit der Preiskampfstrategie im Verdrängungswettbewerb langfristig keinen Erfolg haben würde, schaute er sich im Markt nach neuen Strategien um. Hochwertige Häuser kann man nicht mit Preisangeboten und Standardgrundrissen verkaufen. Was

ihm fehlte, war eine erfolgversprechende Strategie, Philosophie und Positionierung im Markt. Als belesener und neugieriger Mensch fiel ihm eines Tages die EKS-Strategie von *Wolfgang Mewes* in die Hände. Auf dieser Basis entwickelte *Saftschek* ein neues Dienstleistungs- und Antiverkäufer-Konzept.

Der Köder muss dem Fisch schmecken, nicht dem Angler

Die Neuorientierung

Ablehnung im Vertrieb

Als *Saftschek* das neue Konzept dem Vertrieb vorstellte, stieß er sofort auf Ablehnung. Die Vertriebsleute waren alle auf die Preiskampfschiene konditioniert, und keiner konnte sich vorstellen, anders zu verkaufen. Sie verließen das Unternehmen. Für das Unternehmen *Christian Seemann* war dies im Nachhinein gesehen ein Glücksfall. Der Start vom Bauträger zum Dienstleister ohne Altlasten von Mitarbeitern mit festgefahrenen Glaubenssätzen erlaubte einen dynamischen Lernprozess und ungewöhnliche Erfolge.

Auf der Suche nach einem geeigneten finanziell starken Partner nahm das Unternehmen Kontakt mit mir auf. In einem gemeinsamen Positionierungs- und Marktnischen-Workshop wurden die materiellen und immateriellen Faktoren definiert. Es dauerte nicht lange, bis ein Unternehmen aus der Branche sich an dem Konzept beteiligte. Gemeinsam wurde die *Christian Seemann Clienting GmbH* gegründet.

Die Strategie-Entwicklung

Bei der Analyse der Ist-Situation, der Abhängigkeiten, Chancen und Risiken wurde unter anderem die bisherige Situation, selbst als Bauträger zu agieren, in Frage gestellt. Als Bauträger macht man Verträge mit den Bauherren und vergibt dann alle Gewerke an ausführende Unternehmen. Pfusch am Bau, Insolvenzen während der Bauphase, Gewährleistungsverpflichtungen und unzuverlässige Subunternehmer wurden damit für den Bauträger zu einem großen Risiko. Wenn alles schief ging, musste der Bauträger für die ausführenden Unternehmen geradestehen und nicht selten am Ende noch draufzahlen.

> **Einer der größten Engpässe für Bauträger war die mangelnde Produktqualität der Bauunternehmen, für die aber der Bauträger finanziell geradestehen musste.**

Die Vergangenheit hatte trotz vieler Versuche gezeigt, dass es nicht nur schwierig, sondern fast unmöglich war, ein Generalunternehmen zu finden, das imstande war, den hohen Anforderungen mit bestehender Auftragsplanung, Abwicklung und Qualität zu genügen. Dieser Engpass wurde nach langem Suchen gelöst.

Die *Christian Seemann GmbH* entwickelte ein neues Dienstleistungskonzept und trat statt als Bauträger nun als Dienstleister für Bauherren auf. Um einen vernünftigen Deckungsbeitrag zu erwirtschaften, war die Frage der Zielgruppe und der Teilzielgruppe aufgrund der Preiskriegerfahrungen und der Ausrichtung auf Exklusivhäuser schnell geklärt: Zielgruppen waren gut verdienende Selbständige, die wenig Zeit hatten, aber einen exzellenten Service suchten, also Bauherren,

Die erfolgversprechendste homogene Zielgruppe

- die beruflich stark eingebunden sind und weder Zeit noch Lust haben, sich um alles zu kümmern,

- die nicht über das notwendige oder über gar kein Fachwissen verfügen und ohne Stress und Ärger ihr Traumhaus realisieren wollen,
- und solche Bauherren, die schon einmal gebaut hatten. Denn sie wissen, dass bauen nicht selten die stressreichste Lebensphase mit oft unangenehmen psychischen und finanziellen Langzeitfolgen ist und dass billiges Bauen am Ende immer eine der teuersten Lebenserfahrungen ist.

Die Analyse der größten Probleme

Alle Bauherren haben Angst vor Pfusch am Bau, und das zu Recht. Nach Ermittlungen des Aachener *Instituts für Bauschadensforschung* müssen Bauherren innerhalb von fünf Jahren nach Fertigstellung des Hauses durchschnittlich 11 250 Euro zur Beseitigung von Baumängeln aufbringen. Baumängel sind auch beim schlüsselfertigen Bauen anzutreffen, und das gar nicht selten! Als Laie erkennt man oft zu spät, dass viele Unternehmer bestimmte Leistungen nicht erbringen oder gar Risiken ausschließen.

Auch Insolvenzen von Bauunternehmen während der Bauphase oder innerhalb der Gewährleistungszeit haben so manchen Bauherren in den privaten Ruin getrieben. So ist es nicht verwunderlich, das etwa 65 % aller Bauvorhaben beim Rechtsanwalt oder gar vor Gericht enden.

Niemand ist reich genug, um sich Billiges leisten zu können. Was billig eingekauft wird, entpuppt sich oft nachträglich als besonders teuer, weil die Preise nur »optisch« niedrig gehalten werden, in Wirklichkeit jedoch mit mieser Qualität erkauft sind.

Der Bauprofi in der Familie

Welcher Bauherr, der keine Zeit und Erfahrung mit bauen hat, wünscht sich nicht einen mit allen Wassern gewaschenen bauerfahrenen Profi in der Familie, der sich mit Leidenschaft um alles kümmert und jedes Risiko kennt, der die wirtschaftliche und sichere Planungs- und Bauabwicklung kontrolliert, für den versteckte Kosten und Kleingedrucktes ein rotes Tuch sind? Doch wer hat schon so einen Bauprofi in der Familie?

Das *Christian Seemann* Bauherren-Konzept

Die neue Ausrichtung des Unternehmens war einfach und bestechend logisch für beide Seiten – für die Bauherren wie für die *Christian Seemann GnbH*. Statt wie bisher als Bauträger zu fungieren, wurde das Unternehmen zum externen Bauprofi-Dienstleister für anspruchsvolle Bauherrenfamilien. Mit dieser Strategie löste man auch das eigene finanzielle Risikoproblem, nicht mehr selbst als Bauträger für den Pfusch anderer am Bau die Kosten tragen zu müssen.

Die Marke *Christian Seemann* steht heute für die exklusivsten Traumhäuser Deutschlands mit höchsten Ansprüchen an Architektur und Qualität. Mit Unterstützung des *Christian Seemann*-Teams verwirklichen die Bauherren ihre individuellen Vorstellungen vom Leben im eigenen Haus und werden selbst zu Schöpfern ihres Traumhauses. Das *Christian Seemann*-Team ist dabei nur »Hebamme«. Das Expertenteam besteht aus Bauingenieuren, Architekten, Landschafts- und Innenarchitekten mit jahrzehntelanger Erfahrung in der Umsetzung hochwertiger Häuser.

Das Sechs-Schritte-Dienstleistungskonzept

Von der Idee bis zur Bauausführung wurde der Entscheidungsprozess vom Interessenten bis zum schlüsselfertigen Haus in sechs Schritte aufgeteilt. Die Bauherren geben nicht den Auftrag für das ganze Projekt, sondern jeweils nur für eine Phase. *Christian Seemann* berechnet in jeder Phase nur ein Pauschalhonorar, wobei ohne Zeitlimit gearbeitet wird. Es wird so lange an den Entwürfen gefeilt, bis der Kunde zufrieden ist.

Von Phase eins bis fünf kann der Bauherr jederzeit das Projekt abbrechen, ohne dass er für die letzte bezahlen muss. Erst ab der sechsten Phase, wenn es um die Bauausführung geht, wird es auch für den Kunden verbindlich, denn dann werden die Aufträge an Unternehmen vergeben. Die Bauverträge mit den ausführenden Unternehmen wurden gemeinsam mit bauerfahrenen Anwälten erarbeitet. Die Sicherheit für Bauherren steht dabei im Vordergrund – einfach und klar und ohne Kleingedrucktes. Für Bauherren sind diese Verträge wie eine Vollkaskoversicherung. Das Wichtigste am Konzept ist, die Bauherren auf dem Weg der Entscheidungsfindung zu begleiten, ohne dass diese dabei ein Ri-

100 %
Zufriedenheits-
Garantie

siko eingehen. *Christian Seemann* ist heute in der Lage, den Kunden eine hundertprozentige Zufriedenheitsgarantie zu geben.

Die Bauherren von *Christian Seemann* haben nur einen Ansprechpartner: Von der Planung, den behördlichen Gängen, der Finanzierung, der mängelfreien Übergabe bis zur Sicherstellung der Gewährleistungsansprüche für Haus, Einrichtung und Garten durch die ausführenden Firmen kümmert sich das Team um alles. *Christian Seemann* sorgt für eine mängelfreie Übergabe eines schlüsselfertigen Traumhauses in einem festgelegten Qualitäts-, Zeit- und Kostenrahmen. Vor Ablauf der Gewährleistungszeit überprüft das Team zweimal jährlich gewissenhaft das Haus mit allen Gewerken und sorgt gegebenenfalls für eine reibungs- und kompromisslose Nachbesserung. Es werden nur Aufträge an bauausführende Unternehmen vergeben, die sich einer Zertifizierung durch *Christian Seemann*, den höchsten und anspruchsvollsten Anforderungen für eine kompromisslose Kundenzufriedenheit, unterworfen haben.

Ein unwiderstehliches Verkaufskonzept

Mit diesem Konzept bietet *Seemann* seinen Kunden einen überragenden und weithin konkurrenzlosen Nutzen, der von der Zielgruppe dankbar angenommen wird. Verblüffend ist, dass fast 50 % der Kunden, die bereits einen Architekten beauftragt hatten, mit *Christian Seemann* noch einmal von vorne anfingen und ihren Architekten auszahlten. Wer jetzt glaubt, dass an raffinierten Verkaufsargumenten gefeilt wurde, wird auf der einen Seite enttäuscht und auf der anderen Seite begeistert sein.

> **Bei einem »Antiverkäufer-Konzept« sind Verkaufsargumente kontraproduktiv und nicht authentisch. Der gebotene Nutzen ist so herausragend und offensichtlich, dass man bei den Kunden praktisch überall offene Türen einrennt, ohne ihnen mit Verkaufsargumenten etwas »aufschwatzen« zu müssen. Hier zeigt sich der Vorteil des Pull-Marketings: Es ist ein Nachfragesog bei potenziellen Kunden entstanden, anstatt dass durch Verkaufen ein Druck auf Interessenten ausgeübt werden muss.**

Die Kunden erkannten sehr schnell, dass ihre Wünsche und nicht der Verkaufsakt mit Auftrag und Unterschrift im Vordergrund steht, so dass sie sehr schnell Vertrauen aufbauten. Dadurch stieg auch das Selbstbewusstsein der Mitarbeiter von *Christian Seemann*. Denn wer nicht verkaufen will oder muss, ist ehrlich und offen, wenn es um Risiken geht, sagt auch mal ganz klar Nein und spricht außerdem auch eine andere Körpersprache.

Kunden haben Vertrauen

Wenn ein Unternehmen es schafft, dass es nicht fragen muss, ob es für den Kunden bauen darf, sondern der Kunde darum bittet, bedient zu werden, hat es einen großen Schritt in Richtung Antiverkäufer-Konzept getan. Wenn Sie den Kunden bitten, keine Entscheidung zu treffen, bevor er Vertrauen aufgebaut hat, und er die Chance bekommt, jederzeit ohne Risiko die Zusammenarbeit zu beenden, sind Sie zum erfolgreichen »Antiverkäufer« geworden. Hier liegt auch das Erfolgsgeheimnis von *Christian Seemann*.

Das *Christian Seemann*-Team hat nie ein Beratungsgespräch mit dem Ziel geführt, Häuser oder seine Dienstleistung zu verkaufen. Man geht sogar so weit, die weitere Zusammenarbeit abzulehnen, wenn ein Bauherr in irgendeiner Entscheidungsphase kein Vertrauen hat.

Standardhäuser, ob billig oder in exklusiver Ausstattung, beinhalten immer Kompromisse. Ein Standardhaus zu kaufen ist ein reiner Einkaufsakt. Jedes Extra wird hinzuaddiert, so wie beim Autokauf. Traumhäuser hingegen gibt es nicht von der Stange, sie sind keine Standardhäuser.

Vom Einkaufsakt zur Selbstfindung

Ein Traumhaus zu realisieren, ist ein kreativer und planerischer Schöpfungsakt. Bis zur Realisierung werden auf dem Lösungsweg schöpferische Potenziale freigesetzt, die am Ende zu einem individuellen Traumhaus ohne Kompromisse führen. Im Preisvergleich mit exklusiven Standardhäusern stellt man am Ende fest, dass ein *Christian Seemann*-Traumhaus unter dem Strich nicht mehr kostet, aber viel Stress und Ärger erspart.

Automatische Neukundengewinnung und -selektion

Das noch aus früheren Zeiten bestehende Musterhaus in Bad Vilbel erhielt eine Edelrenovierung und wurde nach der Neupositionierung zur Ambientewerkstatt *Villa Christina*, im Umfeld der Ausstellung *Eigenheim und Garten* eine optische Perle.

Ambientewerkstatt
Villa Christina

Bereits am Eingang der Villa liest ein Interessent, dass dieses Haus eine Ambientewerkstatt ist und dass das Unternehmen exklusive Traumhäuser ab 300 000 Euro realisiert. Damit selektiert man bereits vor der Tür die falsche Zielgruppe aus bzw. öffnet gleich die richtige Preiskategorie-Schublade.

Betreten potenzielle Bauherren die Ambientewerkstatt, gehen sie erst einmal davon aus, dass sie sich in einem typischen Musterhaus befinden. Um das zu vermeiden, haben wir einen interessanten und nachhaltigen Anker und Trojaner entwickelt: In anderen Musterhäusern kann jeder zu jeder Zeit die Häuser betreten, bei *Christian Seemann* hingegen müssen die Bauherren klingeln und werden an der Tür persönlich empfangen. Nach der Begrüßung bittet man sie, einen roten und einen grauen Filzpantoffel über die Straßenschuhe zu ziehen. Die Erwachsenen sind oft verblüfft und die Kinder begeistert. Bevor die Führung beginnt, wird die Bedeutung erklärt: Der graue Filzpantoffel steht für den Standard und der rote für kreativen und individuellen Hausbau. Jeder Raum in der Ambientewerkstatt ist eine Inspiration und steht für Möglichkeiten. Man bittet die Besucher, das Gewicht auf die rote Seite zu verlagern, wenn sie über ihre individuellen Wünsche nachdenken, und auf die graue zu verlagern, wenn sie die Ambientewerkstatt als Musterhaus und Einkaufsakt sehen. Während der Führung werden die Bauphilosophie und das Dienstleistungskonzept erklärt.

Die roten und grauen Filzpantoffeln erfüllen gleich mehrere Aufgaben: Wenn potenzielle Bauherren einen Tag lang durch die unterschiedlichsten Häuser laufen, wissen sie Tage später nicht mehr, welches Haus zu welchem Hersteller gehört. Das *Christian Seemann*-Haus werden sie jedoch nie vergessen.

Der Anker im Kopf

Die verschiedenfarbigen Filzpantoffeln transportieren über ein Symbol die Alleinstellung und das Unterscheidungsmerkmal gegenüber den Mitbewerbern im Umfeld. Sie sind auch ein Anker im Kopf und ein Schubladenöffner der potenziellen Bauherren.

Nachdem die Besucher ihre Adresse hinterlassen haben, folgt ein Brief mit einer Broschüre der Unternehmensphilosophie und zwei kleinen handgenähten roten und grauen Filzpantoffeln.

Christian Seemann-Traumhäuser sind optische Raumwunder. Mit ihrem Gestaltungskonzept, der Positionierung auf dem Grundstück und einer kreativen Gartengestaltung sind sie die unauffälligste Art aufzufallen.

Die Positionierung von Christian Seemann

Als Positionierung bot sich hier außerdem die Feindbildstrategie an: als ein externer, neutraler und Bauprofi-Dienstleister, der gegen die Feinde »Pfusch am Bau« antrat. So positionierten wir das Unternehmen: »*Wir sind Deutschlands un-bequemste Traumhaus-Realisierer.*« »*Das wirtschaftlichste und sicherste Bauherren-Konzept zur Realisierung Ihres exklusiven Traumhauses mit 100 % Zufriedenheitsgarantie.*«

Bauherren, die bereits mit *Christian Seemann* gebaut hatten, bestätigten spontan die neue Positionierung: »*Hätten wir nach unseren Vorstellungen ein Haus gebaut, so hätten wir ein Haus wie die meisten Menschen.*« Potenzielle Bauherren reagierten bereits nach dem ersten Kontakt mit den Worten: »*Jetzt weiß ich auch, warum Sie der un-bequemste Traumhaus-Realisierer sind.*« Der Vorstand eines großen Softwareunternehmens erkannte schon im ersten Gespräch die Philosophie *Christian Seemanns*: »*Sie entwickeln ihre Häuser so*

www. christianseemann.de

wie wir unsere Software. Wir haben ein Anwendungsziel, aber erst auf dem Entwicklungsweg und im Anwenderdialog erkennen wir die weiteren Möglichkeiten, und am Ende haben wir etwas, wovon wir nicht mal geträumt haben.«

Aus dem Beispiel lernen

Erfolg in Fakten

- Trotz Konjunkturschwäche schaffte es das Unternehmen im letzten Jahr, den Umsatz um 30 Prozent zu steigern.
- Als Dienstleister mit einem Team von nur fünf Mitarbeitern realisiert *Christian Seemann* jährlich zwischen 20 und 25 Häuser – Tendenz steigend.
- Als Auftragszentrale sorgt er für Arbeit für ca. 100 Mitarbeiter von ausführenden Unternehmen ohne Risiko als Bauträger.
- Als Antiverkäufer und un-bequemster Traumhaus-Realisierer Deutschlands wandelt das Unternehmen mit dem Bauherrenkonzept über 80 Prozent der Angebotsanfragen in Aufträge um.
- Über 50 Prozent aller Bauherren hatten bereits einen Plan von einem Architekten, zahlten ihn aus und wechselten zu *Christian Seemann.*

Durch zusätzliche intelligente Maßnahmen reduzierte man die Vertriebskosten um bis zu 80 Prozent und hat damit die niedrigsten Marketingkosten in der Baubranche. Die Warteschlange der Bauherren wächst monatlich. Das *Christian Seemann*-Konzept bietet die idealen Voraussetzungen, die Positionierung zu multiplizieren. Die Suche nach geeigneten lizenzierten Kooperationspartnern für die Städte Düsseldorf / Köln, Stuttgart, München und Berlin ist bereits in Vorbereitung.

Trotz Baukrise, Preiskrieg und anfänglichem Verlust von drei Millionen Euro wurde auf Basis einer Positionierung ein einzigartiges und erfolgreiches Dienstleistungskonzept entwickelt.

Dahinter steht diese Erfolgsphilosophie:

- Nicht das Ziel, Umsätze zu generieren, sondern das nutzenorientierte Denken und Handeln im Sinne der Kunden führte zwangsläufig zum Antiverkäufer-Konzept.
- Exklusive Häuser verkauft man nicht durch eine Angebotsstrategie, sondern durch den Weg der Erkenntnis, das Vertrauen der Kunden und den schöpferischen Akt.
- Weil *Christian Seemann* selbst als Bauherr denkt und handelt, führt die Beziehung zu den Kunden in eine Symbiose.
- Nicht die materiellen, sondern die immateriellen Werte haben Erfolg: Beziehung und Freundschaft, Beratung statt Verkauf.
- Wer konsequent den Nutzen für seine Zielgruppe steigert, kann automatisch Gewinne erzielen.
- Als Problemlösungsspezialist konzentrierte sich das Unternehmen auf die Bedürfnisse, Wünsche und Probleme einer homogenen Zielgruppe.
- Die größten Engpasse bzw. das brennendste Problem der erfolgversprechendsten Zielgruppe lösen: Angst vor Pfusch am Bau, Ärger und Stress beim Hausbau.
- Nicht zufriedene, sondern glückliche Kunden mit hoher Begeisterung führen zum Empfehlungsmarketing.
- Ein klares Unternehmensziel entwickeln, statt auf den Markt und seine Probleme oder auf die Konkurrenz zu reagieren.
- Nur Spezialisierung führt zu Spitzenleistungen und zur Alleinstellung.

Fragen an den Leser

1. Analysieren Sie als Erstes alle Probleme Ihrer Zielgruppe.
2. Analysieren Sie alle typischen Probleme bzw. Reklamationen, mit denen Sie und andere immer wieder konfrontiert werden.
3. Welche dieser Probleme haben die höchste Emotionalität und Aufmerksamkeit bei der Zielgruppe und in der Öffentlichkeit?

4. Welche dieser Probleme können zu einem Vorurteil in der Branche führen? Beispiel: Handwerker sind unpünktlich, unzuverlässig etc. Vorurteile und schwarze Schafe in der Branche bieten oft interessante Möglichkeiten, sich abzugrenzen und Alleinstellungsmerkmale zu erarbeiten.
5. Entwickeln Sie innovative Alternativen.
6. Testen Sie die innovativen Alternativen im Markt.
7. Berücksichtigen Sie die Reaktionen im Markt und entwickeln Sie kontinuierlich weiter.

6. Die Positionierung über den Service

Ein wichtiges Thema in der Positionierung ist die Art und Weise, wie Sie mit Partnern, Kunden und Lieferanten umgehen. Denn das Verhalten aller Mitarbeiter kann die Anziehungskraft positiv oder negativ beeinflussen. Deswegen möchte ich Ihnen dieses Thema ganz besonders ans Herz legen. Es ist weitaus schwieriger, einen neuen Kunden zu gewinnen, als einen vorhandenen Kunden zu halten. Die Kundenzufriedenheit wird damit zu einem überaus wertvollen Faktor. Leider sind die Bemühungen, neue Kunden zu gewinnen, oft größer als das Bestreben, die Zufriedenheit der vorhandenen Kunden zu erhöhen.

Deutschland ist immer noch zum großen Teil eine Servicewüste. Doch gerade diese Servicewüste ist eine große Chance, sich von Mitbewerbern abzusetzen und Ihre Positionierung deutlich zu verbessern. Besonders kleine und mittelständische Unternehmen, die im ständigen Kontakt zu ihren Kunden stehen, können die Anziehungskraft auf Kunden mit ihrem Verhalten positiv beeinflussen.

Die Servicewüste als Chance

> **Nur Produkte oder Dienstleistungen verkaufen und nur das machen, was alle machen, kann jeder! Aber darin, neue Serviceleistungen zu entwickeln, sie in den Köpfen der Mitarbeiter zu installieren und sie täglich zu leben, liegen die Chancen.**

Serviceleistung versus Dienstleistung

Wenn ein Friseur seinen Kunden die Haare schneidet oder eine Autowerkstatt eine Reparatur durchführt, tun beide ihren Job und erbringen Dienstleistungen, aber noch keinen Service. Wenn der Friseur seine Kunden höflich begrüßt, ihnen Kaffee anbietet, ihnen nach dem Waschen eine wohltuende Kopfmassage angedeihen lässt oder ihnen in den Mantel hilft, so ist das Service. Und wenn eine Autowerkstatt nach einer Reparatur das Auto gewaschen und gesaugt dem Kunden übergibt, so ist das ebenfalls Service.

- *Kundenorientiert* **verhalten sich Unternehmen, die die Abläufe und Strukturen so gestalten, dass alle Erwartungen ihrer Kunden erfüllt werden.**
- *Dienstleistung* **ist die Erbringung der regulären, vom Kunden in Auftrag gegebenen, bezahlten und erwarteten Arbeit.**
- *Service* **besteht darin, den Kunden über die von ihnen erwartete Leistung hinaus zusätzlich etwas Gutes zu tun.**

Über die Kernleistung hinausgehend Ein Kunde empfindet Leistungen als Service, wenn sie über die eigentlich erwartete Kernleistung des Unternehmens hinausgehen und diesen Zusatznutzen regelmäßig und zuverlässig bieten. Der Service darf nicht in Abhängigkeit davon schwanken, wann der Kunde die Dienstleistung in Anspruch nimmt, welche Filiale er betritt oder von welchem Mitarbeiter er betreut wird. Je nachdem, welche Wertschöpfung und welchen Stellenwert eine Serviceleistung für den Kunden hat, ist er auch bereit, dafür zu bezahlen.

Service als Alleinstellung im Wettbewerbsumfeld

Unternehmen, die ihren Service verbessern, sind anderen immer eine Nasenlänge voraus. Selbst rundum zufriedene Kunden können Sie mit einem noch besseren Service immer wieder überzeugen. Eine Service-Positionierungsnische finden Sie, wenn Sie das

Image Ihrer Zunft genauer unter die Lupe nehmen und Kunden überraschen.

Zum Beispiel können Handwerker das tun: Sie gelten als teuer, unzuverlässig, unpünktlich, unfreundlich, hinterlassen Dreck, rauchen während der Arbeit in der Wohnung des Kunden, und die Rechnung ist oft höher als angekündigt. Vielen Handwerkern sind die schwarzen Schafe ein Dorn im Auge. Betrachten Sie jedoch die Vorurteile als Chance: Wären alle Handwerker vorbildlich, so wäre es schwieriger, durch Service zu begeistern. So aber ist es im Grunde einfach, in der Servicewüste besser als die Konkurrenz zu sein. Die Markt- und Positionierungsnische Service hat zum Beispiel *Werner – Die Meistermaler* in Holzminden erkannt.

Handwerker

Erfolgsbeispiel Handwerk

Von einer Positionierung wie derjenigen von *Werner – Die Meistermaler* mit 25 Mitarbeitern in Holzminden hört man nicht alle Tage. Nachdem ich seine Internetseiten analysiert hatte, rief ich ihn an. Es handelt sich um ein typisches EKS-geführtes Unternehmen. Auf Grund der wirtschaftlichen Situation, der geringen Einwohnerzahl im Einzugsgebiet im Käufermarkt – Südniedersachsen / Weserbergland / Ostwestfalen – spezialisierte man sich nicht auf eine Leistung, sondern baute auf die Servicepositionierung, und zwar überwiegend für private Kunden. Die Expertenleistungen umfassen Malerarbeiten, Bodenbeläge, Kellersanierungen, Wasserschäden, Bautrocknung und das Entfernen von Graffiti.

Die Servicepositionierung

Ungewöhnlich für ein Malerunternehmen sind die Öffnungszeiten: *»Wir sind 24 Stunden für Sie da! Auf Wunsch arbeiten wir samstags, sonntags und nachts, wann immer Sie wollen.«* Der Claim: *»Ein WERNER – ein Wort.«* Solch eine Servicepositionierung ist nur möglich, wenn alle Mitarbeiter mitmachen. In einem Handwerksbetrieb sehr ungewöhnlich. Die Servicepositionierung erfolgte nicht über Nacht.

Bis die Positionierung von allen Mitarbeitern verstanden und praktiziert wurde, waren intensive Schulungen und Bewusstseinsprozesse Voraussetzung. Nachdem jedem Mitarbeiter klar geworden war, dass er sein Geld nicht beim Chef, sondern beim und durch den Kunden verdient, erstellten die Mitarbeiter eine Kundenorientierungsphilosophie, bei der der Kunde immer die Nummer eins ist. Die Mitarbeiter wurden im Kopf zu Mit-Unternehmern und brachten den Kundenwünschen eine höhere Wertschätzung entgegen. Dadurch entstand im Unternehmen und gegenüber Kunden eine faire Partnerschaft, Ehrlichkeit, Aufrichtigkeit und gegenseitige Achtung.

Für alle Mitarbeiter gehören zum Handwerkszeug immer ein Staubsauger und Überziehschuhe, um unnötigen Dreck auf der Baustelle zu vermeiden oder gegebenenfalls alles sofort zu reinigen. Wenn Aufträge anstanden, klärte man bereits im Vorfeld, welcher Mitarbeiter auf Grund seiner Persönlichkeit zu welchem Kunden passt. Das führte dazu, dass Wiederholungskunden gezielt nach Mitarbeitern fragten. Diese lernten, sich bei Kunden persönlich vorzustellen und eine Beziehung aufzubauen. Sie überraschten ihre Kunden, indem sie morgens frische Brötchen für den Frühstückstisch besorgten. Sie begeisterten ihre Kunden, indem sie Kaffee-Gutscheine für das nächste Café und für die Kinder *McDonald's*-Gutscheine mitbrachten, wenn es mal sehr laut während der Arbeit wurde.

Über die Servicepositionierung hinaus steht das Unternehmen für Gesundheit, Natur- und Umweltschutz und somit für den Einkauf und die Verarbeitung umweltfreundlicher Produkte.

Faszination Handwerk – eine Auslese der besten Handwerker

www.werner-online.
com Das *Uni Marketing-Institut für Handwerks-Marketing,* Augsburg, hat das erste Kundenzufriedenheitsbarometer im Handwerk aus der Taufe gehoben. Die Klassifizierung erfolgt vollständig auf freiwilliger Basis, jeder Betrieb kann selbst entscheiden, ob er sich daran beteiligen möchte. *Werner – Die Meistermaler* wurde mit fünf Schleifen, der höchsten Bewertung, ausgezeichnet.

Wie selbstverständlich nehmen wir die Rund-um-die-Uhr-Dienstleistungen von Post, Bahn, Taxi, Apotheke, Krankenhaus, Hotel und Restaurant in Anspruch! Wer im Dienstleistungsbereich tätig ist, kann sich in vielen Bereichen von den Mitbewerbern, die mehr Rücksicht auf das Wohlergehen ihrer Mitarbeiter als auf die Wünsche ihrer Kunden eingehen, absetzen. Ich bitte Sie, mich nicht falsch zu verstehen. Für eine erfolgreiche Firma sind die Mitarbeiterinnen und Mitarbeiter das wertvollste Kapital. Doch wenn es um die Sicherung des Arbeitsplatzes geht, steht die Kundenorientierung im Vordergrund, denn mit den Kunden verdient jeder Mitarbeiter sein Gehalt.

Dr. Bernd W. Dornach, Erich und Ruth Werner bei der Preisverleihung

Die Arroganz im Verkauf – oder: verpasste Umsatzchancen

Als ich mir ein neues Auto kaufen wollte, betrat ich den Verkaufsraum eines *BMW*-Händlers. Da ich nicht im Anzug mit Krawatte, sondern in Freizeitkleidung unterwegs war, wurde ich anscheinend in die falsche Schublade gesteckt. Der Ausstellungsraum war »brechend leer«, die Verkäufer saßen hinter ihren Glaskästen und vermieden jeglichen Augenkontakt mit mir, indem sie sich wie besessen in ihre Papiere vertieften.

Man kümmert sich

Erst nachdem ich in einen dieser Kundenvermeidungs-Glasschutzbereiche eindrang, schaute man freundlich hoch und versicherte mir, dass sich gleich jemand um mich »kümmern« würde. Das Wort »kümmern« kommt in diesem Fall von »Kummer mit Kundenwünschen«. Nachdem sich in den nächsten 15 Minuten keiner um mich »gekümmert« hatte, verließ ich das Kundenvermeidungs-Unternehmen mit Wut im Bauch. Ich erzählte jedem, auch wenn er es nicht hören wollte, von meinem Erlebnis. Meinen *Siebener-BMW* im Wert von über 50 000 Euro kaufte ich bei einem Händler, der seine Kunden liebte:

Als ich mir den neuen *A8* von *Audi* kaufen wollte, erlebte ich eine noch viel schlimmere Situation mit einem *Audi*-Händler in unserer Region. Weil ich aus der früheren Erfahrung gelernt hatte, fuhr ich – diesmal vorsichtshalber im Anzug mit Fliege – in meinem *Siebener-BMW* vor. Ich musste richtig aufdringlich werden, bis der Verkaufsleiter mir endlich Aufmerksamkeit schenkte und mich als potenziellen Neukunden akzeptierte. Statt mich persönlich zu beraten, übergab er den Erstkontakt einem Techniker. Die Bereitschaft, 60 000 Euro für ein neues Fahrzeug auszugeben, bedeutete für das Unternehmen wohl nur eine Aufbesserung der Portokasse. Ich rief insgesamt dreimal an und erinnerte an den versprochenen Kostenvoranschlag. Als er endlich kam, fehlten die Sonderwünsche. Das Einzige, was störte, war offenbar ich als der Kunde.

In einer Zeit, in der Autohändler rückläufige Umsätze verbuchen und die Hersteller Sonderrabatte und Sonderkonditionen anbieten, um überhaupt noch neue Kunden zu gewinnen, kann man es sich anscheinend immer noch leisten, mit schlechtem Service Kunden zu vergraulen. Bereits ein Minimum an besserem Service würde genügen, um mehr Umsatz zu machen – und das sogar ohne Preisnachlässe.

Fehlender Blickkontakt

Nichts ist schlimmer und demütigender für einen Kunden, als durch einen Verkaufsraum zu gehen und »keines Blickes gewürdigt« zu werden! Der Kunde empfindet dieses Verhalten wie eine Strafe und wird dieses Unternehmen in Zukunft meiden! Dasselbe passiert, wenn Sie einen Laden betreten und der Verkäufer mit einem oder mehreren Kunden beschäftigt ist. Sie erhalten keinerlei Reaktion, dass Sie wahrgenommen wurden. Sie werden keines Blickes gewürdigt und verlassen leise den Laden – was der Verkäufer wahrscheinlich auch nicht bemerken wird! Diesen Laden betreten Sie so schnell nicht wieder – und Freunden, Verwandten etc. werden Sie darüber berichten!

Erfolgsbeispiel Autohandel

Ein Freund empfahl mir dann das fast 50 Kilometer entfernte **Autohaus Thierolf** *Autohaus Thierolf:* »*Fahre hin und lass dich überraschen.*« Ich war in der Tat mehr als überrascht. Ich lernte dort *Gerhard Bohländer*, den kundenorientiertesten, verbindlichsten und ehrlichsten »Kundenberater« kennen. Ohne dass ich jemals das Gefühl hatte, dass er mir ein Auto verkaufen wollte, beriet er mich, rechnete und empfahl mir, auch woanders Preise einzuholen. Als er mir den Service des Hauses vorstellte – bei einer Reparatur wird mein Auto immer abgeholt und ich erhalte ein Ersatzfahrzeug ohne Berechnung, ich bekäme seine private Telefonnummer und dürfte bei Problemen Tag und Nacht, selbst am Wochenende anrufen – war nach den negativen Vorerlebnissen meine Kaufentscheidung gefallen, ohne dass ich ein anderes Angebot einholte.

Als ich *Gerhard Bohländer* näher kennen lernte, erzählte er mir mehr über seine Lebensphilosophie. Seit 1988 war er im Betrieb, und es standen für ihn die Menschen und deren Wünsche und Probleme im Vordergrund, gleichgültig ob jemand ein billiges gebrauchtes oder ein teures Fahrzeug suchte. Als eine Frau, so erzählte er mir weiter, mitten in der Nacht anrief, weil sie einen Unfall hatte und sich wegen ihres aggressiven Mannes nicht nach Hause traute, organisierte er in einer Nacht- und Nebelaktion einen Austausch der optisch schlimmsten Teile, so dass der Unfall wie ein Bagatellschaden aussah. Am nächsten Morgen war er bei der Übergabe an den Ehemann als beruhigender Faktor selbst anwesend.

Innere Einstellung und Weitsicht für Nachhaltigkeit

Die Bedürfnisse wachsen mit dem Erfolg der Kunden. Für *Gerhard Bohländer* gibt es keinen Unterschied zwischen einem kleinen und einem großen Kunden! Ein kleiner Kunde kann sich, wenn er sehr zufrieden und begeistert ist von der Dienstleistung, zu einem großen Kunden entwickeln. Ein zufriedener Kunde bringt dem Autohaus über Empfehlungen zusätzlich ein paar neue Kunden.

Ein unzufriedener Kunde hat nichts Besseres zu tun, als in jeder Gaststätte, in der Familie und in der Firma

**allen zu berichten, wie schlecht der Service war. Beson-
ders wenn ein Unternehmen regional tätig ist, merkt
man schnell, wie klein die Welt ist. Aus diesem Grund
müssen alle Mitarbeiter einem kleinen Kunden die
gleiche Wertschätzung entgegenbringen wie einem
großen Kunden.**

Dies gilt besonders für Kunden, die das erste Mal Kontakt aufnehmen. Ein weiteres Argument für die absolute Kundenorientierung ist die lebenslange Kaufkraft und der Wert eines zufriedenen
Kunden und dessen Familie.

www.thierolf.de Die Firma *Thierolf* mit *Gerhard Bohländer* haben wir in Sachen
Auto- und Kfz-Versicherung in unseren Familienberaterkreis aufgenommen. Bis heute habe ich diesem Autohaus durch Empfehlungen viele Neukunden gebracht, so dass alle Familienmitglieder
und Bekannten mittlerweile dort ihre Autos kaufen. Ich lege deshalb besonderen Wert auf dieses nachhaltige Beispiel einer besonderen Servicepositionierung.

Marken- und Kundentreue über Jahrzehnte

In manchen Branchen, wie zum Beispiel im Handwerk, im Auto-
handel, bei Rechtsanwälten, Steuerberatern und anderen Dienstleistern ist Kundentreue ein ausschlaggebender Faktor für kontinuierlichen Umsatz und Existenzsicherheit. Die positive Meinung
wird oftmals sogar an Kinder und Enkel vererbt. Bei einem treuen
Kunden besteht die Möglichkeit, im Laufe von fünf Jahren mindestens fünf andere so positiv zu beeinflussen, dass auch sie dort
kaufen. Wenn jeder der fünf Kunden, zum Beispiel beim Autokauf, einen durchschnittlichen Umsatz von 15 000 Euro erreicht,
macht der dadurch erwirtschaftete Mehrumsatz 75 000 Euro aus.
Dann wird Ihnen bewusst, wie wertvoll ein Kunde mit seinen
persönlichen Käufen und Empfehlungen sein kann. Das sichert
Ihre Zukunft, und Sie erkennen sehr schnell, dass es sich lohnt,
alles daranzusetzen, Ihre Leistungen und die Kundenzufriedenheit ständig zu steigern.

Übertragen Sie diese Erkenntnis auf Ihr Unternehmen und rechnen Sie: **Fragen an den Leser**

- Wie viel bringt Ihnen ein durchschnittlicher Kunde pro Jahr und in den nächsten 20 Jahren?
- Wie viele zufriedene und begeisterte Kunden könnten Ihnen durch Empfehlungen weitere neue Kunden bringen?
- Was würde passieren, wenn jeder Kunde in den nächsten fünf Jahren zwei oder drei neue Kunden brächte?

Die Negativspirale
Das Bedürfnis, anderen Menschen mitzuteilen, dass man schlecht behandelt worden ist, ist um ein Vielfaches größer als das Bedürfnis, seine Zufriedenheit mit einer Leistung kundzutun. Von dieser Erkenntnis ausgehend kann eine negative Empfehlung einen Mehrumsatz von 75 000 Euro mal Faktor 5 verhindern. Unternehmen, deren einziges Problem das Alleinstellungsmerkmal in der Servicepositionierung ist, finden auch schnell eine Ursache für ihre schlechte Situation im Wettbewerbsumfeld.

> **Viele Händler, Metzger, Bäcker, Handwerker und Gastwirte könnten mit der Servicepositionierung als bester Problemlöser in ihrem Umfeld ihr Geschäft deutlich verbessern.**

Das beste Verkaufs- und Kundenbindungskonzept

Anerkennung
Das größte Bedürfnis der meisten Menschen ist Anerkennung und Achtung. Auf Grund von Erziehung, sozialem Umfeld, Erwartungen der Gesellschaft, schlechtem Gewissen und täglichen Kompromissen sind die meisten Menschen verletzte Persönlichkeiten mit unsichtbaren Wunden und Seelenpflastern und mit dem versteckten Bedürfnis nach Selbstachtung und Selbstbewusstsein.

Statt in kostspielige Verkaufstechniken zu investieren, lohnt es sich, über diese einfachen, aber lebensnotwendigen Bedürfnisse nachzudenken. Die Antwort für die Problemlösung finden wir in uns selbst: Wir spüren, wenn uns jemand nur etwas verkaufen will, weil es sein Job ist. Wir spüren aber auch, wenn uns jemand Achtung und geistige Großzügigkeit entgegenbringt, uns herzlich und strahlend mit Namen anspricht, sich für uns als Person und nicht als Kunde interessiert, etwas Besonderes an uns bemerkt, uns ehrliche Komplimente macht, uns zuhört und die Bedürfnisse und Wünsche erfahren will. Menschen, die sich nicht selbst, sondern andere in den Vordergrund stellen und dabei in sich ruhen, haben die meisten Freunde, sind beliebt und mit entsprechender Schulung die besten Berater im Verkauf.

Seelen-Kunden-Berater Moderne Unternehmen und Filialisten wollen keine Verkäufer, sondern aufmerksame »Seelen-Kunden-Berater« mit Herz. Als ein kleiner Filialist in Frankfurt nach einem anonymen Testkauf in zwei seiner Läden feststellte, dass die Verkäufer die neuen Kunden nicht begrüßten und an der Kasse Schwätzchen hielten, wurde innerhalb weniger Stunden die Hälfte der Verkäufer und Aushilfen entlassen. Nur die »Seelen-Kunden-Berater mit Herz« blieben und wurden »gewürdigt«.

Gelebte Servicepositionierung

Die allerwichtigste und glaubhafteste Voraussetzung ist,

- dass man seine Kunden liebt,
- dass man das, was man tut, gerne tut und
- dass die Servicepositionierung von allen begeistert gelebt, umgesetzt und ständig verbessert wird.

Wichtig für die Akzeptanz ist jedoch, dass der Chef die neue Strategie vorlebt und sie gemeinsam mit den Mitarbeitern im Alltag umsetzt. Denn: *»Nur wer selbst brennt, kann Feuer in anderen entfachen« (Augustinus)*. Doch hier beißt sich die Katze oft selbst in den Schwanz: Wenn ein Verkäufer eine innerlich positive Haltung den Kunden gegenüber ausstrahlen soll, aber von seinem Chef nicht gewürdigt wird, wie soll er dann dazu in der Lage sein, die Kunden zu würdigen? Grundsätzlich möchte jeder Mitarbeiter stolz auf sein Unternehmen sein und ist deshalb gerne bereit, Veränderungen anzunehmen, vor allem, wenn er selbst daran mitwirken kann.

Der Chef muss nicht nur Verantwortung delegieren können, sondern auch die Mitarbeiter in die Umsetzung der Veränderungsprozesse einbeziehen und sie schulen sowie sich weiterentwickeln lassen.

Denn die Mitarbeiter sind es in der Regel nicht gewohnt, sich an Leitlinien zu orientieren, das müssen die meisten erst lernen. Gibt der Chef ihnen dann noch genügend Spielraum bei der Umsetzung, wachsen die meisten Mitarbeiter über sich hinaus und entwickeln oft ungeahnte Fähigkeiten. Wer partout nicht mitziehen will und schon innerlich gekündigt hat, handelt geschäftsschädigend; solche Mitarbeiter sollte ein Unternehmer gerne zur Konkurrenz gehen lassen.

Nicht zufriedene Kunden, sondern begeisterte Kunden sind das Ziel.

Überraschen Sie Ihre Kunden! Zum Beispiel, indem nach einem Kostenvoranschlag die Rechnung geringer ausfällt oder Sie in einer schwierigen Situation besonders kulant sind.

Wer sich mit mehr Service positionieren möchte, sollte zuerst einmal seine innere Haltung und Einstellung prüfen.

Wer oder was ist ein Kunde?

Ein Kunde ist die wichtigste Person im Unternehmen, gleich ob er persönlich da ist, schreibt oder anruft. Ein Kunde hängt nicht vom Unternehmen ab, sondern das Unternehmen von ihm. Das Unternehmen tut dem Kunden keinen Gefallen, indem es ihn bedient, sondern der Kunde tut dem Unternehmen einen Gefallen, wenn er die Gelegenheit gibt, ihn zu bedienen.

Ein Kunde ist keine Unterbrechung der Arbeit, sondern ihr Sinn und Zweck. Ein Kunde ist jemand, der seine Wünsche und Probleme bringt und damit mehr Umsatz. Mit seinen Problemen bringt er dem Unternehmen auch immer wieder neue Marktnischen-Ideen. Kein Mitarbeiter verdient sein Gehalt beim Chef, sondern beim Kunden.

Mitarbeiter, die sich arrogant und unverbindlich gegenüber Kunden verhalten und diese nur als unangenehme Störenfriede sehen, verhalten sich geschäftsschädigend und sabotieren das Entwicklungspotenzial des Unternehmens.

Ein Kunde ist keine kalte Statistik, sondern ein lebendiger Teil des Unternehmens, behaftet mit Bedürfnissen, Vorurteilen und Irrtümern. Ein Kunde ist nicht jemand, mit dem man ein Streitgespräch führt oder seinen Intellekt misst. Es gibt niemanden, der je einen Streit mit einem Kunden wirklich gewonnen hat.

> **Servicepositionierung kann einen Flächenbrand der Anziehungskraft verursachen. Werden Sie zum Brandstifter!**

So finden Sie Servicepositionierungsnischen

Sie müssen herausfinden, welche Bedürfnisse, Probleme oder Wünsche Ihre erfolgversprechendste Zielgruppe hat. Denn je genauer Sie diese kennen, desto gezielter werden Sie einen zwingenden Servicenutzen bzw. ein Alleinstellungsmerkmal finden.

Der erste Schritt bei der Suche ist, dass Sie zuvor Ihre Kunden befragen, warum sie bei Ihnen kaufen bzw. gerne kaufen und was Sie noch besser machen können. Möglicherweise werden Sie verblüffende Antworten bekommen und feststellen, dass Sie bereits eine Alleinstellung haben bzw. dass Ihre Kunden Ihnen bereits eine besondere Alleinstellung zugewiesen haben.

> **Sie wären nicht der Erste, den das Ergebnis einer neutralen Kundenumfrage zu der Erkenntnis brächte, dass eine Servicepositionierung auch das erfolgreichste Marketing auf unserem Planeten ist.**

Kritik annehmen Nehmen Sie auch Kritik dankbar an. Kritik ist eine Quelle für Innovationen und die beste Basis, Ihre Kunden durch ein gezieltes Beschwerde-Managementkonzept langfristig zu binden. Jedes Kundenproblem kann eine Goldgrube für neue Servicepositionierungsnischen sein.

Wer kontinuierlich und systematisch die Probleme seiner Kunden analysiert, findet hier eine Menge interessanter Nischen. Versetzen Sie sich immer wieder in die Situation Ihrer Kunden und fragen Sie sich:

- Möchte ich ein Kunde meiner Firma sein?
- Was erwarte ich von einer Firma?
- Wann würde ich gerne und auf jeden Fall in dieser Firma kaufen und wann auf keinen Fall?

Finden Sie heraus, wie zufrieden oder unzufrieden Ihre Kunden wirklich sind! Es ist nicht entscheidend, was *Sie* glauben, wie die Kunden über Ihren Service oder den Service Ihrer Kollegen denken, wichtig ist nur, was *die Kunden* wirklich denken.

Rufen Sie selbst mal anonym in Ihrer Firma an oder bitten Sie Bekannte, Ihr Unternehmen zu testen.

Bisher beherzigt nur ein kleiner Prozentsatz aller Unternehmen die Vorteile eines Alleinstellungsmerkmals und macht bedeutend bessere Umsätze bzw. erzielt einen besseren Deckungsbeitrag als andere. Sie haben gegenüber den Mitbewerbern einen unschätzbaren Vorteil.

7. Die Spezialisierung auf Einsparpotenziale

Reduzierung der Kosten

War früher die Herstellung von Katalogen, z.B. von Versandhäusern wie *Otto*, sehr aufwendig, so wurden im Laufe der letzten Jahre viele Softwaresysteme und Datenbanken zur Vereinfachung entwickelt. Kosten, Zeit und Arbeitsaufwand wurden zum Teil mehr als halbiert. Kein Marketing- oder Produktionsverantwortlicher konnte sich den Vorteilen entziehen. Innerhalb kürzester Zeit waren die neuen Lösungen Standard. Im Bereich von Einsparpotenzialen gibt es viele Nischen, die noch nicht besetzt sind.

Einsparpotenziale können sich auf Zeit, Kosten und/oder Arbeit beziehen.

Das folgende Beispiel zeigt, wie jemand nach einem Spezialisten suchte und dabei selbst zu einem wurde. Es soll auch dazu anregen, Ihre eigenen Stärken und Erfahrungen intensiver zu analysieren und potenzielle Geschäftsfelder zu erkennen.

Erfolgsbeispiel Abfindungsberatung

Die Ausgangssituation

Bei einem Angestellten werden die Steuern und Sozialabgaben von der Firma einbehalten. Allenfalls einmal im Jahr muss man sich um eine – bisher nahezu gleich bleibende – Einkommensteuererklärung kümmern. Steht ein Vorruhestandsangebot an, so beginnt man zu rechnen, wie sich mit dem Geld die nächsten 10 bis 15 Jahre bis zur Rentenzahlung rechnen lässt. Da im Aufhebungsvertrag nur der Bruttobetrag ausgewiesen wird, weiß kaum ein Angestellter, was netto wirklich übrig bleibt. Als »Abfindungsfall« muss man sich das erste Mal im Leben aktiv um die Gestaltung seiner Steuern und die weitere finanzielle Lebensplanung kümmern. Doch wen kann man als Angestellter um Rat fragen?

Steuervergünstigungen erhält in Deutschland nur, wer danach fragt! Wir haben ein sehr vielschichtiges und äußerst kompliziertes Steuerrecht, für den Laien kaum zu verstehen. Das gilt erst recht, wenn es um Abfindungszahlungen geht. Als *Maria Körner* selbst ein »Abfindungsfall« wurde, suchte sie Rat bei ihrem Steuerberater, stellte aber sehr schnell fest, dass viele Steuerberater schon hier gravierende Fehler machen, weil sie viele Möglichkeiten – mangels Praxis – einfach nicht kennen. Sie beraten nicht, sie »verwalten« nur. Das ist kein Vorwurf, sondern resultiert einfach aus der Gesetzesflut, die die Steuerberater in immer kürzeren Zeitabständen bewältigen müssen.

Abfindungsfälle

Auf der anderen Seite gibt es Finanzdienstleister, die das Chancenpotenzial erkennen und – weil sie ja von Provisionen leben – dem Kunden gegenüber die Situation viel zu optimistisch darstellen, um möglichst viel zu verkaufen. Ein weiteres Problem, mit dem Abfindungsfälle immer wieder konfrontiert werden, ist, dass die Abfindung begünstigt versteuert wurde, also viel zu wenig Steuern einbehalten wurden, so dass im Nachhinein unvorbereitet satte Steuernachzahlungen anstehen.

Nach Gesprächen mit anderen Hilfe suchenden Betroffenen stellte *Körner* fest, dass sie auf Grund ihrer Recherchen und ihrer betriebswirtschaftlichen Ausbildung mehr wusste als Steuerberater und Finanzdienstleister. Sie erkannte die Nische und machte sich sogleich selbständig, anstatt in den Vorruhestand zu gehen.

Know-how-Vorsprung

> **Durch gründliche Einarbeitung in eine Materie lässt sich häufig ein Know-how-Vorsprung vor anderen entwickeln und ein Expertenstatus aufbauen, mit dem sich eine Marktnische erobern lässt.**

Die Problemlösung

Ziel von *Körner* war es, Menschen mit Abfindungen so zu beraten, wie sie selbst gerne beraten worden wäre, nämlich kompetent und umfassend. *Maria Körner* begleitet ihre Kunden bei der Umsetzung der Empfehlungen. Denn was nützt die beste Beratung, wenn der Kunde nichts damit anfangen kann? In ihrer Beratungsanalyse stellt sie alle relevanten Daten zusammen und ermittelt daraus grob die Steuerlast für das Abfindungsjahr. Danach erstellt sie ein Konzept, was ihre Kunden tun können, um ihre Steuerlast optimal zu gestalten, ohne irgendwelche Investitionen zu tätigen, also ein *Best-Case*-Szenario für den Ist-Zustand. Allein daraus sind häufig Einsparungen von mehreren tausend Euro möglich. Im nächsten Schritt berechnet sie, welches Potenzial sich realistischerweise ergibt und mit welcher optimalen Variante sich mit dem geringsten Kapitaleinsatz der größtmögliche steuereffiziente Nutzen erzielen lässt.

Individuelle Beratung

In ihrer Beratung spielt die Mathematik eine große Rolle. Jede Beratung ist individuell und muss mit vielen Berechnungen untermauert werden. Durch die Beratung haben die Kunden hohe Summen an Steuern eingespart, und durch zufriedene Kunden setzte ein Lawine der Empfehlungen ein *(maria.koerner@gmx.de)*.

Was Steuerrecht betrifft, kooperiert *Maria Körner* mit Steuerberatern, die sich intensiv mit der Besteuerung von Abfindungszahlungen auseinander gesetzt haben, stellt bei Bedarf Verbindung zu kompetenten Arbeitsrechtlern her und berät auch Finanzdienstleister, wenn sichergestellt ist, dass ihre Empfehlungen umgesetzt werden. Ihr Honorar berechnet sich aus einer Pauschale für die Analyse und einer kleinen prozentualen Beteiligung an den Steuereinsparungen.

> **Gerade im Bereich von Einsparpotenzialen gibt es im Zuge der ständig steigenden Steuer- und Abgabenlast viele Marktnischen in nahezu allen Branchen zu entdecken, die sich durch Experten-Know-how erschließen lassen. Große und mittelständische Unternehmen wie auch Privatleute sind praktisch ständig daran interessiert, Kosten in vielen Bereichen zu sparen.**

Denken Sie z.B. an *José Ignazio Lopez,* der sich in den 90er-Jahren in seiner Funktion als Chefeinkäufer bei *VW* einen internationalen Namen als »Kostenkiller der Automobilbranche« gemacht hat.

Überlegen Sie, ob auch in Ihrer Branche die Konzentration auf Einsparpotenziale eine sinnvolle Positionierungsmöglichkeit für Ihr Unternehmen darstellt.

8. Trotz Branchenkrise zum Marktführer – die Saeilo Deutschland GmbH

In diesem Kapitel möchte ich Ihnen ein Unternehmen vorstellen, dass es trotz Krisen zur Marktführerschaft gebracht hat. Sie sehen daran, dass Unternehmenserfolg keine Frage der Konjunktur, sondern der richtigen Positionierung ist. Sie werden im Beispiel der Firma *Saeilo* die Anwendung mehrerer der in Teil 2 vorgestellten Positionierungsstrategien wiedererkennen: die Zielgruppenspezialisierung, die Marktnischen-, die Problemlösungs- und die Servicespezialisierung wie auch die Realisierung von Einsparpotenzialen.

Die Ausgangssituation

1993 war die gesamte Werkzeugmaschinenbranche in einer Krise, und mehr als die Hälfte aller Arbeitsplätze ging innerhalb von ca. zwei Jahren verloren. Viele namhafte Firmen schlossen ihre Türen. *Saeilo* verkaufte bis dahin fast ausschließlich neue Dreh- und Fräsmaschinen – schwerpunktmäßig von einem koreanischen Lieferanten. Durch starke Preiserhöhungen des Lieferanten ging die Wettbewerbsfähigkeit, bei gleichzeitiger massiver Preisreduzierung der Wettbewerber, verloren. Der Geschäftsführer *Christian Seeburger* stand zu dieser Zeit vor seiner größten Herausforderung.

Volle Lager – unverkäufliche Maschinen Die Lagerhallen standen voll von schwer verkaufbaren Neumaschinen. In dieser Situation reagierte der Geschäftsführer auf eine EKS-Anzeige in der *FAZ* mit der Headline: *»Ihre Strategie ist *falsch«*. Nach dem ersten Krisenworkshop, den ich gemeinsam mit *Dr. Kerstin Friedrich* von der *FAZ* durchführte, übernahm ich die weitere Beratung des Unternehmens. Wir analysierten innerhalb weniger Tage die Stärken, potenziellen Geschäftsfelder mit Potenzialen und Nischen, Zielgruppen und Teilzielgruppen sowie die Probleme im veränderten Markt und entwickelten Innovationsmöglichkeiten und Kooperationsmodelle. In einer Marktbefragung wurden weitere Informationen zusammengetragen und Potenziale analysiert.

Die Neupositionierung

Die Marktanalyse ergab, dass viele Firmen nicht nur Personal, sondern auch Maschinenbestände abbauten oder sogar insolvent wurden. Hier waren also plötzlich gebrauchte Maschinen zu sehr günstigen Konditionen zu kaufen. Ein weiteres Potenzial an gebrauchten Maschinen verwalteten die Insolvenzverwalter. Innerhalb kurzer Zeit wurde dann eine Markttransparenz geschaffen, die ersten Kontakte zu Banken und Insolvenzverwaltern hergestellt und eine Datenbank über die Bestände aufgebaut. Ohne finanzielles Risiko wurden nur dann Maschinen übernommen, wenn bereits der Verkauf sicher war.

Auf der anderen Seite waren Kunden wegen der unklaren Zukunftsperspektiven häufig nicht bereit – selbst, wenn sie momentan Aufträge hatten –, längerfristig zu finanzierende Investitionen zu tätigen. Hier passten also preisgünstige gebrauchte und veredelte Maschinen sehr gut zur Nachfrage.

Bedarf an Einsparungen

Erfolgversprechend in der Branchenkrise war die Zielgruppe CNC-Einsteiger, also Kunden, die von konventioneller Fertigung auf computergesteuerte (CNC-) Maschinen umstiegen bzw. ihre bestehenden Maschinen veredeln lassen wollten. Bisher wurden bereits über 1200 konventionelle Maschinen verkauft. Somit bestand ein großes Kundenpotenzial. Erfahrungen und Kompetenz hatte man bereits durch CNC-Entwicklungen in Kooperation mit dem Lieferanten gesammelt. Der Start in den neuen Markt erfolgte mit einer neuen Broschüre.

Die Zielgruppenspezialisierung

Ihr Partner für den Start in veränderte Märkte.

Wir laufen für Sie auf Hochtouren.

SAEILO
DEUTSCHLAND

Ein wichtiger Bestandteil der neuen Positionierung war eine umfangreiche Dienstleistung, Service und ein variables Sicherheitspaket. Die gebrauchten Maschinen wurden überprüft und gegen Aufpreis mit neuer Garantie versehen. Die Dienstleistungspalette umfasste alles – von der Finanzierung über die Schulung bis zum Service aus einer Hand, selbst für Produkte, die nicht vom eigenen Lieferanten hergestellt wurden. Selbst für noch so exotische gebrauchte Maschinen konnte durch die gewachsenen internationalen Verbindungen eine Ersatzteilversorgung angeboten werden.

Marketingmaßnahmen und Erfolge

Broschüre mit neuer Positionierung zum Einstieg in eine neue Marktnische

Wir positionierten das Unternehmen als den Veredlungsspezialisten mit der größten Auswahl an Gebrauchtmaschinen und entwickelten Informationsbroschüre, Anzeigen und Mailings, Datenblätter etc.

Bei über 60 Prozent Umsatz mit Gebrauchtmaschinen wurde das Unternehmen innerhalb von zwei Jahren zum Marktführer in diesem Segment. *Christian Seeburger* wurde daraufhin im internationalem Einkaufs- und Firmenverbund zum Geschäftsführer des Jahres ausgezeichnet.

Dabei ist *Saeilo* seinen Kernkompetenzen treu geblieben: einfache, aber zuverlässige CNC-Fräs- und Drehmaschinen schnell lieferbar mit einem attraktiven Preisvorteil und umfassendem Service bis zur 24-Stunden-Servicegarantie. Heute gehört *Saeilo* mit 25 Mitarbeitern zu den 15 größten Maschinenhandelsunternehmen in Deutschland *(www.saeilo.de)*.

Mit dem geschützten Markennamen *CONTUR* – einer Art Qualitätssiegel – werden auf höherem technischen Niveau neue und veredelte Maschinen vermarktet.

**In jeder Branche und im Wettbewerbsumfeld lassen
sich so gut wie immer wieder Marktnischen finden,
wenn man kreativ und systematisch danach sucht.**

Wer als Spezialist die drängendsten Probleme löst und einen
zwingenden Nutzen bietet, hat eine höhere Anziehungskraft und
bestimmt den Preis selbst.

Mit der Positionie-
rungsnische schaffte
Saeilo den Sprung
vom Krisenmanage-
ment in das Chancen-
management.

TEIL 3

Produkt-Positionierungs-strategien

1. Die Positionierung über den Preis

Im Gegensatz zu den übrigen in diesem Buch vorgestellten Strategien ist die Positionierung über den Preis nicht uneingeschränkt zu empfehlen; sie nimmt vielmehr eine Sonderstellung ein. Sich über den Preis zu positionieren ist für Unternehmen, Produkte oder Dienstleistungen in vielen Fällen nur eine scheinbar erfolgreiche Strategie mit Verfallsdatum. Je nach Voraussetzung birgt sie viele Gefahren. Hat man sich erst einmal für die Preispositionierung entschieden, so hat man auch gleichzeitig eine der untersten Schubladen geöffnet. Denn es ist in diesem Falle immer möglich, noch billiger zu werden, aber kaum, wieder teurer zu werden. Das heißt letztlich, dass durch die Preissenkungen die Gewinnmargen immer weiter zusammenschmelzen – bis sie schließlich gleich null sind und das Unternehmen schlimmstenfalls wegen fehlender Rentabilität schließen muss. *»Wenn dir nichts anderes mehr einfällt, dann reduziere den Preis« (Tom Ramoser)!*

Gefahr der Preispositionierung

Die Positionierung über den Preis ist eines der letzten Mittel, das man nur eingeschränkt empfehlen kann, da es sich um eine Einbahnstraße in Richtung »noch billiger« handelt. Bevor Sie sich über den Preis positionieren, sollten Sie zuerst darüber nachdenken, ob nicht eine andere Strategie besser und langfristig wirkungsvoller ist.

Nachteile und Gefahren der Preisstrategie

»*Kauf mich, ich bin so billig*« schallt es mit voller Lautstärke aus allen Kanälen. Eine beispiellose Preisschlacht tobt derzeit im deutschen Einzelhandel. »*SO billig wie noch NY*« wirbt *Mediamarkt.* In nur drei Wochen folgt eine zweistellige Rabattrunde nach der anderen. Wohin soll das noch führen? Solche Rabattrunden können überwiegend nur durch den Import aus Billigstlohnländern realisiert werden. Das heißt, wir bauen in Deutschland Arbeitsplätze in der Produktion ab, um sie in Billiglohnländern wieder aufzubauen.

Schwächen der Strategie Die »*Kauf mich, ich bin so billig*«-Strategie zeigt ihre Schwächen bereits in den USA. Der Discounter *Wal-Mart* und andere Niedrigpreisketten haben sehr zu kämpfen und sogar deutlich Umsätze im Vergleich zum Vorjahr verloren. Die Kaufhauskette *Neiman Marcus* und der Lifestyle-Retailer *Sharper Image* melden dagegen große Umsatzzuwächse. So unterschiedlich die beiden Händler sind, eines haben sie gemeinsam: Der Preis ist nicht Bestandteil ihrer Positionierung – ganz im Gegenteil.

Zwar haben die Leute heute im Durchschnitt weniger Geld als früher, aber sie geben immer noch unglaubliche Summen für das aus, was sie wirklich haben wollen. *Eminem* z.B. schafft es, sein neues Album für 42 Euro zu vermarkten, während der DVD-Player von *Sony* im gleichen Laden für 59 Euro angeboten wird.

Gefahren für Marken Die Preispositionierung des Handels und seine Machtstellung durch Großabnahme ist die eine Seite der Medaille. Viel schlimmer ist, dass die Markenartikelhersteller, die über Jahrzehnte mühsam ihren Markenwert aufgebaut haben, durch die Rabattschlachten des Handels gleich mit in den Abgrund gerissen werden. Mit den Marken ist es wie in einer Beziehung: Wenn einer verzweifelt ist, ist es der andere auch – und Preisnachlässe sind ein Akt der Verzweiflung. »*Wer vom Preis lebt, stirbt mit dem Preis*«, heißt es in Amerika. Sind wir in Deutschland auch auf dem gleichen Weg und hinterlassen ein Schlachtfeld der verbrannten Marken?

Experten gehen davon aus, dass die Tage der extremen Preisnachlässe gezählt sind. Dafür sehen sie eine Reihe von Gründen. So werden immer mehr Konsumenten rabattmüde. Fazit der Verbraucherbefragung einer Lebensmittelzeitschrift:

Rabattaktionen vermiesen die Freude am Einkauf. So lösen zum Beispiel Nachlässe eher Frust aus, wenn der Kunde sein vermeintliches Schnäppchen in einem anderen Geschäft noch preiswerter entdeckt.

Die Flut an Rabatten, Zugaben, Coupons und Kundenkarten erhöht aus Sicht der Konsumenten die Komplexität des Einkaufs und senkt den Spaß daran, so die Marktforscher des *IFM-Instituts* in Köln. Bisher als wirkungsvoll angesehene Instrumente wie Kundenkarten werden zum Teil schon wieder wegen ausbleibender Wirkung eingestellt. Auch hier sorgt das Überangebot eher für Frust als für Kauflust bei den Konsumenten.

Außerdem lassen Preissenkungen den Wert der erworbenen Ware niedriger erscheinen, als er tatsächlich ist. Wenn ein Käufer eine Ware woanders noch billiger bekommt, als er sie erstanden hat, fühlt er sich schlimmstenfalls sogar über den Tisch gezogen, und das möglicherweise völlig zu Unrecht.

Sinkender Warenwert

Im dauernden Schnäppchenhaschen verliert der Käufer das Gefühl dafür, wann er etwas wirklich Wertvolles erworben hat. Was billig ist, taugt im Grunde nichts – dies ist ein tief verankertes Vorurteil vieler Menschen.

John Ruskin, britischer Sozialphilosoph (1819–1900), sagt: *»Es gibt kaum etwas auf dieser Welt, dass nicht irgendjemand etwas schlechter machen – und etwas billiger verkaufen könnte, und die Menschen, die sich nur am Preis orientieren, werden die gerechte Beute solcher Machenschaften. Es ist unklug, zu viel zu bezahlen. Aber es ist noch schlechter, zu wenig zu bezahlen. Wenn Sie zu viel bezahlen, verlieren Sie etwas Geld, das ist alles! Wenn Sie dagegen zu wenig bezahlen, verlieren Sie manchmal alles, da der gekaufte Gegenstand die ihm zugedachte Aufgabe nicht erfüllen kann.«*

Tiefstpreisgarantie

Wenn Sie den Preis als entscheidendes Kriterium für den Kunden ansehen, damit er überzeugt wird und vor allem nicht weiter sucht und vergleicht, so bieten Sie ihm so genannte Preisgarantien an. Wie bereits beschrieben, ist die Positionierung über den Preis nicht ungefährlich. Sollten Sie es trotzdem tun, achten Sie auf die Fallstricke.

Ein Tiefstpreisgarantie kann so formuliert sein: *»Trotz riesiger Auswahl haben wir die tiefsten Preise der Region. Sollten Sie trotzdem eines unserer Angebote innerhalb von 14 Tagen bei gleicher Leistung woanders günstiger sehen, erstatten wir den Differenzbetrag. Garantiert.«*

Achten Sie darauf, dass der Gesamtzusammenhang der Werbeaussage eindeutig erkennen lässt,

- dass Sie es für möglich halten, dass ein Mitbewerber preisgünstiger anbietet,
- dass Sie nur die Differenz zum Preis eines billigeren Anbieters gewähren wollen,
- dass Sie sich damit in die Reihe der billigsten Anbieter einordnen, diese jedoch nicht unterbieten wollen.

Rechtliche Absicherung Dieser Hinweis ist keine Rechtsberatung, sondern nur ein Beispiel dafür, dass man seine Aussagen rechtlich absichern sollte, damit man nicht mit Klagen von Wettbewerbern rechnen muss.

Grundsätzlich empfiehlt es sich, bei Garantien eine rechtliche Beratung einzuholen.

Fragen an den Leser

1. Analysieren Sie Ihr Wettbewerbsumfeld, dessen Einkaufsmacht und Gefahren in der Zukunft.
2. Prüfen Sie Ihre Einkaufsquellen: Inwieweit sind Sie von den Machtverhältnissen innerhalb der Einkaufsquellen abhängig und inwieweit könnte ein starker Wettbewerber Ihnen bei dieser Quelle Probleme bereiten?

3. Welche besonderen Vorteile haben Sie gegenüber anderen Niedrigpreis-
anbietern? Zum Beispiel: Nähe, Parkmöglichkeiten, Liefertermine, Service
etc. Hierin könnte ein Ansatz liegen, von der reinen Preisstrategie wegzu-
kommen.

Vom Produkt zum Systemlieferanten: Welche Möglichkeiten und Chancen bestehen, durch zusätzliche Service-, Versicherungs- oder Produktkombinations-
Konzepte die Anziehungskraft zu steigern?

2. Die Produktpositionierung

Faktischer und virtueller Produktnutzen

Der Positionierungserfolg eines Produkts hängt nicht immer von der faktischen Qualität oder einem Alleinstellungsmerkmal ab. Diejenigen, deren Produkte austauschbar oder sogar schlechter sind, haben aber trotzdem eine Chance, sich im Markt zu behaupten.

Die »virtuelle« Qualität von Produkten ist oft stärker als die »faktische«, die nachweisliche und nachvollziehbare Qualität. »Virtuell« bedeutet, dass ein Produkt im Kopf der Zielgruppe als anders, einzigartig oder neu wahrgenommen wird, ohne dass sich das Produkt tatsächlich verändern muss. Lediglich Verpackung, Preis, Name etc. können variieren.

Qualität oft nicht sichtbar Qualität ist bei vielen Produkten sehr schwer wahrnehmbar. Der Verbraucher kann mit seinen fünf Sinnen die geringfügigen Qualitätsunterschiede vieler Warengruppen immer weniger beurteilen. Die Freunde der Zigarettenmarke *Marlboro* z.B. sind davon überzeugt, dass ihre Marke besser schmeckt als andere. Aber im Blindtest erkennt kaum jemand seine eigene Marke wieder. Dies führt zu der wichtigen Erkenntnis:

> **In den Köpfen der Verbraucher ist ein virtueller Produktnutzen häufig genauso real und befriedigend wie ein faktisch nachweisbarer Produktnutzen, und zwar nicht nur kurzfristig, sondern auch auf Dauer.**

Die Produkt-Positionierungsstrategie beruht nicht darauf, unbedingt etwas Neues oder Einmaliges zu schaffen – obwohl dies natürlich möglich ist –, sondern nutzt und verbindet auch vorhandene Gedanken, gestaltet sie um und verknüpft sie zu neuen Assoziationen. Ein besonderes Merkmal funktioniert am besten, wenn es im Kopf schlagartig die Assoziation überlegener Qualität oder eines Mehrwertes hervorruft. Das besondere Merkmal sollte das Zentrum der Kommunikation bilden.

Immer wenn der Verbraucher sich zwischen austauschbaren Produkten entscheiden muss, sucht er zielstrebig nach Merkmalen, die ihm das befriedigende Gefühl geben, die bestmögliche Kaufentscheidung gefällt zu haben. Findet er kein solches Merkmal, so entscheidet für ihn der Preis.

Mit der richtigen Positionierungsstrategie kann man aus so gut wie jedem austauschbaren Produkt eine Marke machen. Es kommt nur darauf an, dass man etwas richtig und glaubhaft, idealerweise mit einem zwingenden Nutzen, positioniert. Wäre morgen jemand in der Lage, ein Medikament auf den Markt zu bringen, mit dem die Immunschwäche AIDS besiegt werden könnte, so müsste er sich gewiss keine Gedanken über Verpackung, Marketing- und Kommunikationskonzepte machen – er könnte es in Toilettenpapier einwickeln und wäre übermorgen bereits Millionär! Solch eine revolutionäre Innovation ist allerdings selten.

Es sind nicht alle besonders erfolgreichen Innovationen von großem öffentlichen Interesse. Auch kleine reale oder virtuelle Verbesserungen können, richtig positioniert, als besonderer Mehrnutzen wahrgenommen werden und den Markenwert steigern.

Selbst mit Fakten und Beweisen kommt man gegen den virtuellen Qualitätsglauben nicht an. Zwei Beispiele: Als *Stiftung Warentest* nachwies, dass eine billige Gesichtscreme aus dem Supermarkt faktisch von besserer Qualität ist als diverse hochwertig positionierte Wettbewerbsprodukte zum vielfachen Preis, führte dies nur zu geringfügigen Marktanteilsveränderungen, aber nicht zu einem Niedergang der teuren Marken. Ein billiges No-Name-Papiertaschentuch, dem *Stiftung Warentest* eine sehr gute faktische

Die virtuelle Positionierung siegt über die faktische

Qualität bescheinigt, würde kaum die Chance haben, den Marktführer *Tempo* zu verdrängen. Denn die Bindung an die Erstmarke ist mittlerweile so stark, dass selbst anerkannte Testinstitutionen gegen das Vertrauen in die Qualität und die Markentreue nicht ankommen. Der Markenname wurde zu einem Begriff und wurde als das Beste wahrgenommen und abgespeichert.

Wie stark ein virtueller Vorteil sein kann

Die Zukunft gehört sicherlich den virtuellen Positionierungsstrategien. Um sie zu entwickeln, wird die Schlüsselfrage nicht mehr lauten: »Wie unterscheidet sich mein Produkt von dem der Wettbewerber?«, sondern: »Welches ist der relevanteste virtuelle Nutzen, der in den Köpfen der Verbraucher noch nicht besetzt ist?« Dabei werden emotionale, persönliche und soziale Nutzenkonzepte gleichermaßen berücksichtigt.

> **Der virtuelle Nutzen ist oft glaubwürdiger und stabiler als ein faktischer Produktvorteil! Letzterer wird, da in der Regel überprüfbar, misstrauisch und kritisch vom Verstand des Verbrauchers analysiert, bevor er seine Wirkung entfalten kann. Der virtuelle Nutzen hingegen umschifft den Verstand und schlägt seine Wurzeln im Unterbewusstsein.**

Psychologie und Kontinuität in der Positionierung

Emotionen auslösen

Große Marken sichern sich einen Logenplatz im Kopf einer Zielgruppe, und zwar entweder durch einen hohen Nutzen mit Alleinstellung oder, wenn es ihnen gelingt, durch Befriedigung eines besonderen emotionalen Grundbedürfnisses. Es haben nur solche Marken Erfolg, die Emotionen auslösen und die wahren Motive einer klar definierten Zielgruppe sowie die psychologischen Bedürfnisse genau treffen.

Unternehmen, die im Massenmarkt eine breite oder die unterschiedlichsten Zielgruppen ansprechen, finden bei der Frage nach den wichtigsten Motiven eine eher unbefriedigende Antwort. Über 1000 Motive und Bedürfnisse kursieren in der Fachwelt und sorgen für mehr Verwirrung als Klarheit. Durch Reizung und Messung einzelner Gehirnkerne ist es in den letzten Jahren anscheinend gelungen, den wahren Motiven und den damit verbundenen Emotionen des Menschen auf die Spur zu kommen (dazu *Think Limbic* von *Hans-Georg Häusel,* siehe Literaturverzeichnis).

Die Gehirnforschung zeigt, dass das gesamte menschliche Verhalten neben den Grundbedürfnissen Nahrung und Sexualität von drei großen Motiv- und Emotionssystemen und kleineren Submotiven gesteuert wird: »Dominanz« (Macht, Durchsetzung, Wut), »Stimulanz« (Exploration, Neugier) und »Balance« (Sicherheit, Stabilität, Angst). Sie sind laut Untersuchung die drei Hauptmotive des Menschen und bilden auch das Fundament der menschlichen Persönlichkeit. **Motive**

Zu den kleineren Submotiven gehören z.B. »Bindung«, »Fürsorge«, »Spiel«. Durch die Steuerung werden alle von außen kommenden Reize und Signale vom Gehirn unbewusst bewertet und zensiert. Diese Bewertung erscheint im Bewusstsein in Form von Gefühlen. Die Gefühle bestimmen weitgehend unbewusst unser Verhalten. Das menschliche Verhalten ist ein sehr komplexes Kräftespiel im Motiv- und Gefühlsraum, in dem sich letztlich alle Konsumentscheidungen abspielen. Die Vernetzung der drei großen Motiv- und Emotionssysteme bestimmt demnach unser Leben. **Gefühle**

Die Erkenntnisse aus der Gehirnforschung helfen, Zielgruppen besser zu verstehen, Positionierungsnischen zu finden und Problemlösungen besser zu kommunizieren. Für viele ältere Menschen ist z.B. der Akt einer Renovierung oder Modernisierung mit Angst vor Dreck, Behinderungen und Chaos im gewohnten Umfeld verbunden. Für sie spielt die »Balance« (Sicherheit, Stabilität, Angst) eine große Rolle. Ein Handwerker, der diese Kriterien bereits in seinen Maßnahmen, seiner Positionierung und seinem Angebot berücksichtigt sowie eindrucksvoll vermittelt, hat eine höhere Akzeptanz.

Große Zigarettenmarken

Der Markenkern von *Marlboro* liegt eindeutig in der Positionierung: Abenteuer, Kampf, Freiheit, Männlichkeit und Entdeckung. Der Markenkern von *West* (»*Test it*« = entdecken) dagegen spricht stark die soziale Entdeckung mit einem Schuss Abenteuer an. Die Hauptmotive zeigen meist extrem ausgefallene, soziale Situationen und Begegnungen zwischen einem Mann und einer Frau, wobei die Frau meist die dominierende Rolle in diesen Begegnungen spielt. Der neue Markenkern von *Camel* (»*Slow down, pleasure up*«) liegt im Bereich des sanften Genusses, einer Mischung aus Balance und Stimulation.

Positionierungs-irrfahrt

Obwohl diese Zigaretten geschmacklich im Blindtest von Konsumenten kaum unterschieden werden können oder sogar schlechter schmecken als andere, stehen die Raucher wegen des Kräftespiels von Motiven und Emotionen hinter ihrer Marke. *Camel* ist ein negatives Beispiel, wozu eine Positionierungsirrfahrt führen kann. Die Marke hat in den vergangenen 15 Jahren mehrmals die Positionierung gewechselt. Von »*Ich gehe meilenweit (Urwald) für eine Camel*« über die »*witzigen Kamele*« (eher stimulierend) bis zur heutigen Positionierung (sanfter Genuss und Offenheit). Durch den undefinierbaren Gefühlsbrei hat die Marke ihr Profil und das Unternehmen an Marktanteilen verloren.

Das große Geheimnis einer erfolgreichen Positionierung und eines Markenaufbaus ist die Kontinuität. Erfolgreiche Marken unterscheiden sich von weniger erfolgreichen dadurch, dass sie einen festen Platz in unserem menschlichen Motiv- und Werteraum einnehmen, immer wieder die gleichen Motive und Werte ansprechen und diese durch Kontinuität hegen und pflegen.

Positionierung über die Herkunft

Eine weitere Möglichkeit der Positionierung ist die über die Herkunft eines Produkts. Die Herkunft kann ein Indikator für Qualität sein, z.B. beim *Wodka Moskovskaya*. Andere Wodkas haben nur einen russischen Namen und sind Kopien, dieser hat eine russische Herkunft und eine russische »Seele«. *Harzer Käse, Odenwälder Wurstwaren, Schwarzwälder Schinken* usw. gehören ebenfalls in diese Kategorie.

Auch die Art und Weise der besonderen Herstellung kann ein Alleinstellungsmerkmal sein, wie z.B. Anbau, Verfahren, Reinheit, Rohstoffe, Handarbeit, Lagerzeit, besondere Verarbeitung etc.

Beispiel *Aquavit:* Der Schnaps fährt erst viereinhalb Monate von Norwegen über den Äquator nach Australien, bevor er seine Reife erreicht hat. Andere Sorten mögen zwar besser schmecken, aber den virtuellen Vorteil können sie nicht überbieten.

Falsches Ergebnis – richtig positioniert

In den Forschungslabors dieser Welt werden ständig neue Produkte entwickelt. Doch die wenigsten kommen davon auf den Markt oder werden erfolgreich. In der Regel werden Ziele für die Forschung festgelegt und verfolgt. Wenn der eingeschlagene Weg zu keinem befriedigenden Resultat führt, wird ein neuer Weg gewählt, anstatt zu überprüfen, ob die Entwicklung vielleicht für ein anderes Einsatzgebiet Vorteile bringt.

Wenn Wissenschaftler auch Marketingfachleute wären, hätten wir vielleicht so manches gute Produkt mehr auf dem Markt – so geschehen in der Forschungsabteilung bei *Wick*. Man entwickelte ein neues flüssiges Mittel gegen Erkältung. Als man feststellte, dass das Mittel schläfrig machte und eine Gefahr für Autofahrer darstellte, wollte man es in der Schublade verschwinden lassen. Zum Glück kam jemand auf die Idee, das Produkt als Erkältungsmittel für die Nacht zu positionieren. Mit dieser Nischenpositionierung wurde *Wick MediNait* das erfolgreichste Produkt in *Wicks* Geschichte. Heute ist *Wick MediNait* das Erkältungsmittel Nummer eins.

Neue Schublade

Fragen an den Leser

1. Analysieren Sie Ihre Zielgruppe nach den drei Hauptmotiven des Menschen »Dominanz« (Macht, Durchsetzung, Wut), »Stimulanz« (Exploration, Neugier) und »Balance« (Sicherheit, Stabilität, Angst).
2. Ordnen Sie Ihre Produkte oder Leistungen den drei Hauptmotiven zu.
3. Falls die bestehende Positionierung nicht den Grundbedürfnissen entspricht, entwickeln Sie entsprechend neue Strategien und testen Sie diese im Marktumfeld.

3. Die Positionierung mit einem Pionierprodukt oder einer Weltneuheit

Vorteile des Pioniers

Pioniercharakter hat ein Produkt oder eine Dienstleistung, das oder die in seiner Marktnische etwas völlig Neues bietet. Pionierprodukte oder -dienstleistungen sind immer die Ersten im Markt und haben die größten Wachstumschancen: *Kärcher* bei Hochdruckreinigern, *Hertz* bei Leihwagen, *Coca-Cola* bei koffeinhaltigen Getränken, *Hewlett-Packard* bei Laserdruckern sind einige Beispiele. *Charles Lindbergh* war der Erste, der den Atlantik überquerte, und *Neil Armstrong* der erste Mensch auf dem Mond.

Alle Beispiele haben eines gemeinsam: Ob Pionierprodukt oder Pionierleistung, alle haben als die Ersten im Kopf der Zielgruppe ein neues Fenster geöffnet – eines, das vor ihnen noch niemand besetzt hatte.

Neues Fenster

> **Ein Pionierprodukt bietet mit Abstand die beste und ideale Voraussetzung, um erfolgreich zu werden. Denn es startet immer mit viel Presserummel auf einem »jungfräulichen« Markt.**

Wenn Sie ein Pionierprodukt herausbringen, schlagen Sie mehrere Fliegen mit einer Klappe:

- Sie entwickeln eine neue Marke.

- Ihr Produkt hebt sich von all den *Me-Too*-Konkurrenten ab und hat ein Alleinstellungsmerkmal.
- Sie eröffnen einen neuen Markt mit veränderten Käufererwartungen, der schnell wachsen kann.

Änderung der Denkrichtung

Die erste Voraussetzung für Pionierprodukte ist, dass Sie, auf Ihren besonderen Stärken bzw. Ihrer Kernkompetenz aufbauend, nach Marktnischen Ausschau halten. Die zweite wichtige Voraussetzung ist eine Änderung der Denkrichtung. Denn das größte Problem bei der Suche nach einem Pionierprodukt ist das Denken in Kategorien des eigenen Vorteils und der Gewinnsteigerung.

Ein Pionierprodukt finden Sie nur dann, wenn im Mittelpunkt Ihres Denkens die Frage nach den größten Problemen, Zielen und Wünschen Ihrer Zielgruppe steht:

Das Denken in Nutzen- statt in Gewinnmaximierung führt Sie zwangsläufig in die Köpfe Ihrer Zielgruppe.

Haben Sie am Ende ein Pionierprodukt, das einen zwingenden Nutzen bietet, so brauchen Sie sich um die Gewinnmaximierung keine Gedanken mehr zu machen.

Innovative Unternehmen

Bei innovativen Unternehmen liegt die Anzahl besonderer Alleinstellungsmerkmale bei den Produkten über dem Durchschnitt und bietet ein größeres Potenzial für neue Marktnischen und Positionierungsstrategien. Würde man alle Schubladenideen Deutschlands in einen Topf werfen, wären wir sicherlich eines der führenden Länder auf der Welt mit einer Vielzahl an kreativen Ideen, aus denen jedoch nur zum allerkleinsten Teil verkaufsfähige Produkte entwickelt werden. Gelingt es, innovative Ideen patentrechtlich schützen zu lassen, so ist man als Zulieferer auf der sicheren Seite, falls es zu einer Serienproduktion kommt.

Ohne Patent- oder Gebrauchsmusterschutz wird eine gute Idee leichtfertig kopiert und gerät schnell in den Sog des Preisvergleichs. Außerdem verhindert der fehlende Schutz, dass der Erfinder oder das erfindende Unternehmen finanziell von Produkten, die aus den Ideen generiert werden, profitiert.

Erfolgsbeispiel einer innovativen Firma

Die Firma *Hadler GmbH*, spezialisiert auf die Herstellung von intelligenten elektronischen Vorschaltgeräten (EVG) für Leuchtstofflampen, bietet der Leuchtenindustrie mit der *Luxtronic*-Serie nicht nur qualitativ hochwertige, innovative und energiesparende Produkte, sondern auch den Zugang zu neuen Marktsegmenten. Ein EVG ist das Gehirn einer Leuchtstofflampe. In Kombination mit zusätzlichen Funktionen – wie z.B. einem Rauch- und Bewegungsmelder, einem Notlichtmanagement- und einer Notstromfunktion – werden Lampen zu Multifunktionsgeräten. Über eine Schnittstelle kann das Multifunktionsgerät sogar über bekannte Bussysteme für eine zentrale Überwachung kommunizieren. Dort, wo gesetzliche Auflagen die Installation dieser Funktionen vorschreiben, wie in Hotels, öffentlichen Einrichtungen etc., kann die kostenintensive Einzelanbringung durch die preisgünstigen Multifunktionsgeräte ersetzt werden. Mit dieser Funktionsvielfalt eröffnen sich für die Leuchtenindustrie ganz neue Marktsegmente und Zielgruppen.

Die Ausgangssituation

Bei einem innovativen Unternehmen wie *Hadler* rissen die Anfragen für Sonderlösungen nicht ab. War die Entwicklung für die Auftraggeber – Leuchtenhersteller – zu teuer, beteiligte sich *Hadler* oft an den Kosten. Denn hinter jeder Sonderlösung konnte natürlich ein interessanter Wachstumsmarkt stecken. Mit solchen Beteiligungen an vielen Einzellösungen besteht natürlich auch schnell die Gefahr, dass die Hoffnung die Liquidität frisst und man sich verzettelt, während zugleich die Kostenbeteiligung, die »Schatztruhe ungenutzter Ideen«, immer größer wird. Als Zulieferer der Leuchtenindustrie ist ein Unternehmen wie *Hadler* immer davon abhängig, ob eine Innovation tatsächlich zu einer Serienfertigung führt und daraus ein Großauftrag wird. Trotz interessanter Entwicklungen kam es bei *Hadler* nur selten zu Großaufträgen, was zeigt, dass die eingeschlagene Richtung, sich bei den Auftraggebern an den Kosten für Sonderlösungen zu beteiligen, offensichtlich der falsche Weg zu Innovationen war.

Die Abhängigkeit eines innovativen Zulieferers

Der Hauptumsatz wurde mit Standard-EVGs gemacht, mit denen man im Preiskampf stand. Zurzeit liefern sich die großen EVG-Hersteller einen harten Verdrängungswettbewerb, bei dem die unwirtschaftlichen Preise augenscheinlich durch »Kriegskassenzuschüsse« subventioniert werden. Als ein wichtiger Kunde von *Hadler* ankündigte, seinen Bedarf bei einem anderen Zulieferer zu bestellen, war die Krise angesagt. Immerhin verlor man damit fast 25 Prozent des Umsatzes. In einem gemeinsamen Marktnischen- und Positionierungsworkshop sollte eine Lösung für den anstehenden Umsatzverlust gefunden werden. Ziel war es, den Umsatzverlust zu kompensieren, um die Abhängigkeit als innovativer Zulieferer zu verändern. Es wurden alle Entwicklungen, Potenziale und Märkte analysiert. Dabei stellte sich heraus: In einem innovativen Unternehmen wie *Hadler* verbirgt sich in den Geschäftsfeldern und Zielgruppen geradezu ein »Feuerwerk« der Innovationen und Potenziale. Bisher wurden neue Entwicklungen jedoch immer leise und bescheiden im Markt bekannt gemacht, so dass die besondere Stärke von *Hadler* im Preiskampf der Konkurrenz unterging.

Anzeige Hadlers für
Weltneuheiten

Die Neupositionierung

Wir selektierten aus den neuen Entwicklungen vier Highlights als Weltneuheiten, die dann auf der *light & building*-Messe, flankiert durch Presseberichte und Anzeigen, vorgestellt wurden. Der Messestand voller oskarverdächtiger Weltneuheiten erregte bei den Besuchern großes Aufsehen. Durch die Konzentration auf die Weltneuheiten entdeckten Kunden und potenzielle Kunden sogar bei den älteren Geräten verblüffenderweise neue Lösungen. Die Weltneuheiten wurden schnell zu Verkaufsschlagern, kompensierten mit interessanten Deckungsbeiträgen innerhalb von sechs Monaten den 25-prozentigen Umsatzverlust und brachten außerdem eine zusätzliche Umsatzsteigerung von ca. zehn Prozent.

Neue Produkte und Absatzmärkte durch die Kombination von Stärken

Neue Positionierungsmöglichkeiten lassen sich oft durch eine sinnvolle Kombination von Stärken, Funktionen, Produkten, Dienstleistungen und Serviceleistungen finden.

Auch Innovationen sind nicht immer »von Grund auf« neu, sondern resultieren häufig aus der intelligenten Kombination bereits vorhandener Merkmale und Funktionen in schon bestehenden Produkten.

Häufig kann man durch die Kombination mehrerer Einzelfunktionen ein neues »Komplett-Produkt« kreieren.

Die Firma *Hadler* ist ein Paradebeispiel dafür, wie man mit sinnvollen Kombinationen von Funktionen nicht nur Weltneuheiten produzieren, sondern auch die Chance erarbeiten kann, vom abhängigen Zulieferer zum Lieferanten für eine lukrative Marktnische zu werden.

Die weitere Entwicklung

Die zweite Aufgabe in der Positionierungsentwicklung von *Hadler* bestand darin, ein neues Geschäftsfeld mit Wachstumschancen zu finden und die Abhängigkeit als innovativer Zulieferer zu vermindern.

Vom Zulieferer zum Lieferanten

Als innovatives Unternehmen experimentiert *Hadler* mit allem, was mit Licht und Lichtsteuerung zu tun hat. Ein besonderer Entwicklungsbereich war die Programmierung von automatischer Dimmung und Dimmszenarien. In der Tierzucht, vor allem in Räumen ohne ausreichendes Tageslicht, spielt die Intensität von Licht, die Simulation der Zeitintervalle von Tages- und Nachtzeiten, von aufgehender und untergehender Sonne sowie die Wettersimulation eine bedeutende Rolle. Die richtige Lichtintensität führt bei den Tieren wie auch bei Pflanzen zu Stressabbau, beeinflusst positiv das Fressverhalten, das Wachstum und die Gesundheit.

www.hadler-gmbh.de

Die ersten Versuche bei Tierzüchtern lösten helle Begeisterung aus. Küken, Hühner und Schweine nahmen in kürzerer Zeit an Gewicht zu und wuchsen schneller. Das neue EU-Stallkonzept, nach dem Hühnern ein bestimmter Raum zur Verfügung gestellt werden muss, wurde mit dem neuen System ausgestattet. Auch Aquarienhersteller fanden endlich ein sinnvolles Lichtsystemkonzept für die Abdeckung von Aquarien. Die Pflanzen im Aquarium produzierten dadurch bedeutend mehr Sauerstoff, so dass die Sauerstoffbläschen wie Früchte an der Oberfläche hingen. Immer mehr Hersteller aus den unterschiedlichsten Branchen entdeckten für sich interessante Einsatzmöglichkeiten und Alternativen zu bestehenden Leuchtsystemen.

Mit der Innovation von automatischer Dimmung und Dimmszenarien positionierte sich die Hadler GmbH mit einem Pionierprodukt. Dabei verwandelte sie sich vom Systemhersteller zum Zuchtergebnisoptimierer und vom Zulieferer – in Kooperation mit einem Lampenhersteller – zum Lieferanten für komplette Licht-Simulationssysteme.

Patente vermarkten

1996 gründeten meine Frau *Ruth* und ich zusammen mit einem weiteren Experten die Gesellschaft *Patema* mit Schwerpunkt internationaler Vertrieb und Lizenzvergabe von patentrechtlich geschützten Entwicklungen. *Patema* hat sich auf die Bewertung, Beteiligung und weltweite Vermarktung von Patenten spezialisiert. Schwerpunkte sind hier Biotechnologie- und Verfahrenspatente, außerdem die Bewertung der Marktchancen von Geschäftsideen und Start-up-Unternehmen für Investoren auf Basis von Patenten.

Ungenutztes Innovations-Know-how

Im Rahmen unserer Tätigkeit erreichen uns immer wieder Anfragen von innovativen Unternehmen mit Schubladen voller ungenutzter Patente. Die jährlichen teuren Aufrechterhaltungsgebühren erfordern oft eine dringende Vermarktung, um die Schutzrechte aufrecht zu erhalten. Eine der größten Anfragen in unserem Hause war die eines Weltunternehmens mit über 4000 Patenten, von denen ein großer Teil nicht genutzt wurde. Die Anfrage hatte das Ziel zu analysieren, welche ungenutzten Patente für andere Industrien oder Anwendungen oder in Kombination mit bestehenden Innovationen neue Produkte ergeben könnten. Die Aufgabe wäre selbst mit einer interdisziplinären Hundertmann-Wissenschaftlergruppe nicht in 20 Jahren zu bewältigen gewesen!

Dieses Beispiel zeigt zwar die enorme Innovationskraft vieler Unternehmen, aber auch die Hilflosigkeit, die mangelnde Zeit und die fehlenden Finanzen, wenn es darum geht, neue oder ergänzende Anwendungsmöglichkeiten zu entwickeln und zu positionieren. Kleinere Unternehmen, wie zum Beispiel *Hadler,* haben durch ihren überschaubaren Fundus an Entwicklungen sowie ein zielgerichtetes und kreatives Innovationspotenzial eher die Chancen, mit neuen und eigenen Produkten die Abhängigkeit als Zulieferer zu verändern oder zu minimieren.

Hilflosigkeit bei der Anwendung

> **Unternehmen neigen immer wieder dazu, in der Ferne nach neuen Marktchancen zu schauen, und übersehen dabei, dass die Diamanten oft vor der Tür oder im eigenen Hause zu finden sind.**

Fragen an den Leser

Analysieren Sie alle bisher in Ihrem Unternehmen angedachten und entwickelten Ideen nach folgenden Kriterien:

1. Kann eine Kombination von bestehenden Ideen ein Produkt verbessern?
2. Kann aus einer Kombination von bestehenden Ideen ein neues Produkt mit neuen Eigenschaften oder Anwendungsmöglichkeiten für eine neue Zielgruppe entwickelt werden?
3. Welche Kombination von Ideen löst welche Probleme im Markt?
4. Welche externen Entwicklungen führen mit einer Kombination von eigenen Entwicklungen zu neuen Ergebnissen?

4. Die Positionierung als neue Produktkategorie

DaimlerChrysler kündigte jüngst »das erste viertürige Coupé« an, den *Mercedes CLS*. Coupés haben immer mit ihrer lang gezogenen Hecklinie ein besonders schönes, elegantes Design, kämpfen aber mit dem Nachteil, dass die Mitfahrer auf der hinteren Bank beengt sitzen und durch die Vordertüren einsteigen müssen. Viertürige Limousinen andererseits verfügen zwar über einen großzügig bemessenen Sitzraum im Fond, aber dafür geht ihnen das sportlich-schicke Design von Coupés stets ab.

Eine neue Wagenklasse

Mercedes ist es gelungen, dem neuen *CLS* durch die Einordnung in eine andere Produktkategorie – nämlich Coupé anstatt Limousine – einen hohen Aufmerksamkeitswert zu verschaffen, und zwar auch bei einer Käuferzielgruppe, die normalerweise mehr auf sportliche Coupés als auf »langweilige« Viertürer steht. Die Markteinführung im Oktober 2004 war ein voller Erfolg. Durch die intelligente Positionierung in einer neuen, ungewöhnlichen Produktkategorie konnte sich *Mercedes* einen Vorsprung vor den Limousinen anderer Autohersteller verschaffen und sich zudem sogar im eigenen Hause von dem breiten Limousinenangebot der A-, C-, E- und S-Klasse-Fahrzeuge geschickt abheben. Mit dem *CLS* wurde eine neue Wagenklasse geschaffen, der bald weitere Modelle folgen werden.

> **Eine Möglichkeit der Positionierung besteht darin, ein altbekanntes Produkt durch Einordnung in eine andere, neue Produktkategorie zu einer Weltneuheit zu machen.**

Erfolgsbeispiel: Positionierung durch Entwicklung einer neuen Produktkategorie

Im Auftrag von *Dow Corning*, weltweit die Nr. 1 in Silikon, hatten wir die Aufgabe, ein neues Silikon-Produkt für die Marke *ARA* zu positionieren. Ziel war es, das neue Produkt für die Abdichtung im Fensterbau gegen ein altes, das einen hohen Stellenwert bei den Verarbeitern hatte, auszutauschen. Da das auszutauschende Produkt mit über 50 Prozent der Hauptumsatzträger war, war höchste Sensibilität gefragt. Angesichts der allgemeinen Baurezession und der Angst vor Neuem ging man davon aus, dass die Verarbeiter auf Konkurrenzprodukte auswichen und man dadurch Marktanteile verlieren würde.

Ein neues Produkt ohne Alleinstellungsmerkmal

Außer aufgrund der patentierten Haftverstärker-Technologie und der für Laien schwer verständlichen chemischen Zusammensetzung hatte das neue Produkt scheinbar keinerlei Alleinstellungsmerkmale. Was macht man mit einem neuen Produkt, das weder in der Herstellung noch in der Anwendung irgendeine Besonderheit aufweist? Der erste Schritt bestand darin, die Entwickler zu bitten, die Patente und das Herstellungsverfahren unter Marketinggesichtspunkten zu analysieren. Doch auch das brachte anfangs keinen Erfolg. Erst als wir immer tiefer bis in die Molekularstruktur mit Fragen vordrangen, kam der entscheidende Hinweis: Die Molekularstruktur hatte aufgrund des Herstellungsverfahrens kurzkettigere Moleküle als andere Silikone. Für den Verarbeiter war das erst einmal nichts Besonderes – für den Positionierungsprozess war es jedoch eine Perle.

Suche nach einem Positionierungsmerkmal

Die Geburt einer neue Produktkategorie

Was lässt sich mit einem Silikon mit kurzkettigen Molekülen anfangen? Wir haben es als das weltweit erste »micro-vernetzte« Silikon positioniert und damit eine neue Produktkategorie geschaffen.

Als Nächstes galt es, die besonderen Produktvorteile zu erarbeiten. Die Kombination von micro-vernetztem Silikon mit der neuen Haftverstärker-Technologie führte uns zu einer bildhaften Beschreibung, wie hochaktive Andockmoleküle sich elastisch und dauerhaft mit den Oberflächenmolekülen von Glas, Metallen, Holzbeschichtungen, PVC sowie mineralischen Untergründen zu einem elastischen »Verbundnetzwerk« verbinden.

micro-vernetzt

Was dann noch fehlte, war eine optische und demonstrativ darstellbare Alleinstellung. Der Extremtest-Beweis ist eine weitere Möglichkeit, seine besondere Leistungsfähigkeit zu demonstrieren. Im technischen Labor des Unternehmens wurde das Silikon den bis dahin extremsten Belastungen ausgesetzt – mit verblüffenden Ergebnissen:

Das neue DURASIL® A-XL – micro-vernetzt mit hoch

NEUE TECHNOLOGIE

Das neue micro-vernetzte Silikon
nach ISO 11600-F+G-25 LM erfüllt höchste Anforderungen

DURASIL®A-XL basiert auf einer neuartigen micro-vernetzten Alkoxy-Technologie und wurde speziell für höchste Anforderungen im Fensterbau entwickelt.
Vier internationale Patente ermöglichen dem Multitalent DURASIL® A-XL eine breite Anwendung über den Fensterbau hinaus.

Das neue micro-vernetzte DURASIL®A-XL garantiert
100 % mehr Bewegungsaufnahme
– Der Langzeit-Stauch- und -Dehnungstest –

Das hochelastische micro-vernetzte DURASIL®A-XL erfüllt mit einer um 100 % höheren Bewegungsaufnahme höchste Anforderungen.

In der dynamischen Prüfung der Bewegungsaufnahme erfüllen die Stauch- und Dehnungstests die höchsten Anforderungen nach nationalen und internationalen Normen.
Der patentierte Titanium-Katalysator sichert als aktiver Bestandteil die Langzeit-Elastizität des micro-vernetzten Dichtstoffes.

(Prüfkörperdimension: 12 x 12 x 50 mm)

Die Vorteile in der Praxis:
- Optimierte Sicherheit durch 100 % mehr Bewegungsaufnahme
- Langzeitelastisch
- Entspricht ISO 11600-F+G-25 LM und erfüllt die Anforderungen nach DIN 18545-E

Zuverlässige Langzeithaftung durch hochaktive Andock-Moleküle bieten ein Höchstmaß an Sicherheit.

Die Übergangsschicht von Silikon und Untergrund verkettet sich zu einem elastigartigen elastischen Verbundnetzwerk.

Ein wichtiger Bestandteil des neuen micro-vernetzten Polymers ist die patentierte Haftverstärker-Technologie.
Hochaktive Andock-Moleküle verbinden sich elastisch und dauerhaft mit den Oberflächen-Molekülen von Glas, Metallen, Holzbeschichtungen, PVC sowie mineralischen Untergründen.
DURASIL® A-XL basiert auf einer neuen Silikon-Polymer-Technologie und setzt zukunftsweisende Maßstäbe in Verarbeitung und Sicherheit.

Die Vorteile in der Praxis:
- Micro-vernetzte Silikon-Technologie für höchste Anforderungen
- Hochaktive Andock-Moleküle verbinden Silikon und Untergrund zu einem elastischen Verbundnetzwerk
- Verbesserte Haftung für dauerhafte Sicherheit
- Breites Haftspektrum auf vielerlei Untergründen

Doppelte Sicherheit durch den Skalpell-Einkerb-Test

Erst wenn ein Produkt die Dow Corning-internen Extrem-Belastungstests besteht und die Verarbeitungserwartungen erfüllt, ist eine Neuentwicklung marktreif.
Der Test: Nachdem mit einem Skalpell ein Keil aus dem Silikon entlang der Glasplatte geschnitten wurde, muss der Dichtstoff mindestens 72 Stunden einer Dehnung um 25 % ohne weiteren Schaden standhalten.

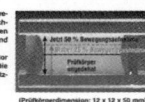

Während viele herkömmliche Dichtstoffe schon innerhalb von 24 Stunden Risse bilden oder sich von der Glasplatte lösen, bleibt DURASIL A-XL strukturfest und haftsicher.

Das Ergebnis: Hochaktive Andock-Moleküle halten die Verbindung zur Glasplatte und das micro-vernetzte Polymer verhindert ein weiteres Aufreißen des Silikons.

Die Vorteile in der Praxis:
- Das microfeine Netzwerk des Polymers bleibt auch bei Einkerbungen strukturfest
- Hochaktive Andock-Moleküle verhindern ein weiteres Aufreißen des Keils

DURASIL A-XL

- Der Langzeit-Stauch- und -dehnungstest zeigte 100 Prozent mehr Bewegungsaufnahme gegenüber anderen Produkten.
- Der Skalpell-Einkerbtest demonstrierte, dass viele herkömmliche Dichtstoffe schon innerhalb von 24 Stunden Risse bilden oder sich von der Glasplatte lösen, das neue Silikon aber strukturfest und haftsicher blieb.
- Ein 90-Grad-Extrem-Biegetest bewies, dass das neue Silikon gegenüber herkömmlichen Dichtstoffen keine Rissbildung im Überspannungsbereich auswies.

Um nichts dem Zufall oder Vorurteilen zu überlassen und um schnell eine hohe Akzeptanz zu erreichen, wurde zusätzlich mit meinungsbildenden und kritischen Verarbeitern ein breit angelegter Feldtest durchgeführt. Das neue Produkt erhielt die Note »sehr gut«.

Note »sehr gut« im Anwender-Test

Andock-Molekülen — DURASIL® A-XL

Höchste Anfangselastizität und dadurch
frühe Belastbarkeit
– Der 90-Grad-Extrem-Biege-Test –

Für den Verarbeiter ist es wichtig, Wartezeiten nach der Verarbeitung zu minimieren. Denn Zeit ist Geld. Mit dem neuen DURASIL®A-XL können z. B. Fenster wesentlich früher transportiert werden.
Bereits zu Beginn der Reaktionszeit sorgt der Titanium-Katalysator für eine hohe Anfangselastizität und ermöglicht schon nach kurzer Zeit eine frühe Belastbarkeit.

Die Vorteile in der Praxis:
- Frühe Belastbarkeit
- Schnellere Durchreaktion
- Verringerte Wartezeiten
- Spart Zeit und Kosten

Das neue micro-vernetzte DURASIL® A-XL:
Noch besser in der Verarbeitung

In der letzten Testphase muss das neue Silikon die Praxisprüfung bestehen. In einem breit angelegten Feldtest bewerteten kritische Verarbeiter das neue DURASIL®A-XL mit hervorragenden Ergebnissen. Das DURASIL®A-XL mit Micro-Vernetzung überzeugte zum einen durch hervorragende Spritzbarkeit mit sehr kurzem Fadenzug und zum anderen durch sehr gute Modellierbarkeit bei Glätt- und Nacharbeiten.

Die Vorteile in der Praxis:
- Sehr gute Spritzbarkeit mit kurzem Fadenzug für schnelles und sauberes Arbeiten
- Sehr gute Glätt- und Nachbearbeitbarkeit mit idealer Verarbeitungszeit

Anwender-Test: – Sehr gut –

Die Alkoxy-Technologie mit patentiertem
daueraktiven Titanium-Katalysator
berücksichtigt Gesundheits- und Umweltaspekte

DURASIL®A-XL basiert auf der Alkoxy-Technologie von Dow Corning und ist ein geruchsneutraler Silikon-Dichtstoff. Es ist unter besonderer Berücksichtigung von Gesundheits- und Umweltaspekten entwickelt worden und schafft ein rundum gutes Arbeitsklima.

Alle Vorteile im Überblick:
- Optimierte Sicherheit durch 100 % mehr Bewegungsaufnahme
- Hochaktive Andock-Moleküle verbinden Silikon und Untergrund zu einem elastischen Verbundnetzwerk
- Breites Haftspektrum auf vielerlei Untergründen
- Frühe Belastbarkeit
- Gute Verarbeitbarkeit
- Geruchsneutral
- Berücksichtigt Gesundheits- und Umweltaspekte
- Breites Farbspektrum
- Pilzhemmend
- Nicht korrosiv bei Metallen
- ISO 11600-F+G-25 LM
- DIN 18545-E
- Höchste Abriebfestigkeitsklasse nach ift-Rosenheim (m0)

Stark in Fugen, sanft im Geruch

www.dowcorning.com

Die Produkteinführung mit Mailings, Anzeigen, Broschüren und technischen Datenblättern für den Vertrieb war ein großer Erfolg. Ein Fachpressebericht stellte das Produkt auf drei Seiten als Weltneuheit vor. Die Umstellung vom alten auf das neue Produkt wurde schneller als erhofft erreicht. Trotz Rezession in der Bauwirtschaft stieg sogar der Umsatz, und man gewann neue Marktanteile hinzu. Das neue micro-vernetzte Silikon erreichte in der Fachwelt ein hohes öffentliches Interesse und einen so gigantischen Stellenwert, dass sogar Architekten und Planer, die Glasfassaden an Hochhäusern konzipieren, anriefen und wissen wollten, ob das Wundersilikon auch für die Extrembelastungen an Hochhäusern geeignet sei.

Der Erfolg ist ein weiterer Beweis dafür, dass vor jeder Marketingaktion die Positionierung des Produkts steht und dass die Positionierung letztlich das erfolgreichste Marketing auf unserem Planeten ist.

Positionierung über einen neuen Gattungsbegriff

Wenn Sie ein neues Pionierprodukt entwickelt haben, besteht die Chance, dass der Markenname zu einem Gattungsnamen wird. *Kleenex* war das erste Papiertaschentuch auf dem amerikanischen Markt. Bevor *Kleenex* kam, gab es keinen Markt für Papiertücher. Wer als Erster kommt, mahlt zuerst: *Kleenex* wurde uneingeschränkt zum Gattungsnamen für Papiertaschentücher in den USA. Wenn jemand eine Packung einer anderen Marke auf dem Tisch liegen sieht und trotzdem sagt: *»Kannst du mir bitte ein* Kleenex *geben?«,* wird deutlich, dass die Marke sich als Gattung in den Köpfen der Verbraucher fest verankert hat. Was in Amerika *Kleenex* ist, ist in Deutschland das *Tempo*-Taschentuch. So gut wie jede Papiertaschentuch-Marke ist automatisch »ein *Tempo*«.

Wer als Erster mit einem neuen Produkt auf den Markt kommt, hat die Chance, dass der Produktname zu einem Gattungsnamen für eine ganze Produktkategorie wird.

Viele Produktnamen benutzen wir ganz selbstverständlich stellvertretend für eine ganze Produktgattung: *»Bring mir mal* Tesa
mit.« »Wo sind die Q-tips?*«,* *»Hast du mal 'ne* Coke?*«,* *»Jetzt ein
kühles* Selters.*«,* *»Bestell mal den* Overnight!*«* usw. Das Erfolgsgeheimnis dieser Marken liegt auf der Hand: Sie waren zuerst auf
dem Markt, und wer zuerst kommt, steckt seinen Claim ab. Wenn
ein Gattungsname stellvertretend für eine ganze Produktgattung
benutzt wird, ist das die beste und billigste Langzeitwerbung der
Welt.

Fragen an den Leser

1. Analysieren Sie Ihre bestehenden oder neuen Produkte nach den unterschiedlichsten Kriterien mit dem Ziel, Alleinstellungsmerkmale herauszu-
kristallisieren und eine neue Produktkategorie zu etablieren, zum Beispiel
Herstellungsverfahren, Energie- und Kosteneinsparungspotenziale,
Leistung, Sonderteile, Patentbeschreibung, chemische Zusammensetzung,
Reaktionsverhalten und Resistenz, zusätzliche bzw. erweiterte Anwendungsmöglichkeiten, Design und Handling, Verarbeitung, Material, Haltbarkeit, Sicherheit etc.
2. Vergleichen Sie, welche Besonderheiten Sie vom Wettbewerb unterscheiden.
3. Welche zusätzlichen Eigenschaften oder technischen Erweiterungen
würden das Produkt verbessern?
4. Bewerten Sie die gefundenen Alleinstellungen gegenüber den Wett-
bewerbsprodukten nach Marktmehrwert, nach Neuheitsgesichtspunkten,
faktischer oder virtueller Positionierungsmöglichkeit. Welche Chancen
bestehen, daraus eine neue Produktkategorie zu etablieren?
5. Entwickeln Sie einen neuen Namen und machen Sie daraus eine Marke.

5. Die Positionierung für eine neue Verwenderzielgruppe

Eukalyptusbonbons, die im Bonbonregal stehen, sind Bonbons. Stehen sie jedoch bei den Erkältungsprodukten, werden sie als Heilmittel wahrgenommen. Integriert man in Bonbons lebenswichtige Vitamine und Spurenelemente, so haben sie die Chance, als Nahrungsergänzungen erkannt zu werden. Bonbons mit Aufputschmitteln wie Koffein werden zu Muntermachern.

Der Markterfolg eines Produkts hängt entscheidend von der Wahrnehmung des Verbrauchers ab. Diese bestimmt die Positionierung des Produkts. Das Prinzip der Positionierung für eine neue Verwenderzielgruppe besteht darin, entweder eine Marke aus einer geistigen Denkschublade herauszunehmen und sie in eine andere hineinzustecken oder sie mit neuen Eigenschaften und neuen Verwendungsmöglichkeiten anzubieten.

Beispiele für neue Verwenderzielgruppen

Persil Es gibt viele sehr gute Qualitätsmarken, deren Kernproblem allein ihre allzu enge Verwenderzuordnung oder inflationierte gleichartige Wettbewerbsangebote ist. Entscheidend ist, wie der Verbraucher die Eigenschaften eines Produkts bewertet. Als *Persil* die Superweiß-Grenze erreicht hatte, konzentrierte man sich endlich auf neue Verwenderteilzielgruppen und erfand ein Waschpulver, das die Bakterien in Kleidung und aus Kuscheltieren von Kindern eliminiert, und ein Waschpulver für allergiegeplagte Menschen.

Der Pilotenkoffer ist ein anderes Beispiel für eine zu enge Verwenderzielgruppe. Ursprünglich für Piloten konzipiert, gelang es, ihn ins Management einzuführen. Damit setzte man eine Nachfragelawine in Gang. **Pilotenkoffer**

Auch durch kleine Veränderungen oder ergänzende Eigenschaften am Produkt kann man den Weg zu einer neuen Verwenderzielgruppe öffnen. Manchmal findet eine neue Zielgruppe selbst eine Verwendungskategorie. Nachdem z. B. Landwirte begeistert das Melkfett als Hautzartmacher eingesetzt hatten, wurde das einfache Euterfett zu einem begehrten kosmetischen Produkt.

Gewinnung von Vermeiderzielgruppen

Vermeiderzielgruppen sind in der Regel Teilzielgruppen, die aus unterschiedlichen Gründen Dienstleistungen oder Produkte meiden – sei es, dass sie zu teuer sind oder dass sie nicht den Erwartungen entsprechen. Eine besondere Herausforderung besteht darin, gerade solche Vermeiderzielgruppen zu gewinnen.

Ein erfolgreicher Friseur im oberen mittelpreisigen Segment aus Düsseldorf hatte eine Personalauslastung von durchschnittlich 75 Prozent. Alle Bemühungen, den Kundenstamm seiner kaufkraftstarken Zielgruppe zu erhöhen, führten zu keinem Erfolg. Es wurde überlegt, wie sich die potenzielle Laufkundschaft, die täglich am Laden vorbeigeht und für die das Geschäft scheinbar zu teuer ist, trotzdem als Kunden gewinnen lässt. Der Friseur entwickelte ein flexibles und kostengünstiges Teilangebot aus dem üblichen Prozess – waschen, schneiden, föhnen – unter dem Begriff *Cut & Go*. Ohne Anmeldung konnten Kunden auf eine freie Mitarbeiterin warten, ein bestimmtes Teilangebot auswählen und bei Bedarf selber föhnen oder waschen. Mit dieser Positionierungsstrategie für Vermeiderzielgruppen steigerte der Friseur schließlich seine Auslastung um 20 Prozent auf 95 Prozent. **Cut & Go**

Je nachdem, welche Produkte oder Dienstleistungen Sie anbieten, sollten Sie die Möglichkeit prüfen, ob Sie mit einer neuen Verwender- oder Vermeiderzielgruppe Ihren Markt und Ihre Auslastung vergrößern können. Auch wenn Sie das Produkt oder die Dienstleistung dabei etwas verändern müssen, ist dies in Ordnung, sofern es Ihrer Kernkompetenz entspricht. Bevor Sie jedoch die Entscheidung treffen, sollten Sie sich die Akzeptanz im Markt bestätigen lassen.

6. Die Positionierung mit einer neuen Technologie

Die Positionierung mit einer neuen Technologie umfasst die Ausrichtung auf ein technisches Verfahren, auf Rohstoffe, Materialien und Produkte. Neue Technologien bieten eine große Chance, neue Standards zu setzen und den Wettbewerb ins Schwitzen zu bringen. Sie können jedoch dann in eine Sackgasse führen, wenn das Produkt nicht mehr marktfähig oder die Technik veraltet ist. Die technische Spezialisierung erfordert eine ständige Weiterentwicklung bzw. die Anpassung an neue Anforderungen.

Erfolgsbeispiel für eine neue Technologie

Dow Corning, weltweit die Nummer eins in Silikon, entwickelte auf Alkoxy-Basis eine neue Silikon-Technologie, die mittelfristig die alte auf Essig-Basis ablösen sollte. Da man wusste, dass Mitbewerber ebenfalls an einer Technologie arbeiteten, wollte man zuerst auf dem Markt sein. Eile war also geboten. Nachdem die Positionierungsvorschläge aus dem eigenen internationalen Agenturnetzwerk keine Begeisterung ausgelöst hatten, erhielten wir den Auftrag, die Positionierung zu entwickeln.

Eine neue Technologie mit weltweiter Alleinstellung

Die systematische Analyse aller Positionierungsmöglichkeiten brachte nicht den erwünschten Erfolg. Deshalb baten wir auch hier die Forscher und Wissenschaftler von *Dow Corning*, die Patentschriften unter Marketinggesichtspunkten zu analysieren.

Der Erfolg ließ nicht lange auf sich warten. Man fand ein patentiertes Alleinstellungsmerkmal von unglaublicher Tragweite: Jedes Silikon braucht für die Vernetzung der Moleküle nach der Verarbeitung einen Katalysator, der nach der Reaktion im Silikon verbleibt und einen lebenslangen »Fugenschlaf« hält. Während andere Hersteller mit Zink forschten, hatte *Dow Corning* einen Titanium-Katalysator mit einer ungewöhnlichen Eigenschaft patentieren lassen: Der Katalysator bleibt auch nach der Reaktion ständig aktiv und sorgt so für eine Langzeitelastizität, sogar bei extremster Temperaturschockbehandlung.

Das Marketing Unter dem Motto *»Fit für Höchstleistungen«* und mit dem Claim *»Gibt nach – ohne aufzugeben«* entwickelten wir eine Werbekampagne und Vertriebsunterlagen mit Anzeigen, Presseberichten, Broschüren etc. Als Key-Visual (Schlüsselbild) setzten wir einen Trampolinspringer in verschiedenen Luftpositionen ein, der die Dauerbelastbarkeit symbolisierte. Ein Titanium-Katalysator-Siegel transportierte auf jeder Verpackung die Alleinstellung. Ein weiterer Vorteil war, dass alle Produkte und Submarken von dieser weltweit einmaligen Produkteigenschaft profitierten.

Mit einem auffälligen Siegel auf allen Produkten und einer breit angelegten Anzeigen- und PR-Kampagne verzeichnete der Vertrieb innerhalb von zwei Monaten einen Auftragszuwachs von über 60 Prozent – und das in einem stagnierenden Markt!

Gefahren einer rein technischen Spezialisierung

Hier muss jedoch auch vor den Gefahren rein technischer Spezialisierungen als Positionierung gewarnt werden: Es kommt immer wieder vor, dass Unternehmen in ihrer Technikbegeisterung ihre Produkte mit neuen technischen Funktionen ausstatten oder »anreichern«, die keiner braucht.

Ausschlaggebend bei einer technischen Positionierung auf der Basis technischer Verbesserungen ist immer die Frage, ob und inwieweit die neue Technik von der Zielgruppe angenommen wird.

Bei Hightech-Produkten z.B. (Telefonen, Mobiltelefonen, DVD- **Hightech** Rekordern, LCD-Projektoren bzw. Beamern, auch Software) haben wir das Problem, dass heute bereits viele Kunden ein Anreichern mit weiteren technischen Funktionen nicht mehr wünschen, weil sie sich mit der Bedienung überfordert fühlen. Jedes »Mehr« an Technik bedeutet dann ein »Weniger« an Kunden und Absatz. Es entwickeln sich – gerade im Bereich von Hightech-Produkten – neue Vermeiderzielgruppen, die weitere technische Produktverbesserungen bewusst ablehnen und derartige Produkte nicht mehr kaufen, weil sie nicht ihren Bedürfnissen entsprechen. Niemand hat Lust, ein Informatikstudium zu absolvieren, nur um seinen LCD-Projektor oder sein Mobiltelefon in Betrieb nehmen zu können! Weniger wäre bei vielen technischen Produkten heute daher mehr. Es wäre vielfach sinnvoll, wenn sich etliche Hightech-Produkte auf ihren Kernnutzen konzentrierten, anstatt zu »eierlegenden Wollmilchsäuen« zu mutieren, die noch Tausende Funktionen mehr haben, aber vollkommen bedienungsunfreundlich sind.

Es kommt immer darauf an, vor der Markteinführung eines neuen oder technisch verbesserten Produktes die Akzeptanz der Zielgruppe gründlich zu testen. Sonst kann der Schuss einer speziellen Technikpositionierung nach hinten losgehen!

7. Joint-Venture-Marketing

Joint-Venture-Marketingstrategien

Marketing ist teuer. Wie kann in harten Zeiten Geld gespart werden? Wie erreicht man mit wenig Aufwand eine maximale Wirkung? Diese Frage stellt sich mein Freund und Kooperationspartner *Christian Görtz,* seitdem er sich vor 15 Jahren als Unternehmens- und Marketingberater für Existenzgründer sowie kleine und mittelständische Kunden selbständig machte.

Effektive Neukundengewinnung In den USA entdeckte er das Joint-Venture-Marketing, eine der effektivsten Neukundengewinnungsstrategien. Motiviert durch die sensationellen Erfolge in Amerika hat sich *Christian Görtz* intensiv mit dem Thema beschäftigt. Er besorgte sich alle Bücher, belegte Seminare zum Thema, analysierte die möglichen Strategien und entwickelte Umsetzungskonzepte für den europäischen Markt. Fasziniert stellte er fest, dass die meisten Unternehmen im Bereich Joint-Venture-Marketing große »unausgeschöpfte« Marketingpotenziale haben – Gold, das direkt vor den Füßen liegt und darauf wartet, geschürft zu werden. *Görtz* hat sich auf dieses Marketing als Erster in Deutschland spezialisiert, um für kleine und mittelständische Unternehmen Hebel in Gang zu setzen.

Joint-Venture-Marketing ist eine der kostengünstigsten und effektivsten Neukundengewinnungsstrategien der Zukunft. Die Joint-Venture-Marketingstrategien beruhen darauf, die vorhandenen Kräfte der Umwelt für sich zu nutzen.

Als Joint-Venture-Marketing bezeichnet man eine Zusammenarbeit mit einem anderen Unternehmen, das Zielgruppen- bzw. Auftragsbesitzer für das eigene Unternehmen ist. In beiderseitigem Interesse kommt eine Zusammenarbeit zustande, indem man z. B. gegenseitig Empfehlungen ausspricht, die Zielgruppen austauscht und den Kunden des jeweils anderen Partners einen Mehrwert anbietet.

Joint-Venture-Marketing ist eine Kooperationsstrategie, mit der man mit wenig Geld- und Zeiteinsatz seine Produkte oder Dienstleistungen erfolgreich vermarkten kann.

Beispiele erfolgreichen Joint-Venture-Marketings

Ein Künstler nutzt ein Café als Ausstellungsplattform, um seine Bilder anzubieten. Das Café kann sein Ambiente verändern und bekommt für jedes verkaufte Bild eine Provision. Auf den Tischen liegen Beschreibungen der Bilder mit den Preisen.

Der Künstler und das Café

Ein Fitnesstrainer ergänzt das Seminar eines renommierten Zeitmanagementtrainers, indem er den Teilnehmern kurze und effektive Auflockerungsübungen vermittelt. Die Teilnehmer sind begeistert, und es dauert nicht lange, bis der Fitnesstrainer seine ersten eigenen Aufträge für individuelles Coaching und firmeninterne Seminare hat.

Trainer stellt Trainer

Ein Handwerksbetrieb, der Sonnenschutzmarkisen anbietet, kooperiert mit einem Büromöbel-Fachgeschäft und kommt so zu einem zusätzlichen Auftrag von über 125 000 Euro.

Handwerksbetrieb und Sonnenschutz

Ein Versicherungsunternehmen kooperiert mit einer Steuerorganisation. Die offiziellen Repräsentanten der Organisation werden vom Versicherungsunternehmen gestellt und werben neue Mitglieder für die Organisation an. Vorteil für die Versicherung: Die Steuerorganisation wird offener empfangen als ein Versicherungsunternehmen. Nachdem die Mitgliedschaft verkauft ist, bie-

Steuerorganisation kooperiert mit Versicherung

tet der Repräsentant als besondere Zusatzleistung eine kostenlose Rentenanalyse an und macht gleich vor Ort einen Termin mit dem neuen Mitglied aus. Danach kommt der Kooperationspartner der Versicherung vorbei und macht eine kostenlose Analyse. Meist ist die Einkommenslücke im Alter gewaltig und muss durch entsprechende Maßnahmen geschlossen werden. Die Abschlussquote ist gegenüber der herkömmlichen Vorgehensweise bedeutend höher. Die Repräsentanten erhalten als Bonus noch einen Teil der Provision des Versicherungsverkäufers.

Tierfuttermittel-hersteller kooperiert mit Mischfutter-anlagen-Betrieb

Als ein Produzent von Mischfutterwagen mit einem Tierfuttermittelhersteller kooperierte, stiegen die Umsätze beider Unternehmen rasant an. Beide bedienen die Zielgruppe Schweine- und Rinderzüchter und jeder Vertrieb macht auf den Bedarf des anderen aufmerksam. Danach verinbart der andere Außendienstmitarbeiter einen Termin und berät den Landwirt.

Der Produzent von Mischfutterwagen kommt mit der Produktion kaum mehr nach. Dadurch, dass der Tierfuttermittelhersteller bereits in Osteuropa tätig war, erschloss sich zusätzlich für das andere Unternehmen dieser Markt.

Mediamarkt und Fitnessinstitut

Wer will nicht beim Telefonieren eine gute Figur machen? Unter dem Motto *Fitness & Phone* kooperieren in Sachen Neukundengewinnung ein Mediamarkt und ein Fitnessinstitut. Wenn ein Kunde im Mediamarkt einen 24-monatigen Mobilfunkvertrag unterschreibt, kann er statt für 29,99 Euro monatlich für nur 13,00 Euro Mitgliedsgebühr im Fitnessinstitut trainieren. Das Studio hat hier die Möglichkeit, an ein interessantes Kundenpotenzial zu kommen, und der Mediamarkt bietet ein Zusatzangebot zum Mobilfunkvertrag, mit dem er sich von Mitbewerbern abhebt.

Die Kundenbeziehung

Denken Sie eine Minute über folgenden Vorschlag nach: Angenommen, man bietet Ihnen die Möglichkeit, sich von drei Marketingmaßnahmen eine auszusuchen:

1. eine kostenlose Anzeige in einer Zeitschrift mit 20 000 Abonnenten
2. eine Adressliste dieser 20 000 Abonnenten
3. einen persönlichen Kontakt zu den 20 000 Abonnenten, zu denen jemand Ihnen die Türen öffnet.

Für welches Angebot würden Sie sich entscheiden? Sicherlich für die dritte Möglichkeit. (Hier geht es nicht um Empfehlungsmarketing, sondern um Joint-Venture-Marketing.)

Das größte Vermögen, das jedes Unternehmen besitzt, ist die Beziehung zu seinen Kunden. Tatsache ist, dass die meisten Unternehmen sehr viel Geld ausgeben, um neue Kunden zu gewinnen und eine Beziehung aufzubauen. Wie wäre es, wenn Sie von den Bemühungen anderer profitieren könnten?

Schauen Sie doch mal in Ihre E-Mail-Box. Vielleicht haben Sie einen Newsletter erhalten? Oder schauen Sie in Ihren Briefkasten. Vielleicht haben Sie einen Werbebrief von einem Versender erhalten? Diese Unternehmen bauen permanent neue Kundenbeziehungen auf. **Beispiel**

Viele Firmen pflegen ihre Adresslisten und erweitern sie permanent. Es ist sehr einfach, davon zu profitieren und den Kunden solcher Firmen Ihre Produkte zu verkaufen. Alles, was Sie tun müssen, ist, den Unternehmer zu fragen, ob er Ihre Produkte oder Dienstleistungen seinen Kunden vorstellt, und sich eine geschickte Strategie zum gegenseitigen Nutzen auszudenken. Voraussetzung ist, dass Sie und Ihr Joint-Venture-Partner gleiche oder ähnliche Zielgruppen haben, ohne miteinander zu konkurrieren.

Ihr Partner macht mit, wenn auch er profitieren kann. Für jeden erzielten Verkauf erhält er z.B. einen gewissen vereinbarten Provisionssatz, oder Sie stellen seine Produkte oder Dienstleistungen im Gegenzug Ihren Kunden vor.

Natürlich könnten Sie auch eine Adressliste kaufen oder mieten, aber wenn das kooperierende Unternehmen Sie vorstellt, dann können die Antwortquoten um bis zum Zwanzigfachen gegen- **Schnell und kostengünstig** über einem normalen Werbebrief gesteigert werden. *Jay Abraham,* einer der bestbezahlten Marketingberater in Amerika, sagt: Wenn er nur *eine* Marketingmethode anwenden dürfte, dann wäre es Joint-Venture-Marketing. Denn es ist eine der schnellsten und kostengünstigsten – teilweise sogar kostenlosen – Methoden, um an neue Kunden zu kommen.

Die größten Vorteile des Joint-Venture-Marketings:
- **Es ist im Vergleich zu anderen Marketingmethoden kostengünstig, teilweise sogar kostenlos.**
- **Sie kommen über Ihren Kooperationspartner leicht, mühelos und ohne Streuverluste an Ihre Zielgruppe, denn Ihr Kooperationspartner ist Zielgruppenbesitzer.**
- **Sie vermeiden die Kaltaquise, weil Ihr Kooperationspartner ja schon den Kontakt zu den Personen hat, die Sie noch erst als Kunden gewinnen wollen.**

Beiderseitige Vorteile

Mit Joint-Venture-Marketing haben Sie die Möglichkeit, das Geld, die Kunden, die Adresslisten, die Glaubwürdigkeit, die Produkte und den Einfluss Ihres kooperierenden Unternehmens zu nutzen, und zwar zum beiderseitigen Vorteil. Je besser Sie positioniert sind, desto interessanter sind Sie für Joint-Venture-Partner, und umso eher werden diese Sie mit einem guten Gewissen weiterempfehlen.

Joint-Venture-Marketing setzt neue Maßstäbe im Marketing. Viele große und kleine Unternehmen wenden oft unbewusst diese Strategie an. Wer die Bandbreite der Strategie kennt und weiß, wie man sie anwendet, wird sein Marketingwissen auf den Kopf stellen (weitere Informationen: *www.jointventuremarketing.de*).

Fragen an den Leser

1. Stellen Sie eine Liste mit den Unternehmen auf, die ebenfalls Ihre Zielgruppe bedienen, aber in keinem Wettbewerb zu Ihnen stehen.
2. Wo trifft sich die Zielgruppe? Wo ist die Zielgruppe (noch) vernetzt?
3. Wer ist Zielgruppenbesitzer bzw. Auftragsbesitzer und würde Sie empfehlen? Welchen Nutzen hat er davon?

4. Wer ist Zielgruppenbesitzer und würde sein Angebot durch Ihre Leistung verbessern?
5. Wer ist Kompetenzträger?
6. Entwickeln Sie ein besonderes Angebot oder einen Trojaner, die der Joint-Venture-Partner gerne bei seinen Kunden vorstellt und Sie empfiehlt.
7. Entwickeln Sie ein Win-win-Konzept für beide Seiten.
8. Erarbeiten Sie realistisch die Vorteile für den Joint-Venture-Partner, wenn Sie ihn bei Ihren Kunden weiterempfehlen.
9. Fixieren Sie eine Vereinbarung schriftlich (Zeitplan, Testphase, Kosten, Unterlagen etc.).
10. Schulen Sie die Vertriebspartner des Joint-Venture-Partners und lassen Sie Ihre Mitarbeiter über die Vorteile des Partners schulen.

8. Die Feindbild- und die Spätfolgepositionierung

Im Unterbewusstsein verankert

Unsere Vorfahren hatten viele Feinde wie wilde Tiere, Wetter und kriegerische Stämme. Sie kannten auch die Spätfolgen bei mangelnder Nahrungs- und Brennholzvorsorge für die kalten Wintertage. Prägende Erfahrungen haben noch unsere Eltern im letzten Krieg gemacht.

In der Kindheit In unserer Überflussgesellschaft beherrschen zusätzlich andere Feindbilder und Spätfolgeängste unser Leben. Schon als Kleinkinder prägt eine Vielzahl dieser Faktoren unser Verhalten, unsere Motivation, unsere Gefühle und unseren Lebensweg: Die Mutter droht dem Kind, wenn es nicht lieb ist, mit späteren Konsequenzen; die Lehrer drohen den Schülern mit schlechten Noten bei schlechten Leistungen usw.

> **Die Feindbild- und die Spätfolgepositionierung sind aufgrund prägender individueller und kollektiver Erfahrungen tief im Unterbewusstsein verankert. Sie bestimmen unser Denken und Handeln.**

Feindbilder und die Spätfolgeszenarien treiben uns im Leben an oder hindern uns daran, etwas zu tun, und lassen uns in einer Art Duldungsstarre in einem unangenehmen Zustand verharren.

In der Politik werden Feindbilder und Spätfolgen schon seit jeher erfolgreich eingesetzt. Der Irak-Krieg ist dafür ein katastrophales Beispiel. Versicherungen nutzen diese Strategie ebenfalls, um Ängste zu schüren, indem sie Sicherheit gegen Bares anbieten.

Feindbilder in der Werbung

Viele Marken haben mit der Feindbildstrategie erhebliche Markterfolge erzielt. Wenn eine Marke ein bestimmtes Problem für sich besetzen kann, dann traut man ihr, auch ohne echten Beweis, die beste Problemlösungskompetenz zu. Aus der Werbung kennen wir die offensichtlichen Feindbilder wie Gefrierbrand bei Tiefgefrorenem, Cremes zur Vorbeugung von Falten und welker Haut. Viele Werbespots arbeiten mit subtilen und versteckten Hinweisen.

Erfolgsbeispiele zur Anwendung dieser Strategie

In Branchen, in denen bereits ein hohes Bewusstsein der Folgen von Pfusch und mangelnder Qualität besteht, sind Feindbildstrategien mit Garantien oftmals die stärkste Technik, um sich abzugrenzen. Wie bereits in Kapitel 5 in Teil 2 beschrieben, konzentriert sich die Positionierung des Traumhaus-Realisierers *Christian Seemann* zum einen auf die Angst vor Pfusch am Bau und zum anderen auf eine Lösung mit einer hundertprozentigen Zufriedenheitsgarantie.

Feindbild Pfusch am Bau

Von einem regionalen Gaslieferanten erhielten wir die Aufgabe, ein Konzept zu entwickeln, um Haushalte mit Ölheizung davon zu überzeugen, auf Gasheizung umzustellen. Ziel war es, Eigentümern in Straßenzügen, in denen es bereits eine Hauptleitung gab, ein interessantes Angebot zu machen. Wir entwickelten das Spar & Bequem-Paket. Key-Visual war ein illustriertes Sparschein, das vergnügt in einem Schaukelstuhl saß.

Feindbild Dreck und verschenkter Platz

Das Feindbild war das Schmutzpotenzial von Öl und der verschenkte Raum für den Öltank. Die Spätfolge bestand im Preisan-

Zeit zu wechseln

**Es war noch nie so einfach,
auf Erdgas umzusteigen...**

**...mit dem neuen
SPAR & BEQUEM-PAKET**

SÜDHESSISCHE

stieg und in der Rohstoffverknappung in den nächsten Jahren. Neben einem hemmschwellenabbauenden Finanzierungsangebot mit ungewöhnlichen Zinssätzen konnten die Eigentümer zusätzlich Geld sparen, wenn sie Nachbarn davon überzeugten mitzumachen. Wenn mindestens zwei Nachbarn mitmachten, sparte der Eigentümer durch den Nachbarschafts- und Straßenbau-Bonus 300 Euro und mit dem Umwelt-Bonus zusätzlich 250 Euro. Feindbild war hier die Umweltverschmutzung im Unterschied zu einer umwelt- und klimaschonenden Erdgasheizung.

Der Erfolg war so groß, dass die Aktion mehrere Jahre weiterlief. Das Einsparungspotenzial war so interessant, dass die Eigentümer zu aktiven Empfehlern wurden. Der Gaslieferant sparte selbst erheblich, in dem er den Bautrupp statt für ein Haus gleich für mehrere Häuser beauftragte.

**Feindbild
mangelnde
Kreditwürdigkeit**

Der Erfolg der *GastroFib AG* (vgl. Kapitel 3 in Teil 2, ab Seite 79) basiert auch auf der Feindbild- und Spätfolgetechnik. Für die Gastronomen ist es die Angst, weiterhin keine Kredite mehr zu erhalten, wenn sie nicht den Nachweis ihrer Kreditwürdigkeit erbringen. Für die Brauereien und Getränkefachgroßhändler sind das Feindbild einerseits unseriöse Gastronomen, die den Kredit verprassen, und andererseits die mangelnde Transparenz seriöser Gastronome hinsichtlich ihrer Liquidität und Kreditwürdigkeit für weitere Darlehen. Die Lösung war hier das monatliche *Living-Rating* als Frühwarnsystem für das eigene Risiko-Managementsystem. Das *Living-Rating* war die stärkste Triebfeder der Brauereien und Getränkefachgroßhändler, ihren Kunden die *GastroFib AG* zu empfehlen.

**Feindbild Staub
im Fernseher**

Als wir die Aufgabe hatten, kleinen Fernsehhändlern zu helfen, neue Kunden zu gewinnen, entwickelten wir verschiedene Konzepte. Ohne Einkaufsmacht konnten die kleinen Fernsehhändler gegen die großen Mediamärkte preislich nicht mithalten. Mit ihrem Service aber konnten sie den Großen Paroli bieten.

Ein Konzept war dies: Wenn die Kunden nicht zum Fernsehhändler kamen, gingen die Fernsehhändler eben zum Kunden nach Hause. War der Händler erst mal im Hause, konnte er sehen, was dem Kunden fehlte, und ein entsprechendes Verkaufs- und Servicegespräch führen.

Dazu brauchten wir einen Türöffner bzw. Trojaner. Unter anderem entwickelten wir verschiedene Wurfsendungen, in denen wir als starkes Feindbild den verklebten Staub im Fernseher aufbauten, der sich über Jahre hinweg an den Platinen und elektronischen Kleinteilen festsetzt und zu Schäden wie Kurzschlüssen führen kann.

Gegen eine geringe Servicegebühr kam der Techniker ins Haus und entfernte fachmännisch den gefährlichen Staub aus dem Fernseher der Kunden. Diese waren erstaunt über die Staubansammlung und zufrieden mit den lebenserhaltenden Maßnahmen. Jetzt lag es am Techniker, die Zufriedenheit der Kunden für weitere Serviceleistungen und den Verkauf von Produkten zu nutzen.

Für den Kinderschuhhersteller *Der keine Muck* entwickelten wir die *3D-Passform-Garantie*, ein bis dahin einmaliges Mehrwertpaket. Durch propriorezeptive Einlagen mit exakt platzierten kleinen Druckpolstern konnte durch die Reizung von Nervenendbahnen an den Füßen das unbewusste Bewegungsmuster korrigiert bzw. trainiert werden. Das *3D-Passform-Garantie*-Mehrwertpaket berücksichtigt ganzheitlich alle Aspekte eines idealen Schuhs: angefangen von der statisch-dynamischen Funktion der Füße und des Körpers, über die orthopädischen Anforderungen, das propriorezeptive Fußbett und die optimale Abrollbewegung bis hin zu den Materialeigenschaften, die dem Fuß die nötige Freiheit geben und trotzdem seine Spannkraft fördern. Durch die *3D-Passform-Garantie* erhielt der Schuh nicht nur einen virtuellen, sondern auch einen rationellen Mehrwert.

Langzeitschäden durch falsche Kinderschuhe

In einer kleinen Broschüre für Eltern und Kinder wurden die Spätfolgen falscher Schuhe über Text und Analogien dramatisiert und an das schlechte Gewissen appelliert.

Unterscheidung zwischen Feindbild- und Spätfolgetechnik

Was die Feindbildtechnik besonders interessant macht, ist die Tatsache, dass man über das Problem indirekt eine virtuelle Alleinstellung erreicht, die sich gegenüber dem kritischen Urteil des Verbrauchers nicht behaupten muss. Besonders stark wirkt die Feindbildtechnik, wenn man dem Feind sich selbst erklärende Namen gibt, zum Beispiel Begriffe wie »Waldsterben«, »Zahnbelag«, »Gefrierbrand«, »Parodontose« usw. Denken Sie bei der Spätfolgetechnik an Begriffe wie »verhindert Hautirritationen«, »gegen spröde Haare« etc.

> **Die Spätfolgetechnik eignet sich besonders gut für Produkte und Dienstleistungen, bei denen bereits ein Problembewusstsein der Verbraucher vorhanden ist, während die Feindbildtechnik bei noch unbekannten Problemen eingesetzt wird und eine neue Positionierung sowie Marktnischen eröffnen kann.**

Sensibilität ist nötig Gehen Sie mit den beiden Strategien sehr sensibel um. Vor allem in Anzeigen und Broschüren sollten Sie schnell auf die Lösung kommen. Am besten und intelligentesten ist die Umsetzung, wenn Sie in der Headline das Feindbild erwähnen und das Bild die positive Lösung zeigt.

Fragen an die Leser

So entwickeln Sie ein Feindbild:

1. Listen Sie alle Problemlösungen auf, für die Ihr Produkt besonders geeignet ist. Achten Sie darauf, welche Feindbilder und welches Spätfolgeszenario Ihre Wettbewerber bereits mit welchen Argumenten und wie besetzt haben.
2. Welche Feindbilder sind bereits bekannt und lösen entsprechende Emotionen aus?
3. Welche Feindbilder sind bisher noch unbesetzt und möglicherweise für Ihre Marke attraktiv?
4. Entwickeln Sie eine unheilvolle Situation, in die der Verbraucher

zwangsläufig gerät, wenn er ein vordergründig harmlos erscheinendes Problem nicht löst.

5. Dramatisieren Sie die Gefährlichkeit der Spätfolge.

6. Geben Sie dann dem Problem einen schrecklichen Namen und ein schreckliches Gesicht oder zeigen Sie es in seiner schlimmsten Form. Konzentrieren Sie sich dabei auf ein einziges Merkmal (z. B. Name, Langzeitfolgen, sozialer Status, fehlende Sicherheit, Verlust).

7. Bewerten Sie, wie viel Angst der gewählte Feind suggeriert. Traut der Verbraucher dem Produkt zu, dass es das Problem zuverlässig löst? Prüfen Sie die Glaubwürdigkeit der Feindbilder und der Spätfolge.

9. Die Trojaner-Strategie

Das trojanische Pferd

Die Belagerung der Stadt Troja durch die Griechen trat in das zehnte Jahr, als Odysseus die kriegsentscheidende List ersann: Er ließ die Griechen ein großes Holzpferd bauen, in dessen Inneren sich griechische Soldaten versteckten. Nachdem die Armee, die Troja belagerte, den Abzug vorgetäuscht hatte, holten die Trojaner das Pferd in die Stadt, da sie es für ein Abschiedsgeschenk der Griechen hielten. In der Nacht krochen die Soldaten aus dem Bauch des Pferdes und öffneten die Stadttore für das wartende Heer der Griechen. Die Trojaner, um die es hier geht, haben nichts mit listiger Kriegskunst oder versteckten Viren im Internet zu tun.

Vielmehr geht es darum, etwas Interessantes anzubieten, das entweder direkt oder indirekt mit Ihrem Angebot zu tun hat; etwas, worüber die Presse schreibt, was Ihrer Zielgruppe einen besonderen Nutzen bietet. Es geht darum aufzufallen, Interessenten im Markt zu selektieren und neue Kunden zu gewinnen. Ein Trojaner kann ungewöhnlich schnell Ihre Positionierung verbreiten, die Markenbekanntheit und die Glaubwürdigkeit erhöhen, er kann als Dauererwerbemittel fungieren und ein Tor bzw. ein neues Fenster im Kopf öffnen. Über Trojaner-Strategien nachzudenken, kann Ihnen auch helfen neue Positionierungsnischen zu finden.

Während viele Unternehmen sich auf teure Marketing-maßnahmen konzentrieren, erreichen andere durch den Einsatz von Trojanern mit signifikant weniger Werbe-budget ungewöhnliche Erfolge. Die Trojaner-Strategie wird in Zukunft Ihren Positionierungserfolg, Ihren Marke-tingerfolg und Ihre Neukundengewinnung revolutionieren.

Der Adressenbeschaffungs-Trojaner

Angenommen, Sie suchen Adressen von Menschen, die Zierfische lieben, Rasenmäher benutzen, demnächst Silberhochzeit feiern, umziehen wollen, ihren Führerschein machen, ihr Haus renovie-ren wollen oder Allergien haben – aber diese Zielgruppen sind in keiner Adressdatenbank vorhanden, nicht käuflich zu erwerben und auch über keine Themenzeitschrift zu erreichen. Teure Anzei-gen mit großen Streuverlusten sind außerdem nicht finanzierbar. Was tun? Hier bieten Trojaner eine Fülle von Möglichkeiten, die Zielgruppe zu erreichen, damit sie sich zu erkennen gibt und Sie gezielt Ihre Angebote oder Positionierung platzieren können.

Etwa zehn Prozent der Bevölkerung zieht jährlich um. Wie kommt zum Beispiel eine Umzugsfirma an die jeweilige Adresse, bevor die Familie sich für eine Umzugsfirma entschieden hat? Für diese Zielgruppe gibt es keine Datenbank. Eine Darmstädter Umzugs-firma arbeitet hier mit einem trojanischen Pferd: In den einschlä-gigen Tageszeitungen findet sich kontinuierlich eine Anzeige, die zum Selbstkostenpreis ein Umzugshilfebuch anbietet, in dem man alles findet, was man beim Umzug beachten muss, bis hin zu fertig gedruckten Karten, um Strom, Telefon, Post etc. ab- oder umzu-melden. Da man in der Regel nur alle paar Jahre umzieht, besteht natürlich die Angst, dass man irgendetwas vergessen könnte, und nimmt dieses Angebot zum Selbstkostenbeitrag gerne an. Die Umzugsfirma macht diese Aktion nicht aus sozialem Engagement, sondern um als Erstes und frühzeitig an die Adressen zu kommen und gezielt für ein Angebot nachzufassen. Das Umzugshilfebuch hat hier nicht nur die Funktion eines trojanischen Pferdes, son-dern signalisiert auch, dass sich das Unternehmen über die gan-zen Umstände zur Planung Gedanken macht.

Adressen-beschaffung durch Kleinanzeigen

Adressen-
beschaffung von
Fahrschülern

Für eine führende Mineralölgesellschaft entwickelten wir einen Trojaner, um die Adressen der ständig nachwachsenden Zielgruppe der Führerscheinneulinge zu beschaffen. Ziel war es, dass Führerscheinneulinge den Start ihrer Autofahrerlaufbahn bei einer Tankstelle der Mineralölgesellschaft beginnen. Doch wie kommt man an die Adressen, die man im Markt nicht kaufen kann? Wir entwickelten ein kleines Büchlein mit dem Titel *99 Tipps und Tricks für Führerscheinneulinge,* in dem ungewöhnliche Methoden gezeigt wurden, wie man z. B. kleine Pannen selbst meistert. Dieses kleine Büchlein stellten wir den Fahrschulen für ihre Führerscheinneulinge kostenlos zur Verfügung. Eine integrierte Gewinnkarte forderte die Fahrschüler auf, bei einem Wettbewerb mitzumachen. So generierten wir Adressen, um dann gezielt mit Spezialangeboten die neuen Autofahrer an die nächstgelegene Tankstelle zu führen.

Das Büchlein für Führerscheinneulinge war ein durchschlagender Erfolg. Innerhalb von 14 Tagen erreichten 100 000 Exemplare die Zielgruppe, und die Nachfrage war ein Fass ohne Boden! Für viele Fahrschulen war das kleine Büchlein nicht nur ein hoch attraktives Geschenk, sondern auch eine zusätzliche Einnahmequelle. Also boten wir das Büchlein gegen einen Kostenbeitrag an. So profitierten die Fahrschulen, vor allem aber die Mineralölgesellschaft zum Nulltarif von dieser Idee.

So kommen Sie an Adressen

Die Fachpresse sucht ständig nach interessanten Angeboten für ihre Leser, um sie auf die eigene Internetseite zu führen. Je nachdem, wie interessant ein von Ihnen entwickelter Trojaner ist, besteht die Möglichkeit, dass sich die Presse dafür interessiert, darüber schreibt und einen eigenen Informationsservice anbietet. Stimmen Sie Ihr Vorgehen mit der Presse ab. Solange eine offensichtliche Werbung nicht erkennbar ist, steht die Win-win-Situation für beide Seiten im Vordergrund.

Trojaner
bei der Presse

Bieten Sie der Presse Ihren Trojaner (z. B. eine Infobroschüre oder eine Checkliste) als »verlagseigenen« Download und integrieren

Sie einen zweiten Trojaner in den Download, der die Interessenten zu Ihnen führt. Angenommen, Sie verkaufen Arbeitsschutzkleidung; aufgrund neuer gesetzlicher Verordnungen haben sich die Sicherheitsbestimmungen geändert. Bereiten Sie die wichtigsten Inhalte verständlich als redaktionellen Beitrag für die Presse und deren Leser auf. Der Download kann beispielsweise einen Teil der exakten Formulierung der Verordnung beinhalten und mit weiteren detaillierten Informationen auf Ihrer eigenen Homepage abrufbar sein. Wer die Informationen abrufen will, muss zuvor seinen Namen und seine E-Mail oder auch seine komplette Adresse angeben.

Angenommen, Sie haben ein Bauunternehmen und wollen die Adressen von potenziellen Bauherrenfamilien, die sich noch in der Entscheidungsphase befinden. Neben der Grundstücksbeschaffung sind in der Entscheidungsphase die Finanzierung und die verfügbaren Fördermittel wichtig. Ein Trojaner für Bauherren könnte hier eine Übersicht über die aktuellen Fördermittel oder Grundstücksangebote sein.

Je wertvoller der Trojaner, desto eher sind die Nutzer bereit, dafür zu bezahlen. Letztlich bezahlt sich der Trojaner dann selbst und erfordert auf Dauer keine weiteren Investitionen.

1. Was könnte Ihre Zielgruppe interessieren bzw. was braucht sie dringend? **Fragen an den Leser**
2. Was interessiert Ihre Zielgruppe noch (indirekter Trojaner), das nicht unmittelbar mit Ihrem Angebot zu tun hat?
3. Was müsste sich die Zielgruppe eventuell teuer kaufen?
4. Welche Informationen sind sehr schwierig oder aufwendig zu finden oder zu analysieren?
5. Wer verfügt bereits über Problemlösungen und welche Kooperationsmöglichkeiten bieten sich an?
6. Wer geht bereits bei Ihrer Zielgruppe ein und aus und könnte Ihren Trojaner weiterreichen bzw. damit einen höheren Stellenwert erreichen?
7. Welche Möglichkeiten bestehen (Anzeigen, redaktioneller Beitrag, Kooperationen, E-Mail-Newsletter, Foren im Internet etc.), den Trojaner bekannt zu machen?

Ein Multifunktions-Trojaner mit zwingendem Nutzen

Ein stärker werdender Wettbewerb, veränderte Machtverhältnisse durch Filialisten, Billigmarken und Preisdruck mit immer geringeren Margen machen dem Handel und den Herstellern von Schuhen immer mehr zu schaffen. Um wachsenden Problemen entgegenzusteuern, entschloss sich das Unternehmen *Der kleine Muck*, die Marke gleichen Namens zu stärken.

Doch was tun, wenn nur ein kleines Werbebudget von 25 000 Euro zur Verfügung steht. Ein Tropfen auf den heißen Stein? Nicht, wenn man in Trojaner-Strategien denkt!

Als man uns beauftragte, eine Positionierungs- und Marketingstrategie zu entwickeln, war dem Auftraggeber klar, dass man mit dem kleinen Budget nicht viel erreichen kann. Nach eingehender Analyse und Recherche fanden wir zuerst einmal mit der *3D-Passform-Garantie* eine neue Positionierung, ein bis dahin einmaliges Mehrwertpaket.

Mehrwertpaket Das *3D-Passform-Garantie*-Mehrwertpaket berücksichtigt ganzheitlich alle Aspekte eines idealen Schuhs: angefangen von der statisch-dynamischen Funktion der Füße und des Körpers, über die orthopädischen Anforderungen, das propriorezeptive Fußbett und die optimale Abrollbewegung bis hin zu den Materialeigenschaften, die dem Fuß die nötige Freiheit geben und trotzdem seine Spannkraft fördern. Durch die *3D-Passform-Garantie* erhielt der Schuh nicht nur einen virtuellen, sondern auch einen rationellen Mehrwert.

Das Zaubermalbuch
des kleinen Muck

Um die Zielgruppen Handel und Eltern zu erreichen, konzentrierten wir uns auf die neugierige und schnell zu begeisternde Zielgruppe Kinder. Die idealen Voraussetzungen in Form eines Key-Visuals waren durch den Namen *Der kleine Muck* und das bekannte Märchen gegeben. Jetzt ging es darum, einen geeigneten Trojaner zu finden.

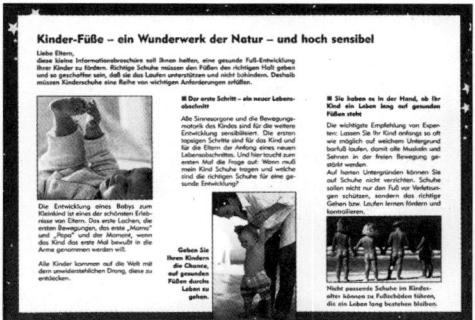

Aus dem Zauber-
malbuch des kleinen
Muck: Elterninfo und
Seite für Kinder

Bei der Suche nach etwas Besonderem kam uns eine eigene Entwicklung entgegen: ein Zaubermalbuch, bei dem die Kinder nur
mit Wasser und Pinsel zum Erstaunen aller die tollsten Farben aus
dem Papier zaubern konnten. Nachdem ein bekannter Illustrator
die Märchenmotive als Strichzeichnung umgesetzt hatte, waren
die ersten Tests mit Kindern in unterschiedlichen Altersgruppen
mehr als positiv. Selbst Erwachsene waren begeistert.

Damit die neue Kategorie dort ankam, wo sie ankommen sollte –
nämlich bei den Eltern – wurde ein Zaubermalbuch für Kinder
und Eltern entwickelt. Auf der linken Seite standen die wichtigen
neuen Informationen für Eltern und auf der rechten Seite waren
die Zaubermotive mit Texten aus dem Märchen zum Vorlesen. So
war die Chance gegeben, dass sich Eltern und Kinder gemeinsam
mit dem Zaubermalbuch beschäftigten. Nachdem wir dem Handel bewiesen hatten, dass man mit dem neuen Zaubermalbuch
und der damit verbundenen Attraktivität die Kundenfrequenz erhöhen und neue Kunden gewinnen konnte, war er auch bereit,
dafür zu bezahlen. Mit einer Kostenbeteiligung war die Finanzierung weiterer Auflagen und Werbung fast zum Nulltarif gesichert.
Die Resonanz war so erfolgreich, dass wir eine automatische und
regelmäßige Nachproduktion erreichten. Denn Kinder erzählten
anderen Kindern davon, dass sie zaubern können, und lösten eine
Lawine der Nachfrage aus.

**www.
derkleinemuck.de**

Die Erfolgsphilosophie

In diesem Beispiel löste der Trojaner gleich mehrere Aufgaben.

- Transportmittel der neuen Positionierung
- Hohe Begeisterung bei der Endzielgruppe
- Kettenreaktion der Mund-zu-Mund-Propaganda
- Neue Kunden für den Handel
- Selbstkostenbeteiligung durch den Handel (Zielgruppen-besitzer)
- Nachfragesog und Werbung zum Nulltarif

Huckepack-Trojaner

Die *PRO-plast GmbH* hat sich auf die Vermarktung von Kunst-stoff-Restmengen aus der Hand von Kunststoff-Verarbeitern und auf die Vermarktung von Produktionsrückständen technischer Kunststoffe spezialisiert – unter dem Motto: »Was der eine nicht braucht, ist dem anderen nützlich.« Dieses Geschäftsfeld erfordert ein hohes Wissen aller Mitarbeiter über die vielen Begriffe und Handelsnamen von Kunststoffen und deren Anwendungsgebiete. Für Verarbeiter und deren Mitarbeiter sind diese Handelsnamen und Produktgruppen oftmals ein Buch mit vielen Siegeln, vor allem, wenn es um alternative Produkte und deren Eigenschaften geht.

Nützliche Dauerwerbemittel Für dieses Unternehmen entwickelten wir einige Trojaner bzw. nützliche Dauerwerbemittel für den täglichen Gebrauch. Zum Beispiel ein Mousepad mit einer Übersicht der wichtigsten Kunst-stoffgruppen, natürlich mit auffälligem *www.pro-plast.com*-Hin-weis und der Information, dass hier jeder eine fachliche Beratung erhält. In einem gemeinsamen Workshop erarbeiteten wir ein ergänzendes Konzept. Es ging darum, dass die Verarbeiter ihre Restmengen in der neuen Internetbörse auch selbst verkaufen können. Für die anstehende Fachmesse haben wir dann einen Huckepack-Trojaner entwickelt. In einer Kalenderschutzhülle steckte links *Das kleine 1 x 1 der Kunststoffe* und rechts ein Jahres-kalender. Mit dem kleinen Lexikon hatten die Interessenten und

Kunden in der täglichen Arbeit immer eine schnelle Antwort auf die wichtigsten Fragen parat und konnten damit selbst zu Experten rund um das Thema Kunststoffe werden.

Fragen an den Leser

1. Listen Sie all Ihre Produkte und Leistungen auf.
2. Definieren Sie die Zielgruppe, Teilzielgruppen und Personen um die Zielgruppe herum, die eine Entscheidung beeinflussen können, zum Beispiel begeisterungsfähige Kinder, die oft die Brücke zu den Eltern sind.
3. Machen Sie ein kreatives Brainstorming mit Mitarbeitern und suchen Sie nach direkten oder indirekten Trojanern. Berücksichtigen Sie dabei auch den Nutzen derjenigen, die Ihren Trojaner an die Zielgruppe weitergeben (z. B. Handel, Vertrieb, Presse etc.).
4. Suchen Sie nach nutzenorientierten Trojanern, aber auch nach solchen, bei denen der Spieltrieb oder das Bedürfnis nach Wissen angesprochen wird.
5. Wenn Sie eine Idee entwickelt haben, überlegen Sie, wie Sie die Vorteile Ihres Produkts, Ihrer Dienstleistung oder Ihres Unternehmens mit der Idee transportieren können.
6. Welche Vorteile hätten zum Beispiel der Handel oder sonstige Empfehler von Ihrem Trojaner, und wann würde man sich auf jeden Fall an den Kosten beteiligen? Sprechen Sie mit Ihrer Zielgruppe und den Empfehlern, und lassen Sie sich die Attraktivität Ihrer Idee bestätigen.

Trojaner zur Neukundengewinnung für Partnerkonzepte

Ein Hersteller für Produkte zur Sanierung von Bauten hatte ein bundesweites Netzwerk von Handwerkspartnern aufgebaut, die in Direktlieferung die notwendigen Produkte bestellen konnten. Ziel war es, den Handel und damit die konkurrierenden Wettbewerbsprodukte zu umgehen und die Vertriebswege selbst zu bestimmen. Unabhängig vom Partnerschaftskonzept steht es jedem Handwerker frei, seine Produkte auch bei Wettbewerbern zu kaufen. Die Frage, wie man eine hohe Partner- bzw. Produktbindung erreichen kann, wurde mit einer Mehrwertleistung gelöst: Das Hauptproblem der meisten Handwerker ist es, neue Aufträge zu generieren. Hier bediente sich das Unternehmen einer einfachen und effektiven Idee mittels eines Trojaners. Das Unternehmen schaltete in speziellen Zeitschriften Couponanzeigen für die Zielgruppen, die für die Sanierung von feuchten Kellern Lösungen suchten, z. B. im *Handbuch für Bauherren* und in *Haus und Grund.*

Gutscheinheft Das Gutscheinheft enthielt mehrere Angebote, unter anderem ein kostengünstiges Feuchtigkeitsmessgerät, kostenlose Vor-Ort-Analyse, z. B. für Schimmel oder Feuchtigkeit im Haus, eine Luftbelastungsanalyse für Allergiker etc. Die eingegangenen Anforderungen wurden dann an die jeweiligen Partner-Handwerker vor Ort weitergeleitet, die anschließend das Gutscheinheft und ein fertig formuliertes Anschreiben den Interessenten zusandten.

Adressen von Bauherrenfamilien, die in der Frühphase über Bauen nachdenken, können Sie nur teuer bei Adressdatenbanken kaufen. Also muss man hier intelligente Trojaner einsetzen, damit sie sich zu erkennen geben. Eine Möglichkeit besteht darin, dass man in entsprechenden Publikationen oder im Internet, in denen sich Interessierte ihre ersten Informationen besorgen, auf eine wichtige Information – z. B. wie sie sich vor Pfusch am Bau schützen –, eine Checkliste etc. aufmerksam macht, die der Interessent bestellen kann.

Ein Adressenbeschaffungs-Trojaner kann auch ein indirekter Trojaner sein. Beispiel für Renovierer oder Modernisierer: Der Trojaner könnte eine kleine Fibel über die Farbpsychologie und die Wirkung von Farben in Wohnräumen auf die Stimmung sein.

Die Erfolgsphilosophie

Die Aufgaben des Trojaners in diesem Beispiel:

1. Adressenbeschaffung von Interessenten
2. Neue Kunden und Auftragsbeschaffung für die Partner
3. Partnerbindung

Direkte und indirekte Trojaner

Der direkte Trojaner transportiert die Positionierung, bietet einen zusätzlichen Nutzen zum eigentlichen Angebot oder einen Mehrwert oder beinhaltet ein attraktives Teilangebot. Der indirekte Trojaner hat vorrangig die Aufgabe, Adressen zu generieren und eine positive Stimmung bei den potenziellen Kunden zu erzeugen.

Ein Trojaner kann z.B. auch ein Schnupperangebot, eine Test-Software, ein Probespiel etc. sein. Bei der *GastroFib AG* war das neu entwickelte monatliche *Living-Rating* der Trojaner mit zwingendem Nutzen, der das Neukundengewinnungsproblem löste, Hemmschwellen abbaute und das Empfehlungsgeschäft forcierte.

Trojaner helfen, gleich ob direkt oder indirekt, Ihre Positionierung zu transportieren, und zwingen Sie, über Alleinstellungsmerkmale nachzudenken. Ein Trojaner sollte für eine bestimmte Zielgruppe so interessant sein, dass sie ihn gerne haben will. Trojaner können den Bereich Humor und Spaß ansprechen, einen besonderen Nutzen bieten, etwas mit dem Angebot eines Unternehmens oder auch gar nichts damit zu tun haben. Er kann etwas kosten oder kostenlos erstanden werden. Wichtig ist nur, dass man seine Ziele und am Ende einen wirtschaftlichen Erfolg erreicht. Idealerweise bietet der Trojaner einen zwingenden Nutzen und hilft der anvisierten Zielgruppe, Kosten zu sparen, sichere Entscheidungen zu treffen oder Hemmschwellen abzubauen.

Die *Alpenland GmbH* hat sich auf die mobile Vernichtung von Akten per LKW spezialisiert. Viele Behörden und Betriebe, Anwälte und Steuerberater leiden unter Tonnen alter, jedoch vertraulicher Akten. Nachdem Anzeigen mit viel Streuverlust nicht den erhofften Erfolg gebracht hatten, entwickelte *Meinrad Müller*, Geschäftsführer der *Alpenland GmbH*, intelligente Trojaner: in der Regel nützliche Hilfen, Informationen oder Software, die einfach nur Spaß macht, z.B. Informationssoftware rund um das Thema Aufbewahrungsfristen von Daten, Software zum Erstellen von professionellen Arbeitszeugnissen, das Euro-Zeichen für Word usw. Die Presse war jedes Mal begeistert von seinen Ideen und schrieb

www.alpenland.de

darüber. Nicht selten wurden die Trojaner bis zu 100 000-mal von seiner Homepage heruntergeladen, nachdem man natürlich erst einmal seine persönlichen Daten und seine E-Mail-Adresse angegeben hatte. Mit den Trojanern finanzierte *Müller* seine Neukundengewinnung »aus der Portokasse«.

Software-Trojaner Durch effektive Medien wie das Internet kann man heute schnell und kostengünstig ungewöhnliche Software-Trojaner zum Download anbieten. Wichtig ist nur, dass der Interessent seine Adresse und seine Informationen hinterlässt. Während er Infos anfordert, liegt es an Ihnen, was Sie sonst noch alles abfragen, damit Sie so viel wie möglich über ihn und sein Vorhaben und seine Probleme erfahren; dabei gilt es natürlich, den Datenschutz zu beachten. Sie können bei der Interessentenabfrage auch zusätzlich Angebote wie ergänzende Produkte, Dienstleistungen, Garantien etc. anbieten, Ihre Datenbank aufbauen und die Adressen für weitere Aktionen sinnvoll nutzen. Bei indirekten Trojanern erkennt der Kunde in der Regel nicht, dass es sich um ein Angebot, um Adressenbeschaffung bzw. eine Verkaufsabsicht handelt.

Aufgaben für den Leser

1. Definieren Sie im Vorfeld alle Möglichkeiten, wie Sie E-Mail-Adressen in Zukunft sinnvoll nutzen wollen. Die Antworten auf diese Frage führen Sie automatisch auch zu einem Anforderungsprofil für die Daten, die Sie bei den Download-Nutzern abfragen wollen. Sei es im Business-to-Business-Bereich oder im Endkundenbereich, zum Beispiel Alter, Anzahl der Kinder etc. Freiwillig werden Ihnen die Nutzer diese Daten in der Regel nicht geben – es sei denn, Sie bieten einen zusätzlichen Nutzen, z. B. einen zusätzlichen Trojaner für die Kinder, den der Betreffende nur erhält, wenn er bestimmte Daten angibt.

2. Recherchieren Sie im Internet nach E-Mail-Adressbesitzern und Plattformen. Wenn Ihre eigene E-Mail-Datenbank noch zu klein ist, die Presse kein Interesse hat und Anzeigen zu teuer sind für Trojaner-Aktionen, suchen Sie andere E-Mail-Adressbesitzer, über die Sie Ihren Trojaner kostenlos oder gegen ein Entgelt versenden können. Ähnlich wie bei der Presse bietet sich auch hier eine Joint-Venture-Marketing-Trojaner-Strategie an. Denn auch aktive Newsletter-Versender suchen

ständig nach interessanten Angeboten für die Leser. Je nachdem, wie interessant ein Trojaner ist, besteht die Möglichkeit, dass sich der E-Mail-Adressbesitzer dafür interessiert und die Veröffentlichung kostenlos übernimmt. Bieten Sie im Gegenzug an, dass Sie auch Informationen über den E-Mail-Adressbesitzer an Ihre Kunden weitergeben. Er muss ja nicht unbedingt wissen, dass Sie erst eine kleine Datenbank haben. Wichtig ist, dass diejenigen, die reagieren, auf Ihrer Homepage landen und Sie dadurch Ihre Datenbank aufbauen (weitere Informationen: *www.trojaner-strategien.de*).

10. Die Intel-Inside-Positionierung

Die Geschichte von Intel

Von der Marke zur Wertmarke In den 90er-Jahren hat die Marke *Intel* Geschichte in der Technologiepositionierung geschrieben. Anfangs war der *Intel-Inside*-Prozessor ein unbekannter Zusatz, um Computer zu beschleunigen. Trotz ständiger Weiterentwicklung unterschieden sich die PCs immer weniger voneinander; lediglich die Schnelligkeit wurde ein immer größerer Kaufentscheidungsfaktor. Das war die Chance von *Intel:* Indem sich die Firma als Marke positionierte, wurde den Käufern erst bewusst, worin der Grund für die Schnelligkeit und damit die Qualität ihrer PCs bestand. Sie verlangten dann ausdrücklich nach PCs mit *Intel Inside.* Innerhalb kurzer Zeit entwickelte sich der Prozessor so von einer Marke zu einer Wertmarke und wurde Weltmarktführer. Viele PC-Hersteller veredelten ihr Produkt mit dieser zweiten Marke und beschleunigten dadurch gleichzeitig den Markenprozess von *Intel-Inside* um ein Vielfaches. Nicht die PC-Marke, sondern die Prozessorleistung wurde zum Maßstab und Kaufentscheidungsfaktor einer neuen PC-Generation.

Über die Jahre hinweg gelang es *Intel,* eine gut strukturierte Markenarchitektur (*Pentium, Xeon, Celeron, Itanium, Centrino* etc.) aufzubauen. Mit der systematischen Erweiterung der Marke *Intel* auf ein ganzes Portfolio hat das Unternehmen die Regeln der Markenführung und Positionierung neu definiert.

Die Intel-Inside-Strategie beruht darauf, einem Produkt oder einer Dienstleistung etwas hinzuzufügen, das die Qualität bzw. den Stellenwert steigert oder das Produkt als vollkommen neu erscheinen lässt. Es ist auch die Strategie der zwei Marken: die eine unsichtbar im Produkt als Zulieferelement verborgen, die andere als Trägermarke sichtlich für jedermann erkennbar.

Für diese Strategie gibt es zwei Ansatzpunkte: Entweder ergänzt man seine Marke durch eine bereits bekannte Marke mit hohem Stellenwert, der einen zusätzlichen Nutzen bietet, oder man entwickelt selbst eine neue virtuelle oder faktische Positionierung mit hohem Nutzen. Mit dieser Positionierungsstrategie kann man ohne weiteres auch in einer Krise austauschbare Produkte oder Dienstleistungen nach vorne katapultieren.

Die Zweitmarkenstrategie

Viele Zweitmarken suchen die Kooperation mit Erstmarken, da sie meist ein Zulieferer sind und alleine nur mit einem unverhältnismäßig hohen Werbeaufwand zu einer Marke werden können. Auf der anderen Seite sind Zweitmarken für Erstmarken oft die einzige Chance, sich von Mitbewerbern abzusetzen.

GoreTex als wasserdichtes und atmungsaktives Material hat sich als Kaufentscheidungsfaktor und als Produktkategorie bei hochwertigen Textilien etabliert. Nach dem Siegeszug von *GoreTex*-Bekleidung bescheinigte das wasserabweisende und atmungsaktive Material als Zweitmarke in vielen Produkten seinen zusätzlichen Nutzen. Neben reinen *GoreTex*-Schuhen oder -Stiefeln wurden Lederschuhe mit einem *GoreTex*-Innenfutter zu Allwetterschuhen. Es dauerte nicht lange, bis es auch Rucksäcke, Zelte etc. gab, die sich mit dieser zweiten Marke schmückten.

Beispiel GoreTex

Vor allem wenn Unternehmen in die Austauschbarkeitskrise geraten sind, ist die *Intel-Inside*-Strategie eine interessante Möglichkeit, sich mit Produkten oder Leistungen zu repositionieren. Bei vielen Unternehmen ist es selbstverständlich, dass sie immer wieder bestehende Produkte mit neuen und hochwertigeren Teilen ergänzen oder Dienstleistungen durch zusätzlichen Service verbessern. Sie sind aber nicht immer auf die Idee gekommen, die Chance zu nutzen, sich damit abzusetzen oder als Alleinstellungsmerkmal in den Vordergrund zu stellen. Tue Gutes und sprich darüber.

Unbekannte Zweitmarke Der Geschäftsführer eines Fertighausherstellers erwähnte nebenbei, dass seine Häuser mit einem patentierten Träger aus nicht brennbarem Holzträger-Verbundwerkstoff gebaut werden, der von einem skandinavischen Hersteller geliefert wird. In seinen Prospekten fand man aber nur einen kleinen Hinweis darauf. Was für den einen nur ein kleiner Zusatznutzen ist, kann für den anderen ein Kaufentscheidungsfaktor sein. Ein Bekannter führte mich stolz durch sein Haus und sein Büro und erzählte mir begeistert, dass alle Trägerkonstruktionen, Holzverkleidungen an den Wänden und die Schreibtische aus dem besagten nicht brennbaren Holzträger-Verbundwerkstoff bestehen und er sich deshalb für dieses Bauunternehmen entschieden hatte. Hieran zeigte sich, dass der Fertighaushersteller mit seinem Träger aus einem nicht brennbarem Werkstoff eine Zweitmarke besaß, die ihm nicht bewusst war und die sich besser als Kundennutzen herausstellen ließ, als bisher angenommen.

Die Positionierung mit einer virtuellen Intel-Inside-Strategie

Theresia, ein mittelständischer Schuhhersteller, der sich auf orthopädische Komfortschuhe spezialisiert hatte, geriet irgendwann in die Austauschbarkeitsfalle, weil immer mehr Hersteller in den bis dahin lukrativen Komfortschuhmarkt hereindrängten. Nach unserer eingehenden Analyse des Wettbewerbs und der Positionierungsfelder zeichnete sich sehr schnell ab, dass die Wirkung auf den Körper die erfolgversprechendste Nische war, die noch von keinem Mitbewerber eindeutig besetzt wurde und sich auf alle Marken übertragen ließ.

Nach eingehender Recherche entwickelten wir den Markenbegriff *Body-Balance-System*. Die drei Schuhmarken aus dem Hause *Theresia* erhielten alle ein *Body-Balance-System*-Siegel und eine neue Bedeutung durch die Positionierung mit einem Schuh, der auf den ganzen Körper wirkt.

Nach der erfolgreichen Einführung des *Body-Balance-Systems* auf der Schuhmesse und im Handel wurde eine *Body-Balance-System*-Kundenzeitung in einer Auflagenhöhe von mehreren hunderttausend Exemplaren im Handel verteilt. Eine Beilagenaktion eines Händlers mit dieser Kundenzeitung, der gleich das Dreifache der üblichen Paarmenge orderte, führte dazu, dass alle Paare innerhalb eines Tages verkauft wurden, wozu der Händler sonst eine ganze Saison benötigt hätte!

www.theresiam. com

Nicht das Produkt hatte sich verändert, sondern die Wahrnehmung in den Köpfen der Verbraucher und des Handels, und zwar infolge der virtuellen Marke, die zwar unsichtbar war, jetzt aber von jedermann als wertvoller Zusatznutzen erkannt wurde.

Bezeichnend für die erfolgreiche Positionierung und das Besetzen einer Mehrwertnische war die Frage eines Händlers: »Was kostet der Schuh ohne *Body-Balance-System?*«

Die *Intel-Inside*-Strategie, ob faktisch oder virtuell, bietet vielen Marken neue Chancen, Stellenwert und Nutzen zu verbessern oder als neues Produkt wahrgenommen zu werden.

Fragen an den Leser

1. Analysieren Sie Ihr bisheriges Produkt oder Ihre Dienstleistung. Haben Sie bereits eine Zweitmarke oder eine Besonderheit integriert, bewerben sie aber nur beiläufig? Lässt sich daraus eine Stärkenpositionierung erarbeiten?
2. Was an Ihrem Produkt oder Ihrer Dienstleistung lässt sich durch die Hinzunahme einer zweiten Marke verbessern?
3. Welchen Stellenwert und welche Bekanntheit hat die zweite Marke bereits im Markt?

4. Wenn sie noch keinen Stellenwert hat, ist der Nutzen wirklich so groß, dass es sich lohnt, gemeinsam die zweite Marke aufzubauen?
5. Kann die zweite Marke Ihrem Produkt oder Ihrer Dienstleistung einen neuen Schub verleihen?
6. Wenn ja, geben Sie Ihrem Kind einen Namen: Entwickeln Sie eine Bedeutungs- bzw. Mehrnutzenkategorie, die noch von keinem Ihrer Mitbewerber besetzt wurde und die Ihr Produkt oder Ihre Dienstleistung aufwertet.
7. Würde es sich bei entsprechender Alleinstellung und Anziehungskraft lohnen, eine Positionierung darauf aufzubauen und die gesamte Kommunikation danach auszurichten?
8. Hätte die Entscheidung einen nachhaltigen Erfolg?

TEIL 4

Positionierung über Garantien

1. Garantien – Kauf ohne Risiko

Garantien bieten sehr gute Möglichkeiten, sich erfolgreich zu positionieren. Immer dann, wenn Sie als Verkäufer das Risiko für eine Kaufentscheidung übernehmen, anstatt diese dem Käufer zu überlassen, sind Sie dem Wettbewerb eine Nasenlänge voraus. Voraussetzung ist, Ihr Wettbewerb positioniert sich nicht bereits über eine Garantie.

Je nach Branche, Produkt oder Dienstleistung gibt es eine Vielzahl von Garantien, z. B. die Zufriedenheitsgarantie, die persönliche und die Geld-zurück-Garantie, die Kostenlos-Garantie bei Nichteinhaltung zugesagter Leistungen oder Merkmale und die Systemsicherheits- und Erfolgsgarantie.

Bei einem Strategie- und Positionierungsworkshop mit Buchhändlern bat man mich, auf das Thema Reklamation und Warenrückgabe einzugehen. Ein Mitarbeiter einer Buchhandlung hatte ein besonders ausgeprägtes Feindbild gegenüber so genannten »dreisten« Kunden. Als ich ihn fragte, wie oft solche Kunden bei ihm auftauchen, musste er zugeben, dass es tatsächlich nur zweimal vorgekommen sei. Doch dieses Erlebnis und die Unfähigkeit, damit umzugehen, prägte sein Vorurteil gegen alle Kunden. In jedem sah er einen potenziellen »dreisten« Kunden und verhielt sich dementsprechend. **Dreiste Kunden**

Zumeist ist es wie bei diesem Buchhändler die Angst vor der Unverschämtheit von Kunden, die Unternehmen davor zurückschrecken lässt, Garantien zu geben. Doch meist ist diese Angst unbegründet. Denn die Mehrzahl der Kunden nutzt Garantien nicht in dreister Form für sich aus. Überwinden Sie Ihre Ängste! Kunden sind in der Regel viel ehrlicher, als man denkt. Verzichten Sie nicht um einiger weniger »Quertreiber« willen auf das Positionierungsinstrument der Garantie.

Garantien bauen Kaufhemmschwellen ab

Einfacheres Verkaufsgespräch Stellen Sie sich vor, dass keiner Ihrer Kunden sich jemals Gedanken machen muss, ob er eine falsche oder schlechte Entscheidung beim Kauf trifft. Wie viel einfacher, vertrauter und erfolgreicher verläuft dann jedes Verkaufsgespräch! Mit einer Garantie geben Sie dem Kunden das Gefühl, dass er praktisch keinen Fehler machen kann. Vor allem, wenn er den Kauf bereut, kann er mit erhobenem Haupte und ohne Gesichtsverlust bei Freunden und Bekannten aus einem Kaufvertrag aussteigen – und wird möglicherweise sogar zum Empfehler. Mit einer Garantie schlagen Sie gleich zwei Fliegen mit einer Klappe: Auf der einen Seite bieten Sie dem Kunden mehr Leistung, mehr Service und mehr Qualität; auf der anderen Seite werden automatisch auch Ihre Leistungen besser, um Ihr Versprechen einzulösen.

> **Jeder Kunde hat ganz unterschiedliche Hemmschwellen, eine Kaufentscheidung zu treffen. Eine Garantie baut beim Kunden deutlich die Hemmschwelle ab, sich hier und jetzt ohne Angst vor Konsequenzen für einen Kauf zu entscheiden. Je länger eine Garantie und je konkreter die zu erwartende Leistung, desto erfolgreicher werden Sie verkaufen.**

Vertrauen aufbauen Die Risikominimierung führt beim Kunden zum Probieren und langfristig zur Treue und zu Weiterempfehlungen. Eine erfolgreiche und selbstverständliche Garantieeinlösung ist für jeden Kunden ein großes persönliches Erfolgserlebnis, das er Ihnen nie vergessen wird. Ein Kunde weist Ihnen zuerst einmal Kompetenz zu und hat Vertrauen.

Erfolgsbeispiele

Der Bürobedarfsversender *Viking* bietet einen unschlagbaren Service. Wenn man bis 10 Uhr bestellt, hat man die Ware bis 15 Uhr im Hause. Ist man mit der Lieferung oder einem Teil davon nicht zufrieden, wird sie kostenlos abgeholt. Selbst wenn man Verpackungen, wie z. B. von Kopierpapier, geöffnet hat, um die Ware auf ihre Tauglichkeit zu testen, bekommt man keine Rechnung.

Viking

Ein weiteres positives Beispiel für absolute Kundenzufriedenheit und Garantieleistungen über die gesetzliche Garantiezeit hinaus bietet die Firma *Krups*. Als an unserer Espressomaschine nach über fünf Jahren die ersten kleinen Teile defekt waren, erhielten wir eine kostenlose Lieferung von Ersatzteilen in *zweifacher* Ausführung – für den Fall, dass sie nochmals kaputtgehen sollten.

Krups

Wie Sie Garantien erarbeiten

Stellen Sie zuerst Ihre mögliche Garantie in Frage und suchen Sie den Nachteil, den Sie dabei haben könnten. Berücksichtigen Sie Ihre bisherigen Erfahrungen. Wurde oft reklamiert oder storniert, sollten Sie zuerst Ihr Produkt oder Ihre Dienstleistung sehr genau untersuchen und gegebenenfalls optimieren. Fehlerquellen für schlechte Qualität oder Reklamationsgründe sollten zuerst systematisch Schritt für Schritt beseitigt werden. Erst wenn Ihre Produkte einen hohen Zufriedenheitsgrad aufweisen, können Sie mit hohen Erwartungen eine Garantie anbieten.

Ehe Sie eine Garantie nicht ehrlich meinen, sie irgendwo in den Geschäftsbedingungen verstecken oder Bedingungen daran knüpfen, sollten Sie besser ganz darauf verzichten. Denn sonst erreichen Sie genau das Gegenteil von dem, was eine Garantie bewirken kann.

Keine Garantiefallen bauen

Typische Fehler bei Garantien:

- Es wird eine Bearbeitungsgebühr erhoben.
- Es gibt eine Geld-zurück-Garantie – vorausgesetzt, man hat

das Produkt *nicht* ausgepackt und *nicht* getestet (z. B. eine Software nicht installiert).

Eine Garantie, die nicht ehrlich gemeint ist und die für den Käufer an unzumutbare Bedingungen geknüpft ist – z. B. keine Testmöglichkeit der Ware einschließt –, schadet mehr, als sie nützt.

2. Die Zufriedenheits- und Geld-zurück-Garantie

Die Zufriedenheitsgarantie ist eines der stärksten Mittel für ein Angebot, dem man sich schwer entziehen kann. Eine glaubwürdige Zufriedenheitsgarantie kann Ihre Umsätze mehr als verdoppeln. Erfahrungen zeigen, dass die Rückerstattungen in vielen Branchen unter drei Prozent liegen.

Je nach Kaufmotiv, Preis, Nutzen und Dringlichkeit sind die meisten Angebote mit emotionalen, psychologischen oder finanziellen Vorbehalten belastet. Mit einer Zufriedenheitsgarantie, mit der Sie jegliches Kaufrisiko auf null reduzieren, machen Sie es Ihren Kunden leichter, Ihr Angebot anzunehmen, und zwar selbst dann, wenn der Preis höher ist als bei Ihren Konkurrenten.

Je klarer und nutzenorientierter Ihre Positionierung ist, desto glaubwürdiger wirkt sie. Vermeiden Sie Floskeln wie: »*Sie werden garantiert zufrieden sein.*« Sagen Sie konkret: »*60 Tage bedingungslos und ohne Begründung Geld zurück.*« Oder: »*Ohne Begründung 100 Prozent Geld-zurück-Garantie, wenn das Produkt nicht das hält, was wir versprechen.*« »*Wenn Sie nicht innerhalb von 90 Tagen ein zufriedenes Ergebnis erlangen, haben wir Ihr Geld nicht verdient.*«

Glaubwürdige Positionierung

Die Geld-zurück-Garantie

Mit einer Geld-zurück-Garantie signalisieren Sie potenziellen Kunden, dass Sie von Ihrem Produkt oder Ihrer Dienstleistung absolut überzeugt sind. Sie minimieren das Risiko für eine Kaufentscheidung auf null. Es ist gleichzeitig ein Dankeschön für das Vertrauen und die Zeit, die Ihnen ein Kunde geschenkt hat.

Bei einer Geld-zurück-Garantie kann das Produkt nicht nur zurückgegeben werden, wenn man nicht zufrieden ist, sondern auch, wenn man die Kaufentscheidung bereut. Fast jeder Mensch hat Wünsche, die er sich nicht leisten kann oder die sein Budget vorübergehend sprengen. Die Geld-zurück-Garantie baut Hemmschwellen ab, noch länger auf seinen ersehnten Wunsch zu warten. In einer schwachen Stunde trifft man dann doch eine Kaufentscheidung, z.B. für einen Computer. Man beruhigt sein Gewissen mit dem Argument, dass man den Computer innerhalb einer Garantiezeit jederzeit zurückbringen kann. Zu Hause beruhigt man den sparsamen und verärgerten Partner, dass man den PC nächste Woche zurückbringt. Nach einer Woche haben sich jedoch beide daran gewöhnt und die Investition akzeptiert.

Beispiele

Seminare Ein Seminaranbieter verspricht seinen Teilnehmern: Wenn sie nicht bis 11 Uhr mit dem Seminarinhalt zufrieden sind, können sie das Seminar verlassen und erhalten ihr Geld zurück. Der Traumhaus-Realisierer *Christian Seemann* begleitet die Bauherren auf dem Weg der Entscheidungsfindung mit einer 100-Prozent-Zufriedenheitsgarantie.

Autokauf Mit dem Angebot, nach dem Kauf eines Neu- oder Gebrauchtwagens bei Nichtgefallen innerhalb von 14 Tagen 100 Prozent des Kaufpreises zurückzuerstatten, verdoppelte ein Autohändler seinen Umsatz innerhalb kürzester Zeit. Interessanterweise wollten diejenigen, die diese Garantie in Anspruch nahmen, nicht ihr Geld zurück, sondern vielmehr das schon bezahlte Geld als Anzahlung für ein größeres oder luxuriöseres Fahrzeug verwenden.

Ein Architekt in den USA garantiert bei Nichtzufriedenheit die **Architekturbüro** Rückzahlung seines Honorars sowie die kostenlose Überarbeitung der erstellten Unterlagen; damit steigerte er drastisch die Quote der Umwandlung von Anfragen in Aufträge.

Eine US-Stromversorgungsgesellschaft versprach Neukunden, bei **Stromversorger** einer Stornierung innerhalb von fünf Tagen die Kosten für den Einbau der Zählerstation zu 100 Prozent ohne Fragen zurückzuerstatten. Der Erfolg: 300 Prozent Zuwachs innerhalb von fünf Jahren.

Je nach Produkt bietet Ihnen die Variante »Geld zurück« einen **TV-Shop** großen Entscheidungsspielraum. Im TV-Shop, dem Direktverkauf von Produkten aller Art über bestimmte, rein kommerzielle Fernsehkanäle, ist die Geld-zurück-Garantie die stärkste Waffe gegen unschlüssige Käufer. Abhängig vom Produkt und der Hemmschwelle werden den Käufern hier 30, 60, 90 Tage oder noch mehr Garantiezeit geboten. Dem Anrufer, der per Telefon bestellt, um das einmalige Superangebot zu nutzen, versucht man dann sogar häufig, ein größeres Produkt, als er ursprünglich haben wollte, oder ein zusätzliches Produktpaket zu verkaufen. Da der Käufer aufgrund der Geld-zurück-Garantie kein Risiko eingeht, greift er gerne zu. In den USA ist diese Praxis längst erfolgreicher Alltag. *Lands' End* bietet sogar auf Kleidung eine lebenslange Geld-zurück-Garantie.

Die Geld-zurück-Garantie ist auf Seiten der Anbieter mit viel Angst verbunden, wie das Beispiel der *Deutschen Bahn* zeigt. Wenn in Holland ein Zug eine Stunde Verspätung hat, erstattet die Bahn 100 Prozent des Fahrpreises zurück. Die *Deutsche Bahn* plant zwar derzeit eine Geld-zurück-Garantie von 20 Prozent, doch selbst das ist noch Zukunftsmusik.

Die Kenntnis der Hemmschwellen fördert den Erfolg

Mit der folgenden Situation möchte ich Sie motivieren, tiefer über die Hemmschwellen Ihrer potenziellen Kunden nachzudenken. Als ein Vater nach langem Zögern sein Versprechen, einen Hund für seine Tochter zu kaufen, endlich einlösen musste, besuchten beide zwei Hundezüchter mit der gleichen Rasse. Beide Züchter hatten je einen Welpen, den die Tochter sofort ins Herz geschlossen hatte. Der eine Züchter wollte 300 Euro für das Tier und der andere 400 Euro. Der einzige Unterschied zwischen den Züchtern war der folgende: Der 300-Euro-Anbieter verkaufte nach dem Motto »friss oder stirb«.

Der 400-Euro-Anbieter hatte sich hingegen eingehend mit der Problematik des Hundekaufs für Kinder beschäftigt und bot eine Zufriedenheitsgarantie: Die Tochter sollte den Welpen für einen Monat probeweise mit Fressnapf, Schlafdecke und einer Futterration mitnehmen, bevor sich der Vater zum Kauf entschied. Außerdem versprach der Züchter, nach einer Woche vorbeizukommen und der Tochter einige Tipps und Tricks im Umgang mit dem Hund zu zeigen. Nach vier Wochen wollte er dann nochmals vorbeikommen und entweder den Welpen oder das Geld abholen. Der Züchter kannte das Problem, dass Kinder nach kurzer Zeit die Lust an der Verantwortung für ein Tier verlieren und die Eltern dann eine zusätzliche Aufgabe am Hals haben oder einen neuen Besitzer suchen müssen. Für welches Angebot, glauben Sie, hat sich der Vater entschieden?

> **Eine Zufriedenheitsgarantie zu bieten, setzt voraus, dass Sie sich vorher eingehend mit den emotionalen Hemmschwellen Ihrer Kunden befasst haben. Sie müssen Ihre Zielgruppe gut kennen, um mit Ihrer Garantie »ins Schwarze« zu treffen und die erwünschte Wirkung zu erzielen – nämlich den Kauf risikolos und reibungsloser zu gestalten.**

3. Die Sicherheitsgarantie

Sicherheitsgarantien werden überwiegend dann eingesetzt, wenn Leistungen erbracht werden, die nicht ohne weiteres rückgängig gemacht werden können, z. B. bei Sanierungen von feuchtem Mauerwerk, Reparaturen, Modernisierungsarbeiten im Hause, Sonderanfertigungen mit Einbau – also immer dann, wenn Angebote von verschiedenen Anbietern zu Unsicherheiten über die tatsächliche Qualität der Leistung führen, die Entscheidung erschwert wird und die Wiederherstellung des alten Zustandes für beide Seiten, Anbieter und Kunde, mit erheblichen Kosten und Ärger verbunden ist.

Nicht rücknehmbare Leistungen

> **Sicherheitsgarantien, die über die gesetzlichen Garantiebestimmungen hinausgehen, haben die größte Wirkung. Achten Sie aber unbedingt darauf, welche gesetzlichen Sicherheiten Sie bei solchen Garantien selbst erfüllen müssen.**

Erfolgsbeispiel aus der Baubranche

Seit Jahren geht die Baukonjunktur zurück. In dieser Branche wird um jeden Auftrag »gekämpft«, worunter nicht nur die Qualität leidet, sondern auch der Bauhandwerker. Genau in diese Lücke stößt der niedersächsische Hersteller *Remmers Baustofftechnik.*

In der *Remmers System-Garantie* (RSG) bietet das Unternehmen gemeinsam mit Fachbetrieben zehn Jahre Garantie auf seine Produkte und auf deren Verarbeitung durch den Fachbetrieb, und zwar auch für den Fall, dass der Betrieb innerhalb des Garantiezeitraumes in die Insolvenz gehen sollte. Falls die Handwerksfirma also nicht mehr bestehen und ein Schaden auftreten sollte, steht *Remmers* für die Garantieleistung ein. Dies bedeutet hundertprozentige Sicherheit für Bauherren und Entscheider.

Diese im Markt einzigartige Form der Garantie auf die Wirksamkeit der Produkte und auf die handwerkliche Qualität der Verarbeitung wird derzeit für die Bereiche der erdberührten Kellerabdichtung von innen und außen, für die Instandsetzung von Fassaden aus Ziegelmauerwerk und die Beschichtung von Holzfenstern angeboten.

www.remmers.com Die *Remmers System-Garantie* macht aus der oft zitierten Zauberformel einer klassischen Win-win-Situation eine Win-win-win-Situation, die außer *Remmers* und den Kunden auch noch die Handwerker miteinbezieht. Der Handwerksbetrieb, der mit *Remmers* arbeitet, hat automatisch eine Alleinstellung und eine verbesserte Positionierung gegenüber anderen Wettbewerbern; so kann er seine Leistungen überzeugender und besser verkaufen. Bauherren, Architekten und Bauträger bekommen höchste Qualität bei den eingesetzten Produkten und ihrer handwerklichen Verarbeitung. Die *Remmers Baustofftechnik* kann durch die attraktive Garantie mehr Produkte verkaufen. Inzwischen gehören bereits mehrere hundert Handwerks-Fachbetriebe in Deutschland und Österreich zum RSG-Netz.

Zertifizierte Sicherheit Alle *Remmers*-Fachbetriebe müssen an einer Schulung mit anschließender schriftlicher Kenntnisprüfung teilnehmen, bevor sie zertifiziert werden. Positiver Nebeneffekt für den Handwerksbetrieb: Seine Reklamationsquote sinkt generell.

Nach Abschluss der Arbeiten erhält der Auftraggeber eine eigens für sein Objekt angefertigte Garantieurkunde, die neben der Garantielaufzeit auch die ausgeführten Arbeiten beschreibt. Auf Wunsch erhält der Bauherr sogar eine genaue Dokumentation in Form von Ausführungsprotokollen. Die Handwerker protokollieren darin jeden einzelnen Arbeitsschritt. Mit der umfangreichen und gezielten Verkaufs- und Werbeunterstützung von *Remmers* (durch Prospekte, Fahrzeugwerbung, Internetdarstellung) können die RSG-zertifizierten Fachbetriebe zudem ihr neues, hochwertiges Leistungsangebot professionell bei Bauherren und Architekten bewerben.

Der Vorteil: bessere Auftragschancen, höhere Umwandlung von Anfragen in Aufträge und höhere Rentabilität des einzelnen Auftrags. Mit der Zertifizierung durch *Remmers* steigt das Know-how und das Ansehen der Handwerksbetriebe.

Durch *Remmers*-Referenzen (Co-Branding) in der Baudenkmalpflege – wie das Brandenburger Tor in Berlin, der Stephansdom in Wien oder gar der Moskauer Kreml, alles Bauwerke, die durch die Produktsysteme erfolgreich instand gesetzt bzw. restauriert wurden – steigt der Stellenwert der Partner und eröffnen sich auch neue regionale Marktchancen.

4. Die Erfolgsgarantie

Wenn Sie innerhalb eines bestimmten Zeitraumes das Erreichen eines ganz konkreten Mindestergebnisses garantieren, so handelt es sich um eine Erfolgsgarantie.

Beispiele

- Innerhalb von 60 Tagen nimmt der Kunde, der ein bestimmtes Nahrungsmittel oder Nahrungsergänzungsmittel kauft, mindestens um 15 Kilo ab,
- innerhalb von X Monaten lernt der Absolvent des Sprachkurses Englisch,
- ein Lernprogramm steigert den Notendurchschnitt eines Schülers innerhalb eines Schuljahres um den Faktor X.
- Ein Architekt in den USA garantiert bei Nichteinhaltung einer Zusage, bei der es um die Rückzahlung seines Honorars sowie die Schnelligkeit oder Pünktlichkeit geht, kostenlose Überarbeitung der erstellten Unterlagen; damit steigerte er drastisch die Quote der Umwandlung von Anfragen in Aufträge. Die Kostenlos-Garantie ist eine interessante Variante, für den Kunden nicht selten auch eine Art von Spiel.
- Ein Großhändler bietet dem Handel an, alle Fernseher, die innerhalb eines halben Jahres nicht verkauft werden, zurückzukaufen.
- Ein Pizza-Service verspricht jedem Kunden eine kostenlose Lieferung, wenn die Bestellung nicht innerhalb einer Stunde ausgeliefert ist.

- Ein Fotoentwicklungsstudio verspricht seinen Kunden kostenlose Abzüge, wenn nicht innerhalb von vier Stunden die Fotos fertig entwickelt werden.
- Eine US-Stromversorgungsgesellschaft versprach Neukunden, bei einer Stornierung innerhalb von fünf Tagen die Kosten für den Einbau der Zählerstation zu 100 Prozent ohne Fragen zurückzuerstatten. Erfolg: 300 Prozent Zuwachs innerhalb von fünf Jahren.
- Mit dem Angebot, nach dem Kauf eines Neu- oder Gebrauchtwagens bei Nichtgefallen innerhalb von 14 Tagen 100 Prozent des Kaufpreises zurückzuerstatten, verdoppelte ein Autohändler seinen Umsatz innerhalb kürzester Zeit. Interessanterweise wollten diejenigen, die diese Garantie in Anspruch nahmen, nicht ihr Geld zurück, sondern vielmehr das schon bezahlte Geld als Anzahlung für ein größeres oder besser ausgestattetes Fahrzeug verwenden.

5. Referenzen und persönliche Garantien

Nichts ist glaubwürdiger, unwiderstehlicher und baut mehr Hemmschwellen ab, als wenn Sie mit Referenzen bzw. persönlichen Stellungnahmen von zufriedenen Kunden oder einer Bürgschaft der Geschäftsleitung arbeiten. Bieten Sie nicht nur einen unverbindlichen Test von 30 Tagen an, sondern machen Sie deutlich, dass Sie als Inhaber persönlich bürgen, dass der Test auf Ihr persönliches Risiko geht.

Wenn der Preis Ihr Alleinstellungsmerkmal ist, dann können Sie garantieren, dass Sie die Differenz sofort zurückerstatten, falls das Produkt irgendwo innerhalb von X Monaten billiger zu haben ist.

Besonders wirkungsvoll ist es,
- **mit Referenzen zufriedener Kunden oder**
- **als Inhaber mit seinem persönlichen Namen zu bürgen.**

Erfolgsbeispiele

Fielmann Ein gutes Beispiel ist *Fielmann*. Das Unternehmen hat immer wieder verbraucherfreundliche Leistungen in der Branche eingeführt, die es vorher nicht gab. Mit seinen fairen Preisen, der großen Auswahl, den langjährigen Garantien, dem überdurchschnittlichen Service und bestens ausgebildeten Fachberatern wurde *Fielmann* zum Marktführer der deutschen Augenoptik. Bedenken Sie bitte:

Fielmann hat klein angefangen und ist durch seine nutzenorientierte Positionierung zum Marktführer geworden.

Hipp, der Hersteller von Babynahrung, verbürgt sich als Inhaber für ausgesuchte, biologisch angebaute und ständig kontrollierte Produkte. Für Qualität steht *Dr. Claus Hipp* persönlich mit seinem Namen.

Hipp

So erarbeiten Sie Garantien

Listen Sie zuerst einmal alle Produkte und Leistungen auf. Bewerten Sie die Liste nach den Kriterien:

- sehr hohe Zufriedenheit bzw. keine Reklamationen
- geringe Reklamationen
- hohe Reklamationen

Berücksichtigen Sie dabei Ihre bisherigen Erfahrungen. Wurde oft reklamiert oder storniert, sollten Sie zuerst Ihr Produkt oder Ihre Dienstleistung sehr genau untersuchen und gegebenenfalls optimieren. Fehlerquellen für schlechte Qualität oder Reklamationsgründe sollten zuerst systematisch Schritt für Schritt beseitigt werden.

Leistung optimieren

Kalkulieren Sie die Kosten und den Aufwand für eine eventuelle Reklamation. Errechnen Sie, bei wie viel Prozent Reklamationen sich die Garantie auf jeden Fall trotzdem lohnt. Analysieren Sie alle Garantien nach ihrer höchstmöglichen Anziehungskraft, nach dem Hemmschwellenabbau und nach rechtlichen Gesichtspunkten.

Bedenken Sie bitte, dass bei Garantien – je nach Produkten und Leistungen, Vertriebswegen, Marketingaufwand etc. – ein höherer Deckungsbeitrag kalkulierbar ist.

Analysieren Sie, welche der Garantien den größten Erfolg verspricht:

- Zufriedenheitsgarantie,
- Geld-zurück-Garantie,
- Kostenlos-Garantie bei Nichteinhaltung zugesagter Leistungen,

- Systemsicherheits-Garantie,
- Erfolgsgarantie,
- Referenzen und persönliche Garantien.

Stellen Sie dann Ihre mögliche Garantie in Frage und suchen Sie den Nachteil, den Sie dabei haben könnten. Erst wenn Ihre Produkte einen hohen Zufriedenheitsgrad aufweisen, können Sie mit hohen Erwartungen eine Garantie anbieten.

6. Die Co-Branding-Positionierung

Warum Co-Branding nützlich ist

Die Co-Branding-Strategie eignet sich besonders für kleine Unternehmen, die häufig Probleme haben, ihre Kompetenz glaubwürdig darzustellen. Wenn zum Beispiel ein selbständiger Programmierer früher in der Eliteabteilung von SAP jahrelang verantwortlich gearbeitet hat, stieg seine Akzeptanz um ein Vielfaches. Wenn derselbe Programmierer immer noch als Externer für spezielle Entwicklungen für SAP zuständig ist, steigt sein Ansehen entsprechend. Der Rückschluss, dass solche großen Unternehmen nur Experten einkaufen, ist selbstredend und senkt deutlich die Hemmschwelle bei Entscheidern, Aufträge zu erteilen. Große Firmen – so denken viele Kunden – können nicht irren.

> **Die Co-Branding-Positionierung beruht darauf, die Glaubwürdigkeit eines Anbeiters, insbesondere kleinerer Unternehmen, durch Referenzen von großen Marken oder großen Unternehmen zu steigern.**

Viele Berater und Firmen haben zufriedene Kunden, versäumen es aber, die Zufriedenheit als Referenzschreiben belegen zu lassen. Bitten sie dann doch um ein Schreiben, müssen sie feststellen, dass Kunden sich damit sehr schwer tun. Ein wichtiger Tipp: Fragen Sie Ihre Kunden, ob sie ein Referenzschreiben ausstellen würden. Wenn ja, bieten Sie an, dass Sie einen Entwurf vorbereiten, den der Kunde nach persönlicher Korrektur nur noch auf dem Firmenbriefbogen ausdrucken muss. Dabei wird er neben

Tipp für Referenzschreiben

den vorgegebenen inhaltlichen Themen noch seine emotionalen und persönlichen Eindrücke hinzufügen.

Erfolgsbeispiele

Königsteiner Akademie

Die *Königsteiner Akademie* hat sich erfolgreich auf Dialog-, Charisma-, Rhetoriktraining sowie auf Zeitplan-Seminare spezialisiert. Nicht das theoretische Wissen, sondern vor allem die sofort anwendbare Fähigkeit zu bezahlbaren Preisen steht im Vordergrund. Teilnehmer berichten mir immer wieder begeistert, wie schnell sie Erfolge erzielen. Neugierig geworden forderte ich Unterlagen an. Sie waren beeindruckend, da am Ende seitenweise Referenzschreiben von *Quelle AG, Smart GmbH, Kärcher, Stihl, Citibank, DaimlerChrysler* und anderen anhingen, die bereits seit vielen Jahren ihre Mitarbeiter und Mitarbeiterinnen dort trainieren lassen. Haben Sie da noch Zweifel an der Wirksamkeit der bahnbrechenden Seminare?

Große Firmen bieten einen großen Fundus für Marktnischen. Statt sich eine eigene Abteilung für jeden Bereich aufzubauen, nutzen sie das Know-how kleiner Firmen im Umfeld. Nicht selten können diese großen Firmen durch kleine spezialisierte Firmen ihre Anziehungskraft steigern.

VIS Datentechnik

Die 1987 gegründete *VIS Datentechnik GmbH* hat sich darauf spezialisiert, Automatisierungsprozesse im Blechschneiden, Stahlbau sowie Schiffsbau zu integrieren. Führende Unternehmen in 15 europäischen und sechs außereuropäischen Ländern, von Kanada bis Südafrika, haben mit *VIS* ihre Produktionsabteilungen auf den neuesten EDV-Standard gebracht.

Für spezielle Bereiche kooperiert *Siemens* mit externen Unternehmen. In der Zusammenarbeit mit der *VIS Datentechnik GmbH* wurde für die *Ostseestahl* in Stralsund ein maßgeschneidertes System mit individuellen Anpassungsmöglichkeiten für Brennschneideanlagen und Schiffsbaupressen entwickelt. Durch die Beratung, Planung und Ausführung der Spezialisten von *VIS* gehört *Ostseestahl* zu den modernsten Werften der Welt.

Die *VIS Datentechnik GmbH* erhielt von *Siemens* den Auftrag, ihr Erscheinungsbild, ihre Positionierung und ihre Kompetenzdarstellung zu verbessern, damit man es bei zukünftigen Projekten als spezialisierter Partner entsprechend kompetent und glaubwürdig präsentieren kann.

Große Unternehmen profitieren ebenfalls davon, wenn sie sich durch Co-Branding mit einem kleinen Unternehmen verbinden und dessen Kernkompetenz mitanbieten können. Sie vermeiden dadurch eine Verzettelung.

Co-Branding für den Handel

Markenhersteller haben in der Regel ein Werbebudget für den *Point of Sale* und bieten, je nach Bedarf und Möglichkeiten, für den Handel Werbeunterlagen, die Nutzung des Logos und Außenreklame; sie finanzieren sogar Ladeneinrichtungen, Werbegeschenke und vieles mehr. Viele Händler scheuen sich nicht nur, danach zu fragen, sondern auch mit einem guten Konzept noch mehr einzufordern.

Budget der Markenhersteller nutzen

Durch Co-Branding mit Herstellern kann der Handel seine Außendarstellung kostengünstig verbessern und die enormen Summen, die Markenhersteller in ihre Namen investieren, für sich nutzbar machen. Die Tandem-Strategie mit Markenherstellern kann die Qualität, Bekanntheit und Beliebtheit signifikant steigern.

Fragen an den Leser

1. Erstellen Sie eine Liste Ihrer zufriedenen und sehr zufriedenen Kunden nach Größe, Markenbekanntheit und Dauer der bisherigen Zusammenarbeit.
2. Bewerten Sie, welche dieser Kunden Ihnen in der Selbstdarstellung nach außen und bei der Neukundengewinnung die größten Vorteile in

Bezug auf Vertrauen in Ihre Kompetenz bringen und Hemmschwellen in Bezug auf Glaubwürdigkeit abbauen.

3. Bitten Sie diese Kunden um ein Referenzschreiben und, falls erforderlich, die Genehmigung, mit deren Namen im Markt aufzutreten.

4. Schmücken Sie sich mit fremden Federn und setzen Sie die Co-Branding-Strategie überall und so oft wie möglich ein.

TEIL 5

Positionierung über Kommunikation

1. Corporate Design und Corporate Identity – die Visualisierung einer Unternehmensphilosophie

Das Corporate Design

Jede Person kleidet sich nach einem bestimmten Stil und hat dadurch ein unverwechselbares Erscheinungsbild. Wenn wir einem anderen Menschen begegnen, entscheiden wir ganz unbewusst, in welche Schublade wir ihn stecken. Ist der andere sympathisch oder unsympathisch, seriös oder unseriös usw.? Dieser erste Eindruck bleibt so lange gültig, bis uns jemand vom Gegenteil überzeugt hat – und das kann für manchen ganz schön aufwendig sein. Wir alle können uns diesem unbewussten Schubladendenken nicht entziehen. Der erste Eindruck ist auch bei Unternehmen entscheidend: Der Kleidung entspricht das Corporate Design (CD).

Wenn Sie erkannt haben, wie wichtig eine klare und abgrenzende Positionierung im Wettbewerbsumfeld ist, sollten Sie unbedingt über Ihr Erscheinungsbild nachdenken. Es entscheidet zusammen mit dem Logo, was andere von Ihnen denken. Unterschätzen Sie diesen Faktor nicht!

Sich über das Erscheinungsbild abgrenzen

> **Das Sprichwort »Kleider machen Leute« kann man in der Unternehmensdarstellung mit der Aussage »Corporate Designs machen Unternehmen« gleichsetzen.**

Das visuelle Erscheinungsbild ist der Bereich, mit dem sich eine Firma in der Öffentlichkeit am deutlichsten wahrnehmbar von anderen abheben kann. Dabei gilt: Je klarer und eindeutiger das visuelle Bild eines Unternehmens gestaltet ist, desto weniger Worte sind notwendig, um das Unternehmen mit allen Merkmalen zu identifizieren. Ein Unternehmen wird immer in seiner Gesamtheit wahrgenommen. Das gesamte Erscheinungsbild wird stets in Beziehung gesetzt zu der Frage: »Was ist das für ein Unternehmen?«

Das Design kann ein Unternehmen groß oder klein, professionell oder unseriös erscheinen lassen. Das Corporate Design wird geprägt von konstanten Gestaltungselementen wie dem Logo, den Hausfarben, der Hausschrift, der typographisch gestalteten Form des Slogans, den Gestaltungsrastern und den stilistischen Sollvorgaben für Abbildungen, Fotos und andere Illustrationselemente. Diese konstanten Elemente bestimmen das Design aller visuellen Äußerungen des Unternehmens.

Ein gelungenes Corporate Design macht Ihr Unternehmen glaubhaft. Ein Unternehmen sollte ein unverwechselbares Erscheinungsbild und einen stimmigen Auftritt haben. Das Erscheinungsbild besteht in den Köpfen all derer, die mit dem Unternehmen oder der Organisation zu tun haben, einschließlich der Belegschaft, der Kunden, potenziellen Kunden und der Medien. Durch einen professionellen Auftritt ist schon so mancher Zwei-Mann-Betrieb als große Firma erkannt worden, und so manche mittelständische Firma musste ihre Glaubwürdigkeit erst unter Beweis stellen.

Corporate Identity

Das Corporate Design umfasst die Gesamtheit der visuellen Gestaltungselemente eines Unternehmens vom Logo und typographischen Stil bis hin zu Beschriftung und räumlichem Design. Das Logo oder Signet ist der wichtigste Bestandteil des Corporate Designs und der Corporate Identity.

Corporate Identity, auch Corporate Image genannt, umfasst nicht nur die visuelle Erscheinungsform, sondern auch die unsichtbaren Elemente: das Verhalten im Hinblick auf soziale, geschäftliche und politische Angelegenheiten, z.B. das Verhalten der Mitarbeiter untereinander und im Kontakt mit dem Kunden, den Stil der Korrespondenz und den Auftritt des Unternehmens nach außen.

Die Corporate Identity soll bei den Mitarbeitern ein geschlossenes Bild des gesamten Unternehmens erzeugen. Das hierdurch erzeugte »Wir-Gefühl« steigert die Arbeitszufriedenheit und damit die Motivation und Leistung. Es entsteht ein strukturiertes und stabiles Vorstellungsbild des Unternehmens. Durch eine klare Selbstdarstellung entsteht ein identifizierbares und damit gegenüber der Konkurrenz unterscheidbares Unternehmen. Somit erhöht sich auch der Bekanntheitsgrad des Unternehmens.

Geschlossenes Bild

Besonders im Zeitalter der Reizüberflutung ist es wichtig, eine Firmen- bzw. Markenpersönlichkeit aufzubauen, die anhand ihres Auftritts in Sekundenschnelle zu identifizieren ist. Eine durchgängige Botschaft in Corporate Identity und Corporate Design macht Ihr Unternehmen nicht nur unverwechselbar, sondern verbessert auch die Wiedererkennung und das Erinnerungsvermögen.

Die Begegnung mit Ihrem Corporate Design sollte bei Ihrer Zielgruppe ein positives Erlebnis auslösen. CD und CI können Kaufentscheidungen beeinflussen.

Das Logo

Das Logo als Teil der Corporate Identity hat einen hohen Wiedererkennungs- und Erinnerungswert. Es muss nicht unbedingt »originell« sein, sollte aber »unverwechselbar« sein, und zwar im Vergleich zur Konkurrenz und auch in Hinsicht auf die unternehmenseigenen Begleitsymbole.

Das Logo soll folgende Eigenschaften erfüllen:

- Es steht als Symbol für das Unternehmen, weckt Aufmerksamkeit und hat Signalwirkung.
- Es hat Erinnerungswert, informiert und öffnet im Kopf eine Schublade.
- Es hat einen ästhetischen und zeitlosen Wert, der eigenständig und langlebig ist.
- Es ist das integrierende Dach, es kann variiert auf den vielfältigsten Vorlagen angebracht werden.
- Logos bzw. Zeichen sind unterteilt in Bildmarken (z. B. *Mercedes*-Stern), Wortmarken (z. B. *Puma*-Schriftzug) und kombinierte Marken (Bild- und Wortmarke, z. B. *Adidas*).

Ein Logo wird nicht als geometrische Form wahrgenommen, sondern als Symbol einer Philosophie bzw. Positionierung.

Auch das gesamte formale Gestaltungsraster trägt zur Wiedererkennbarkeit bei und gibt jedem eine gewisse Orientierungshilfe. Eines der herausragenden Beispiele für ein gelungenes Logo ist das von *Mercedes*. Mit der unverwechselbaren Gestaltung und der typografischen Anordnung ist *Mercedes* in jeder Anzeige auch ohne Logo erkennbar.

Hausfarbe und Hausschriften

Die Hausfarbe ist ein weiteres wichtiges Erkennungs- und Unterscheidungsmerkmal für Unternehmen (z. B. Gelb für *Yellow-Strom*, Rot für *Coca-Cola*, Blau für *Nivea*). Eine Schrift drückt Anspruch, Selbstverständnis und Souveränität aus. Die Hausschrift sollte möglichst zeitlos sein und keinem Modetrend folgen. Ziel ist ein geschlossener, prägnanter Gesamtauftritt gegenüber den Zielgruppen.

Die einheitliche Gestaltung der Briefbögen und Visitenkarten allein reicht nicht zur Definition der Corporate Identity. CI und CD sind nur dann glaubwürdig und erfolgreich, wenn auch das Verhalten damit übereinstimmt.

Namen sind Botschaften

Jede Person, jedes Produkt, jede Dienstleistung und jedes Unternehmen hat einen Namen. Wäre es nicht so, würde man sie schlichtweg nicht kennen oder Gleichartiges nicht unterscheiden können. Doch jeder Markenname ist zuerst nur ein Wort ohne Wert und Bedeutung. Erst durch die Positionierung bzw. den besonderen Nutzen für eine Zielgruppe erhält der Name eine Aura.

Positionierung verleiht Aura

Wenn ein Gesprächspartner unter dem gleichen Namen – z.B. *Nivea, Volvo* oder *Aldi* – dasselbe versteht wie man selbst, hat der Name eine Bedeutung erhalten. Jeder weiß, was dieser Name bedeutet, und kann ihn problemlos einordnen und erklären. Grundsätzlich dienen Namen der Identifizierung, der Differenzierung und Zuordnung. Namen sind Botschaften, Philosophien und Konzepte, die im Kopf der Verbraucher konkret in einer Schublade abgelegt wurden und jederzeit aktivierbar sind.

Schlechtes Design = schlechtes Image

Nach einem Vortrag rief mich ein Teilnehmer an und bat mich, seine Selbstdarstellung zu analysieren. Nach seinen Aussagen bietet er als Berater Unternehmen einen zwingenden Nutzen, doch keiner reagierte auf seine Aussendungen. Als ich die Selbstdarstellung in den Händen hielt, war die Diagnose vernichtend. Abgesehen vom schlechten Layout und vom unverständlich kommunizierten Kundennutzen bestand die Aussendung aus einem Brief mit einem kopierten selbst gemachten Logo im Stil der 60er-Jahre. Der Flyer und die Visitenkarte waren auf einem dünnen Papier mit einem schlechten Farbdrucker ausgedruckt und mit der Schere schief ausgeschnitten.

Wie beurteilen Sie einen Berater, der Ihnen in einem Mailing glaubhaft machen will, er könne Ihre Unternehmensprobleme als erfolgreicher Experte lösen, obwohl sein Erscheinungsbild den Rückschluss geradezu aufzwingt, dass er bisher damit noch kein Geld verdient hat? In welcher geistigen Schublade landet dieses Anschreiben?

Erfolgloses Angebot

Wer seinem Erscheinungsbild keine Qualität abverlangt, darf auch nicht erwarten, dass man seinem Produkt glaubt.

Was aber noch viel bedeutender ist: Bei einem minderwertigen Erscheinungsbild liegt die Vermutung nahe, dass man sich um das Unternehmen Sorgen machen muss. Die Sorgfalt, die Sie Ihren Geschäftspapieren widmen, spiegelt die Sorgfalt wider, mit der Sie sich Ihrem Geschäft widmen. So wie wir Menschen vor-verurteilen, so vor-verurteilen wir auch Unternehmen und Produkte.

Verwenden Sie deshalb das beste Papier, das Sie sich leisten können. Lassen Sie sich bei der Gestaltung Ihrer CD und Ihres Logos beraten, anstatt selbst etwas zusammenzubasteln.

Spezialisierung auf Corporate Design

Die Spezialisierung auf Logoentwicklung und Corporate Design erfordert jahrelange kreative Arbeit, einen großen Erfahrungsschatz, eine Beziehung und Liebe zur grafischen Gestaltung, zur Typographie, Symbolik und Farbe. Nach über zehn Jahren Erfahrungen und Hunderten von CD-Entwicklungen in meiner Agentur spezialisiert sich meine Tochter *Katja Tessier* erfolgreich auf diesen Bereich. Sie ist heute eine wichtige selbständige Kooperationspartnerin meiner Agentur. Dadurch ist sie für kleine und mittelständische Unternehmen, die meist nicht das Geld für teure Corporate-Design-Entwicklungen haben, eine professionelle und kostengünstigere Alternative zu anderen spezialisierten Agenturen. Aufbauend und passend zum neuen Logo und Erscheinungsbild entwickelt sie, je nach Bedarf, ein Corporate-Design-Handbuch (Corporate-Design-Guideline), das Internetdesign, Poster, Mitarbeiterzeitungen, Prospekte und Anzeigen *(www.tessier-grafik.de)*.

Das Erscheinungsbild muss sich wie ein roter Faden durch alle werblichen Elemente konsequent hindurchziehen.

Alle Werbeunterlagen sollten auch Ihre Positionierungsaussage bzw. Ihren Claim und das, was Sie anbieten, enthalten. Ergänzend zu einer Positionierungsaussage können Sie Ihre Dienstleistungen oder wichtigsten Produkte in Kurzform auflisten. Vermeiden Sie jedoch unnötige Werbung auf dem Versandumschlag. Wir werden täglich mit Mailings bombardiert, und das, was zum tausendsten Mal nach Werbung aussieht, landet sehr schnell ungeöffnet im Papierkorb – auch wenn eine Rechnung beiliegt.

Die optische Positionierung

Das Erscheinungsbild betrifft nicht nur die Darstellung des Unternehmens selbst, sondern ebenso die Verpackung der Produkte, die z.B. Rückschlüsse auf die Qualität des Produkts, aber auch auf das Unternehmen selbst zulässt.

Sägeblätter für die Holzindustrie sind Massenprodukte und wurden überwiegend in brauner Wellpappe verpackt angeliefert. Der Preis war der ausschlaggebende Faktor beim Kauf. Als bei einem Hersteller für Sägeblätter der Markt stagnierte, Innovationen rar wurden, der Druck aus Billigländern die Preise verwässerte und die Deckungsbeiträge in den Keller gingen, besann man sich auf eine der einfachsten Positionierungsstrategien: Man veredelte das Standardprodukt, in dem man das Sägeblatt und die Zähne etwas vergrößerte, polierte und die Zähne vergoldete. Zusätzlich wurde die vierfarbige Verpackung mit Sichtfenster mit einem Golddruck versehen und ein neuer Name entwickelt. Die neue Optik mit den großen Sägezähnen signalisierte mehr Leistung und längere Haltbarkeit.

Beispiel Sägeblätter

Der Erfolg übertraf alle Erwartungen. Mit einem deutlich verbesserten Deckungsbeitrag wurde das neue Sägeblatt zu einem wichtigen Umsatzträger. Der Markenwert des Unternehmens stieg deutlich, man gewann schnell neue Marktanteile hinzu und das gesteigerte Image zeigte positive Auswirkungen auch auf andere Standardprodukte.

Eine sinnvolle Positionierungsstrategie besteht darin, altbekannte Produkte optisch zu veredeln und in eine neue attraktive Verpackung, eventuell auch einen neuen Namen, einzukleiden. Auf diese Weise werden sie als neu wahrgenommen.

Überprüfen Sie Ihr Corporate Design

Fragen an den Leser

1. Ist Ihr Logo unverwechselbar, und entspricht es dem Zeitgeist?
2. Haben Sie alle wichtigen Informationen auf Ihren Geschäftspapieren (Adresse, Telefonnummer, Faxnummer, E-Mail und Homepage) angegeben?
3. Ist die Gestaltung Ihres Logos klar und einfach, so dass es, per Fax versandt, keine neue Form ergibt und erkennbar bleibt?
4. Könnte eine Wort-Bild-Marke als Symbol die Wirkung verstärken, die Sie erreichen wollen?
5. Haben Sie Ihr Logo als Marke und Domainname national und international schützen lassen?
6. Haben Sie eine Typographie gewählt, die auch im nächsten Jahrzehnt noch Bestand hat?
7. Symbolisiert Ihr Corporate Design ein großes und erfolgreiches Unternehmen?
8. Haben Sie eine Philosophie, einen Leitsatz, ein Credo entwickelt, das über der Geschäftspolitik, den ethischen Grundwerten und dem Umgang mit den Partnern nach außen wie auch nach innen steht?
9. Entspricht der Kontakt zu Kunden, der Kontakt Ihrer Mitarbeiter untereinander, der Stil der Korrespondenz und die Reaktion bei Beschwerden den gesetzten CI-Zielen?
10. Steigert Ihr CD und Ihre CI die Glaubwürdigkeit und Kompetenz des Unternehmens?
11. Ist Ihre Positionierungsaussage bzw. Ihr Claim und das, was Sie anbieten, ein Teil des Logos?

2. Virtual Branding – Positionierung und Markenaufbau im Internet

Das Internet ist aus dem privaten und geschäftlichen Bereich nicht mehr wegzudenken. Die meisten Unternehmen haben mit viel Mühe und hohen Kosten hochwertige kommerzielle Websites erstellt oder erstellen lassen. Aber was nützt das, wenn sie unter Millionen von Homepages einfach nicht gefunden werden? Eine optimale Präsenz in den Suchmaschinen bedeutet noch lange nicht die effektivste und zielgruppenspezifischste Werbeform im Internet. Denn jede Präsenz und jede Homepage steht ständig in einem starken Konkurrenzkampf.

Das Problem: Die Inflationierung der Suchmaschinen-anmeldungen

Täglich werden Tausende neuer Homepages erstellt und zum jeweiligen Thema bei den Suchmaschinen angemeldet. So wird es – auch bei einer noch so suchmaschinenoptimierten Website – immer schwieriger, gefunden zu werden oder auf die vorderen Plätze zu kommen und vor allem auch, dort langfristig zu bleiben.

Gefunden werden im Internet

Wichtig ist zu wissen, dass nur die ersten beiden Seiten der von einer Suchmaschine ausgegebenen Ergebnisse zählen. Schon auf die dritte Seite klicken bis zu 80 Prozent weniger Besucher.

Doch was kann man tun, damit man auch ohne monatliche Zahlungen für Bannerwerbung oder Keyword-Werbung auf den vordersten Plätzen zu finden ist, und das kontinuierlich?

Eines hat unseren Mitarbeiter *Ahmet Dingil* schon immer gewurmt: Warum tauchen viele gute Seiten trotz hoher Besucherfrequenz im Dschungel der virtuellen Welt so gut wie nie auf? Und warum werden gewisse Seiten sehr gut aufgefunden und bleiben ständig oben, obwohl keine ordentliche Positionierung erfolgte und das Angebot lediglich Me-too-Charakter hat? Warum gestaltet sich manche Suche wie wie die nach der berühmten Stecknadel im Heuhaufen?

Die Suche nach einer neuen Lösung *Dingil* reizte die Frage, ob es statt der typischen inflationierten Suchmaschineneintragungen andere Wege gibt, um eine nachhaltige und kostengünstige Platzierung durchzuführen. Jahrelang analysierte er das User-Verhalten, User-Erwartungen, Seriosität und Qualität, legte Statistiken über Blickverhalten und Reizmotive an, sammelte, katalogisierte und bewertete Internetadressen, analysierte die Metazeilen, Zugriffsstatistiken etc. und bewertete die Vor- und Nachteile der Mechanismen und Techniken, wie man gut gefunden wird und eine gute Platzierung erreicht. Er stellte auch fest, dass professionelle Firmen zwar die Suchmaschinen berücksichtigen, aber nicht ihre gesamte Präsenz darauf ausrichten.

> **In der realen Welt wird der Brandingprozess durch Anzeigen, Pressearbeit und andere Werbemaßnahmen aufgebaut. In der virtuellen Welt unterliegt der Brandingprozess anderen Bedingungen und wird überwiegend vom Internetnutzer beeinflusst. Dem gilt es, Rechnung zu tragen.**

Die Lösung: die neue Positionierungsstrategie im Internet

Nach der Erkenntnis, dass nicht mal 30 Prozent der Besucher über Suchmaschinen eine Seite finden und die Platzierung in Suchmaschinen nicht die Lösung sein kann, kristallisierte er vier Strategien heraus:

- die »großen Internetseiten«,
- die »glücklichen Seiten«,
- die »trojanischen Seiten« und
- die »spezialisierten Seiten«.

Bei den großen Internetseiten wirbt der Seitenbetreiber selbst für seine Präsenz, und zwar durch Marketingaktivitäten wie Fernseh-, Print- und Online-Werbung etc. Dazu gehören z.B. *www. goYellow.de, www.web.de, www.levis.de, www.ford.de.*

Die großen Internetseiten

Die glücklichen Seiten schafften es durch Zufall, kurz aufzuflackern – z.B. durch einfache Technik oder unbewusste Trojaner –, bis sie wieder wie ein Komet vom Himmel verschwanden. Manchmal wurden sie durch die Presse hochgejubelt oder durch eine Pressemitteilung bekannt gemacht, bevor sie wieder in der Anonymität versanken, z.B. *www.schnappi.tv* oder *www.meinefaxnummer.de.* Einen Boom löste die Verbreitung von MP3 in Tauschbörsen aus.

Die glücklichen Seiten

Die trojanischen Seiten sind inhaltlich ideal aufgebaut, um bei ihren Trojanern als Futter für deren Inhalte zu dienen, und wirken somit als Zugriffsvermittler. Trojaner beeinflussen bei diesen Seiten sehr stark den virtuellen Brandingprozess. Beispiele sind Suchmaschinen, *www.babylon.com,* Nachrichtenseiten oder Shops, die durch Preissuchmaschinen gefunden werden.

Die trojanischen Seiten

Die spezialisierten Seiten sind fokussiert auf die Bedürfnisse einer speziellen Zielgruppe. Sie liefern ständig die aktuell benötigten Informationen, präsentieren Produkte ohne lange Umwege, erwecken Emotionen bei den Internetnutzern und begeistern durch Innovationen. Dazu gehören z.B. *www.wikipedia.de, www.pctip. ch, www.windowspage.de, www.media-info.net.*

Die spezialisierten Seiten

Aus den vier Strategien entwickelte *Ahmet Dingil* mit *Virtual Branding* eine völlig neue Positionierungsstrategie, damit Websites von potenziellen Usern in der virtuellen Welt bestmöglich gefunden werden. *Virtual Branding* berücksichtigt Internet-Marketinginstrumente, Brandingstrategien und alle Ranking-Faktoren, die heute die Suchmaschinen-positionen bestimmen.

Für wen Virtual Branding interessant ist

Virtual Branding eignet sich besonders für kleine und mittelständische Unternehmen, die mit ihrer Positionierung seriös und qualitativ in ihrem Zielgebiet eine hohe Aufmerksamkeit bei den Internetnutzern erreichen wollen. Einmal in verschiedene Plattformen »injiziert«, startet eine automatische Empfehlungslawine der Homepage im Netz und setzt den virtuellen Brandingprozess in Gang. Seriosität und Qualität ist die Voraussetzung, um aufgenommen und gerne weiterempfohlen zu werden. Fremde Seitenbetreiber nutzen seriöse Inhalte, um ihre eigenen Seiten aufzuwerten. *Virtual Branding* nutzt eine einfache Technik, fördert das Bedürfnis nach Co-Branding-Referenzen, die Fokussierung der Inhalte auf die Kernpositionierung und überträgt dies auf das gesamte Zielgebiet.

Virtual Branding fördert die optimale Platzierung und Auffindung der Marke im Wettbewerbsumfeld, den Brandingprozess und den Bekanntheitsgrad.

Der erfolgreiche Markttest

www.patema.de Basierend auf den Erkenntnissen der neuen *Virtual Branding*-Strategie wurde die Internetadresse *Patema* in ihrem Zielgebiet positioniert. Heute ist das Unternehmen in den wichtigsten Suchmaschinen immer auf den ersten zwei Ergebnisseiten, wird auf allen relevanten Plattformen als seriös weiterempfohlen, wurde als Link aufgenommen und hat sich als Marke und feste Adresse etabliert.

So entwickeln Sie Ihr Virtual Branding

Zu Beginn ermitteln Sie die Soll-Ist-Situation:

- Welche Zielgruppe ist Ihre potenzielle?
- Welche Zielgruppen können als Trojaner fungieren?
- Wie groß ist der Markt im Internet für diese Gruppen?
- Wie sehen die Suchgewohnheiten dieser Gruppen aus?
- Wie könnten weitere Trojaner von Ihnen mitgenutzt werden?

Erstellen Sie ein Konzept für Ihre Internetpräsenz, das den Erwartungen der Zielgruppen gerecht wird.

Am besten finden Sie die Erwartungen Ihrer Zielgruppe heraus, indem Sie eine Konkurrenzanalyse durchführen und Portale über die Thematik analysieren. Suchen Sie Seiten, wo User den Inhalt bestimmen und verändern.

Betreiben Sie z. B. einen Onlineshop für einen Blumenversand, so muss die Präsenz eine gesunde Mischung aus kurzen informellen Texten mit schönen Bildern in der Sprache HTML vorweisen. Es interessiert keinen Käufer, wie Ihr Unternehmen entstand, wie Ihre Philosophie lautet etc.! Die Präsenz muss schnell sein, lesbar für jegliches Medium im Internet, und die Produkte und der Service müssen im Vordergrund stehen. Hier wäre ein Forum oder ein Chat unangebracht.

Mit so genannten dynamischen Lesezeichen können Sie Ihren Usern die neuesten Informationen oder Preise vorstellen, ohne dass er sich auf Ihrer Seite befindet, aber durch das Lesezeichen direkt ohne Umwege zur gewünschten Seite gelangt (z.B. *www.spiegel.de*). **Tipp**

Betreiben Sie eine Seite zum Verkauf von exklusiven Autos, so muss die Präsenz als Erstkontakt-Plattform dienen und Ihr Image vertreten. Edle Präsenzen kann man sehr gut etwa mit der Sprache Flash realisieren. Hier müssen Bilder Emotionen wecken, und die Präsenz muss eine edle und nachhaltige Wirkung im Kopf des Users erzeugen.

Registrieren Sie die ermittelten relevanten Internet-adressen bei Ihrem Provider als Domainadresse.

Subdomains So genannte Subdomains sind vorteilhafter für einige Suchmaschinen und Suchbegriffe. Subdomains sind bei einigen Providern in deren Paketen enthalten oder werden von großen Branchenportalen oder regionalen Vereinigungen geboten. Sie haben den Vorteil, dass sie das Budget nur mit einem marginalen Betrag belasten, andererseits aber in Suchmaschinen gut und schnell gefunden werden. Wenn zum Beispiel *www.mustermann.de* die Hauptdomain wäre, so wäre *www.buecher.mustermann.de* eine Subdomain, gekennzeichnet durch den Punkt in der Adresse. Näheres erfahren Sie z. B. bei Ihrem Provider.

Sammeln Sie so genannte Metatags (Befehle) inklusive Erklärungen; selektieren Sie nur die notwendigen Befehle für die einzelne Seite und setzen Sie diese ein. Verwenden Sie nicht mehr Befehle als nötig. Wurde die Seite von Ihnen selbst erzeugt, so macht es keinen Sinn, sich selbst als Autor, Ersteller, Auftraggeber oder Ähnliches anzugeben. Es reicht, wenn Sie nur als Inhaber im Impressum auftauchen.

Der Wiedererkennungswert ist im Internet sehr wichtig. Daher sollte sich das Layout Ihres Konzeptes Ihrem Corporate Design anpassen. Der User betrachtet in den ersten Sekunden immer die Mitte des Bildschirms, dann bewegt sich das Auge nach oben. Das Auge sucht instinktiv erst nach Bildern, dann nach Texten. Dies ist durch Umfragen belegt.

Erstellen Sie, wenn notwendig, zusätzliche Seiten, die eine Kommunikation zwischen Ihrer Präsenz und dem Internet einwandfrei gewährleistet.

Wenn Sie dynamische Seiten in der Sprache PHP realisieren, so erstellen Sie HTML-Seiten für die Kommunikation. Hierbei ist das Wichtigste, dass wirklich nur das darin steht, was auch auf den PHP-Seiten als Inhalt enthalten ist. Navigationen, Gästebücher oder Ähnliches müssen nicht in HTML übersetzt werden. Im Falle des exklusiven Autohauses wäre dieser Schritt angebracht.

Sammeln Sie Internetadressen, wo Sie Ihre Präsenz bzw. Firma kostenlos eintragen können, und selektieren Sie die relevanten.

Hierzu gehören Suchmaschinen, Linklisten, Verzeichnisse, Webrings, Portale, Telefonbücher etc. Es spricht sich sehr schnell herum, wenn Sie als Autohaus einen Eintrag in einer Suchmaschine, die nur für das Baugewerbe bestimmt ist, haben. Wenn Sie einmal auf einer schwarzen Liste sind, kommen Sie davon nicht mehr so schnell weg. Kontrollieren Sie die Einträge alle sechs bis acht Wochen auf Erfolg.

Unter diesen Adressen finden Experten weitere Hilfe:

Weitere Hilfen

- *http://www.dublincore.org/* (ein neuer Standard von Meta-Befehlen, leider nur in Englisch)
- *http://devmag.net/html/html_meta_tags_dublin_core.htm* (deutsche kleine Erklärung)
- *http://www.robotstxt.org* (Anleitung zur Erstellung einer Anweisungsdatei für die Suchmaschinenprogramme)
- *http://www.kso.co.uk/de/tutorial/1-1.html* (allgemeine, sehr gute Erläuterung der Suchmaschinen und der allgemeinen Suchthematik)
- *http://www.suchfibel.de* (allgemeine, sehr gute Erläuterung der Suchmaschinen und Suchtechniken)
- *http://www.webhits.de* (kostenlose Betrachtung gewisser aktueller Statistiken)
- *http://www.selfhtml.de* (allgemeine, sehr gute Erläuterung der Präsentationstechniken)

Nach erfolgreicher Analyse der Soll-Ist-Situation realisieren Sie Ihr Projekt nach den Ergebnissen. Nach etwa sechs bis acht Wochen beginnen Sie mit den weiteren geplanten Online- und Offline-Werbeaktivitäten, etwa der Bereitstellung von interessanten Artikeln für externe Newsletter, der Vorstellung Ihrer Präsenz auf einer Fachmesse an Internet-Terminals mit Fragebögen über das Empfinden der Inhalte.

Ziel ist es, nach Injizierung dieses oben beschriebenen Paketes einen Brandingprozess in den Köpfen der Internetnutzer zu starten, durch verschiedene Aktivitäten ständig zu unterstützen und daraus zu lernen. Analysieren Sie ständig Ihre Zugriffsstatistiken, die Ihnen bei Ihrem Provider zur Verfügung gestellt werden. Analysieren Sie Ihr Gästebuch, Ihr Forum, Ihr Chatprotokoll, Ihre Konkurrenz und Portale etc. Beteiligen Sie sich in verschiedenen Foren und Newsgroups oder werden Sie Mitglied in Portalen. Hinterlassen Sie überall, wo es erlaubt und nicht unerwünscht ist, eine Spur, etwa eine Signatur mit Angaben der Internetadresse und des Titels Ihrer Präsenz. Fragen Sie nach geraumer Zeit Freunde

Brandingprozess bei Internetnutzern starten

und Bekannte, die nicht über ein gewisses Internet Know-how verfügen, nach der Lesbarkeit, Bedienbarkeit und der Wirkung der Seite.

Werden Sie Mitglied in Webrings (Verbunde). Lassen Sie sich Zertifikate von gewissen Organisationen wie dem *WWW Consortium (www.w3.org)* ausstellen, einem Blindenbund oder einem Webring für kindergerechte Seiten. Oder werden Sie mit Ihrer Seite Teilnehmer bei Wettbewerben wie unter *www.adobe.de* oder *www.macromedia.com.* Senden Sie die Adresse Ihrer Seite durch Bekannte und Freunde an Zeitschriften, Zeitungen oder Portale zum Vorschlag als Webseite des Monats.

Je mehr Zeit vergeht, desto

- größer wird Ihr Bekanntheitsgrad
- größer wird die Anzahl der Links im Netz, die zu Ihnen führen
- stärker wird Ihre Adresse zur Nr. 1 im Kopf der User
- mehr wird Ihre Seite verwendet, um andere Seiten aufzuwerten
- geringer sind die Chancen, dass die Konkurrenz Sie verdrängt

Mit dieser Vorgehensweise schaffen Sie es, sich bei den Suchmaschinen auf den oberen Plätzen zu positionieren und den Markenaufbau im Internet zu fördern, so dass Ihre Homepage im Internet als relevant bezeichnet und hervorgehoben wird (weitere Informationen: *www.virtual-branding.de).*

Mit *Virtual Branding* schaffen Sie es, langfristig auf den ersten Ergebnisseiten aufgefunden zu werden, und zwar auch dann, wenn Sie Ihre Inhalte nicht regelmäßig aktualisieren.

3. Sprechen Sie die Sprache der Zielgruppe

Überforderung der Kunden

Als ich noch in einer internationalen Dialogmarketing-Agentur in Frankfurt arbeitete, hatte ich ein Schlüsselerlebnis. Als potenzieller Neukunde kündigte sich ein mittelständisches Unternehmen an. Der große Konferenzraum wurde mit Getränken und kalter Platte fürstlich hergerichtet. Geschäftsführer, Kontakter mit Assistent sowie zwei Kreative saßen dann dem Geschäftsführer und Marketingverantwortlichen des Unternehmens gegenüber. Es war ihr erster Kontakt mit einer großen Agentur.

Um Professionalität zu demonstrieren, warfen die Agenturmitarbeiter überwiegend mit englischen Fachbegriffen um sich und unterstrichen die Bedeutung, sich an eine professionelle Dialogmarketing-Agentur zu wenden, durch aufgeblähte Marktkenntnisse.

Kompetent, aber unverständlich

Im Laufe des Gespräches wurden die zwei Herren des mittelständischen Unternehmens immer stiller und zurückhaltender und mir die Situation immer peinlicher. Als ich ihnen in der Pause unter sechs Augen offen meinen Verdacht äußerte, dass sie mit den Fachbegriffen nichts anfangen konnten, waren sie zustimmend spontan erleichtert. Weil sie hofften, dass wir wissen,

von was wir redeten, erhielten wir wenige Wochen später den Auftrag. Einige Tage später nahm ich wegen einer Rückfrage mit dem Geschäftsführer telefonischen Kontakt auf. Dabei gestand er mir, dass er Schwierigkeiten habe, die Sprache des zuständigen Kontakters zu verstehen, und fragte, ob wir beide nicht in Zukunft alles besprechen könnten. Ich würde noch deutsch reden.

Der große Werbeguru *David Ogilvy* hat sinngemäß die Aussage geprägt: »*Wenn du einen Text schreibst, schreibe ihn so, dass ihn die Oma versteht, dann versteht ihn auch der Manager.*«

Nach einem Vortrag auf einem Kongress rief mich ein Teilnehmer mit der Bitte an, ob ich in einem noch jungen Unternehmen, in dem er als freier Marketingberater tätig ist, einen Tag als Sparringspartner für die Geschäftsleitung zur Verfügung stünde. Um mich vorzubereiten, ließ ich mir im Vorfeld einige Informationen über das Unternehmen, das im Bereich hochkomplexer Software für die Automobilindustrie und deren Zulieferer tätig ist, zuschicken.

Innovativ, aber unverständlich — Obwohl ich aus den Unterlagen nichts verstanden hatte, nahm ich den Termin wahr. Am Anfang meiner beruflichen Laufbahn haben mich solche Texte stark beeindruckt, aber ich habe auch schnell begriffen, dass es für alle hochkomplexen Themen immer eine einfache Erklärung gibt. Wie so oft hatten in diesem Fall hochkreative Mathematiker, Programmierer oder Ingenieure Texte für hochkreative Mathematiker, Programmierer oder Ingenieure geschrieben. Doch damit nicht genug. Die Innovationskraft wurde durch neue Kunstwörter unterstrichen, die sich aus Fachbegriffen aus Marketing, Technik und Management zu wurmlanger Mehrdeutigkeit zusammensetzten. Die wurmlangen mehrdeutigen Kunstwörter waren zu schwer, um sie auszusprechen, und zu lang für ein kurzes Meeting. Also erhielten sie Abkürzungen wie *BtoBXMS* oder so ähnlich.

Für die Geschäftsleitung war mein Coaching ein voller Erfolg. Die Geschäftsleitung hatte durch meine Fragen viel an diesem Tage gelernt, aber ich immer noch nichts verstanden. Da eine wichtige Messe mit PR-Arbeit, neuem Corporate Design, einem

Internetauftritt und einer Unternehmensbroschüre für Entscheider – nicht für Mathematiker, Programmierer oder Ingenieure – anstand, fragte man mich, ob meine Agentur diesen Job übernehmen würde. Ich bat um Bedenkzeit und wusste schon auf der Rückfahrt, dass ich nicht meine kostbare Lebenszeit für die Missionarsarbeit »Informationsvereinfachung« vergeuden wollte. Zum besseren Verständnis und als konzentrierte Information gab man mir noch den neuesten Pressebericht mit auf den Weg. Bekannte und Freunde, die mehr von diesen Themen verstanden, lasen den Bericht, waren sehr beeindruckt und baten um Übersetzung. Daraufhin nahm ich telefonisch Kontakt mit der Redaktion auf, die den Artikel veröffentlicht hatte. Auch sie war tief beeindruckt und gestand am Ende, dass es sicherlich eine interessante Information sei, bezweifelte aber, dass sie jeder verstehe.

Die Verlockung und die Herausforderung, die hochkomplexen Lösungen für das nächste Jahrtausend jetzt schon zu verstehen, waren dann aber letztlich so stark, dass ich den Auftrag annahm. Stück für Stück analysierte ich die Texte, hakte telefonisch nach, erstellte logische Abfolgen, erkannte, dass einige wichtige Anforderungen und die daraus entstehenden Zukunftsvisionen übersehen wurden und schrieb und konzipierte zuerst die Imagebroschüre.

Zu meinem Erstaunen gab es nur textliche Änderungen, als es um die Firmenhistorie ging. Einige Tage nach der Präsentation rief mich einer der Verantwortlichen an: »Herr *Sawtschenko*, jetzt kann ich endlich meiner Frau erklären, was ich mache.«

Warum erzähle ich Ihnen die Geschichte? Diese wahre und extreme Story steht stellvertretend für den sich immer wiederholenden Versuch, besonders intelligent zu wirken – versteh es, wer will.

Überforderung der Intelligenz

Zu einer Zeit, als Begriffe wie »wissensbasierte Systeme« und »Informationslogistik und -management« durch die Presse geisterten, erhielten wir von einer Akademie den Auftrag, die »oberste Heeresleitung« der deutschen Wirtschaft für ein Seminar zu diesen Themen einzuladen. Wir analysierten, hinterfragten und formulierten den Nutzen für die Zielgruppe und das System so, dass sie auch Nichttechniker verstehen konnten. Die Akademie war begeistert von Text und Layout, dann wurde alles dem Vorstand und einem kooperierenden Institut zur Freigabe vorgelegt. Zur Korrektur erhielten wir jedoch einen völlig überarbeiteten Text, der dem unverständlichen Briefingtext verblüffend nahe kam.

Trotz warnender schriftlicher Hinweise unsererseits, dass wir den Erfolg der Aussendung schärfstens in Frage stellten, bestand man auf der Korrektur und dem Versand. Ein teures repräsentatives Seminarumfeld wurde gebucht, aber keiner meldete sich an. Die Schelte des Auftraggebers kam postwendend. Wir verwiesen auf unsere Warnung und boten an, dass wir eine telefonische Recherche mit genehmigten Tonaufnahmen durchführen werden.

»Es ist die höchste Kunst, das Komplizierte einfach darzustellen.« (Felix von Eckhard) Die Aussage eines Professors im Aufsichtsrat eines großen Unternehmens ließ auch die letzten Kritiker auf der Kundenseite verstummen: *»Ich freue mich, dass Sie anrufen. Ich habe Ihre Einladung sogar noch neben mir auf meinem Schreibtisch liegen. Die wunderschöne und ungewöhnliche Aufmachung hat mir sehr gefallen, aber den Inhalt habe ich nicht verstanden. Jetzt, wo Sie anrufen, können Sie mir sicherlich erklären, was mir das Seminar gebracht hätte.«* Diese Geschichte zeigt:

> **Wenn man nicht die Sprache der Kunden spricht, sie nicht da abholt, wo sie mit ihrem aktuellen Wissen stehen, darf man sich über den Misserfolg nicht wundern.**

Die Positionierung klar und prägnant formulieren

Positionierung im Fahrstuhl Zur Positionierung gehört auch die Fähigkeit, den Kundennutzen und sein Angebot schnell, klar und in bildlicher Sprache auf den Punkt zu bringen. Die beste Übung dafür ist das Verkaufs- bzw. Positionierungsgespräch im Fahrstuhl: In 30 Sekunden müssen Sie einen fremden Menschen dazu bringen, dass er unaufgefordert Ihre Visitenkarte verlangt.

Fragen an den Leser

1. Steht Ihr Alleinstellungsmerkmal bzw. Ihre Positionierung (Kundennutzen) im Vordergrund?
2. Wird Ihre Spezialisierung deutlich?
3. Wie stark/hoch sind die Begeisterungsmerkmale gegenüber dem Wettbewerb?
4. Wird eine klare Abgrenzung zum Mitbewerber deutlich?
5. Steht der Nutzen und die Problemlösung für den Kunden im Vordergrund?
6. Holen Sie Ihre Zielgruppe bei ihren Problemen ab (vom Bauch in den Kopf)?
7. Ist die Kommunikation zielgruppenorientiert?
8. Entstehen klare Nutzenbilder im Kopf?
9. Ist die Information klar und logisch aufgebaut?
10. Versteht ein Entscheider Ihre Informationen? (Versteht es auch die Oma? Sind es einfache Sätze?)
11. Sprechen Sie die Sprache der Kunden bzw. der Zielgruppe?
12. Wird der Langzeitnutzen für den Kunden deutlich?
13. Werden Ihre Mitarbeiter entsprechend positioniert?
14. Wird Ihre Philosophie, Vision, Mission etc. deutlich?
15. Fordern Sie zu konstruktiver Kritik auf (Beschwerdemanagement)?
16. Wird auf eventuelle Kooperationen und Co-Branding hingewiesen?

Irgendwie wissen wir es alle: Einfach ist am schwersten. Doch meist denken und handeln wir nicht danach oder wir nehmen uns nicht die Zeit. Etwas einfach zu machen erfordert Disziplin, den Mut, Unnötiges wegzulassen, und Zeit, an der Kernaussage zu feilen. Wenn man, um einen Pressebericht zu schreiben, einen Tag benötigt, kann ein kurzer Bericht fast doppelt so lange dauern.

Einfach ist am schwersten

Ihre Positionierung sollte klar und präzise sein. Haben Sie eine Positionierung gefunden, formulieren Sie klar, einfach und eindrucksvoll. Am besten so, dass ein Kunde die Botschaft sofort zumindest inhaltlich weitererzählen kann. Reden Sie nicht umständlich drum herum. Drehen und wenden Sie Informationen, bis sie klar, zwingend und reizvoll für die Zielgruppe sind.

Mark Twain schrieb seiner Mutter einen Brief mit der Entschuldigung: *»Liebe Mutter, ich schreibe dir hier einen 12-seitigen Brief, weil* *ich keine Zeit hatte, ihn zu kürzen«.* Der Hintergrund dieser Aussage:

Je präziser und klarer eine Aussage sein soll, umso länger muss man daran feilen.

Lassen Sie sich nicht entmutigen, wenn Sie an einer Positionierung formulieren. Schreiben Sie am besten alles dazu auf und versuchen Sie erst dann zu kürzen. Lassen Sie einige Zeit vergehen und versuchen Sie es dann noch einmal oder immer wieder. Streichen Sie Allgemeinformulierungen und konzentrieren Sie sich auf griffige und klare Nutzenaussagen. Die bestmögliche Leistung ist die, die dem Kunden sofort seine Vorteile verspricht.

Einen unauslöschlichen Anker setzen

Kaufentscheidung bestätigen

Eine glaubwürdige Positionierung ist immer die Summe aller Dinge. Nachdem ein Kunde bei Ihnen gekauft oder sich für eine Dienstleistung entschieden hat, sollte Ihre Positionierung bzw. der besondere Kundennutzen nachhaltig und unauslöschlich im Kopf Ihrer Zielgruppe verankert sein. Geben Sie dem Kunden für seine Kaufentscheidung rationale Gründe für eine emotionale Entscheidung mit auf den Weg. Um einen unauslöschlichen Anker zu setzen, entwickeln Sie besondere Begeisterungsmerkmale, die er bisher noch nicht erlebt hat. Kurz nach dem Kundenkontakt schreiben, besuchen oder rufen Sie den Kunden an. Bestätigen Sie die Kaufentscheidung, geben Sie ihm das Gefühl, wie wichtig er ist, und fragen Sie ihn, wie zufrieden er damit ist. Wenn Sie jetzt innerlich zusammenzucken und sich fragen, wer denn das auch noch machen soll, dann lassen Sie uns eine einfache Rechnung aufstellen: Einen zufriedenen Kunden zum begeisterten Wiederholungstäter zu machen, kostet Sie bis zu sieben Mal weniger, als einen neuen Kunden zu finden. Der übrigens auch ein zuverlässiger, zukunftssichernder und kalkulierbarer Umsatzträger wird.

Die Kauffrequenz eines begeisterten Wiederholungskunden zu steigern, kostet Sie nur ein wenig mehr Auf-

merksamkeit in dieser unaufmerksamen Welt und ein paar kleine Dankeschön-Geschenke.

Wenn der Kunde nach dem Kauf in eine Erklärungssituation für seine Kaufentscheidung kommt, z. B. bei Vorgesetzten, Kunden, Familie etc., wird er die Vorteile Ihrer Positionierung wiederholen. Er wird Sie als Partner, zu dem er Vertrauen hat, beschreiben. Sie stehen damit für ihn auf seiner Seite und werden zum Berater und Anwalt.

Ein Vergleich zu Mitbewerbern ohne besondere Alleinstellung hilft dem Kunden, den Unterschied und seinen besonderen Vorteil besser zu verstehen. Im Verkaufsgespräch sollte Ihre Alleinstellung und Positionierung immer ein wichtiger Bestandteil sein und nicht nur nebenbei erwähnt werden. Der Käufer sucht nach Kaufbestätigungs- oder Sicherheitsargumenten für seine Entscheidung. Warum er gerade bei Ihnen kauft und warum er auf Grund von mehr Vorteilen vielleicht sogar mehr dafür bezahlt als bei Ihren Mitbewerbern.

Positionierung im Verkaufsgespräch

Er wird Ihnen dabei sehr genau zuhören und sich die Argumente sehr gut merken. Deswegen ist es ganz wichtig, dass Sie und alle relevanten Mitarbeiter sie in weniger als einer Minute deutlich, logisch und nachvollziehbar erklären können. Liefern Sie Ihrem Kunden am besten viele Beispiele, was er durch Ihre Alleinstellung für Vorteile hat. Denken Sie daran, dass z. B. Werbung nicht nur die Aufgabe hat, Kaufentscheidungen anzuregen, sondern auch Kaufentscheidungen zu bestätigen.

> **Betrachten Sie eine Positionierung als einen Diamanten, den man immer wieder bearbeiten muss, bis er seine schönste Form gefunden hat.**

Wie Sie Ihre Positionierung kommunizieren sollten

Verstecken Sie Ihre Positionierung nicht irgendwo zwischen anderen Aussagen. Machen Sie Ihre Positionierung zur Schlagzeile, und das immer wieder: auf jedem Werbeprospekt, jedem Display, jedem Film, jeder Rechnung, jedem Briefpapier, E-Mail-Infos etc. Integrieren Sie im Verkaufsgespräch Ihre Positionierung so oft, wie es nur geht, ohne penetrant zu wirken. Um ins Langzeitgedächtnis zu gelangen, braucht es viele Wiederholungen. Tue Gutes und sprich darüber. Es ist immer wieder erschreckend, wie viele Unternehmen einzigartige Kundennutzen bieten und sie nicht bei jeder Gelegenheit nach außen kommunizieren.

Grundsätzlich gilt: Je besser Ihre Alleinstellung und je höher der Kundenutzen ist, desto schneller erreichen Sie das Langzeitgedächtnis.

Vermeiden Sie Informationshülsen

Aussagen wie »*Wir bieten Ihnen einen exzellenten Service*« oder »*Wir sind immer für Sie da*« sind nur Worthülsen. Erst wenn der Service durch die dahinter stehenden Leistungen beschrieben wird, erhalten die Aussagen einen Wert für den Kunden: »*Wir haben eine kostenlose 24-Stunden-Telefon-Hotline*« oder »*Innerhalb von 24 Stunden erhalten Sie ein Ersatzgerät*« sind konkret und nachvollziehbar.

Kommunizieren Sie mit Bildern

Bilder sind machtvoll. Viele Marktführer verdanken Bildern ihren Erfolg. Im Zeitalter der audio-visuellen Medien und der digitalen Fotografie und Datenverarbeitung ist es jedem Unternehmen möglich, die Macht der Bilder für sich zu nutzen. Die Augen sind das Sinnesorgan, dass unsere Emotionen und Gefühlszustände stark beeinflusst. Die Augen der Konsumenten entscheiden weitgehend über Erfolg und Misserfolg eines Produkts.

Zudem haben Bilder den Vorteil, dass sie unanschauliche, abstrakte Leistungen – z.B. Dienstleistungen von Beratern, Trainern oder anderen Freiberuflern – oder komplizierte technische Produkte klar und verständlich darstellen können. So versteht auch der Laie, worum es geht.

Achten Sie darauf, dass die Auswahl Ihrer Bilder nicht nur dekorativ, sondern auch informativ für Ihre Kunden ist und Emotionen anspricht.

Kontinuität im Markenaufbau

Sich mit einer neuen Positionierung eine Marke aufzubauen, benötigt Kontinuität und Konsequenz. Viele Verantwortliche in Unternehmen haben keine Geduld und beachten nicht die Gesetze des Erfolgs; leichtfertig wird über Bord geworfen, was angeblich nicht schnell genug Erfolg hat. Jede Positionierung bzw. jeder Markenaufbau benötigt ein kontinuierliches Marketing und braucht Zeit, bis die Wirkung eintritt. Wer hinter die Kulissen der erfolgreichen Marken, Unternehmen oder Personen schaut, wird feststellen, dass sie alle Hochs und Tiefs durchlebt haben. Nur wer konsequent durchgehalten und ständig an seinem Erfolg gefeilt hat, ist irgendwann aus dem Schattendasein herausgetreten. Von den vielen anderen, die aufgegeben haben, spricht kein Mensch mehr.

Wer rechtzeitig ernten will, muss frühzeitig säen.

Red Hat ist ein gutes Beispiel für Kontinuität und gelungene Pressearbeit eines US-IT-Unternehmens. *Red Hat* ist ein Softwaredistributor, der lizenzfreie Software vertreibt. Einmal gekauft, kann die Software vom Käufer beliebig und kostenlos vervielfältigt und weitergegeben werden. Die Software dient als Trojaner, denn verdient wird bei *Red Hat* letztlich am *Support*. Aufbau der Kernkompetenz, Kontinuität, Abgrenzung und Originalität lautet die Formel für das Kommunikationskonzept. *Red Hat* war mit seiner Trojaner-Software Pionier für das Betriebssystem *Linux* und ist heute Marktführer. Unter anderem deshalb, weil die Themen konstant geblieben sind: Alle neuen Trends bei *Linux* wurden von *Red Hat* aufgegriffen, aufbereitet, besetzt und vorangetrieben. Mit dieser institutionalisierten Strategie erzielte das Unternehmen eine extrem hohe Aufmerksamkeit in den Medien.

Red Hat

4. Faktoren, die den Erfolg verhindern

Erste Schritte

Sich mit Positionierungsstrategien zu beschäftigen, gar eine neue Positionierung zu erarbeiten, ruft häufig Widerstände hervor. Das erste große Hindernis, vor allem, wenn es sich um Spezialisierungsstrategien handelt, sind die Menschen selbst, ihre Angst vor Veränderungen und das Festhalten an alten Gewohnheiten und Erfahrungen. Zuerst müssen Sie in »Ihrem Kopf eine Hand« freimachen, bereit sein umzudenken, neue Erkenntnisse aufzunehmen und einiges zu verändern.

Weil es zu risikoreich erscheint, sind viele Menschen dazu nicht bereit oder gehen nur zögerlich und halbherzig vor. Haben Sie bitte keine Angst, etwas Neues auszuprobieren.

> **Zuerst durchgeführte Tests geben ein Gefühl der Sicherheit, ob der eingeschlagene Weg der richtige ist.**

Tests Erfolgreiche Unternehmen machen eine eingehende Zielgruppen- und Marktrecherche und praktizieren »Versuch und Irrtum«. Machen Sie kleine Schritte und sammeln Sie Erfahrungen; holen Sie sich ein Feedback von Ihren Kunden und Mitarbeitern ein. Wenn Sie feststellen, dass etwas funktioniert, bauen Sie darauf auf. Wenn etwas nicht funktioniert, ändern Sie Ihre Strategie oder, wenn es auch in absehbarer Zeit nicht funktioniert, lassen Sie es bleiben!

Mitarbeiter einbeziehen

Bevor Sie Ihre neue Positionierung nach außen kommunizieren, sollten Sie absolut sicherstellen, dass Sie auch Ihr Versprechen einhalten können. Das Schmücken der Braut ist wichtig. Doch Make-up ist eben nicht alles, wenn die Braut nicht hält, was sie verspricht. Alle Mitarbeiter sollten verstanden haben, worum es geht, danach leben und handeln. Wenn Sie z.B. »*lieferbar in 24 Stunden oder sofort verfügbar*« versprechen, aber in der Regel immer nur einen minimalen Vorrat am Lager halten, dann werden Sie nicht nur unglaubwürdig, sondern haben diese Positionierung verspielt. Ein Kunde ist gnadenlos, wenn er sich auf den Arm genommen fühlt.

> **Deshalb ist es wichtig, dass jeder, der in irgendeiner Art und Weise mit Kunden Kontakt hat – zum Beispiel Verkäufer, Service- und Telefonpersonal –, Ihre Positionierung vollständig verstanden und verinnerlicht hat, sie begeistert wiedergeben kann und Verantwortung übernimmt.**

Entwickeln Sie einen Gesprächsleitfaden und üben Sie im Rollenspiel das ideale Gespräch. Machen Sie Testanrufe und Testkäufe und belohnen Sie erfolgreiche Gespräche.

Der geplante Misserfolg

Wer seinen Kunden bzw. seiner Zielgruppe ständig etwas verkaufen will, was sie bereits in ausreichender Menge hat oder an jeder Straßenecke ohne Probleme bekommen kann, darf sich nicht wundern, dass er ständig ums Überleben und mit den Niedrigpreisen kämpfen muss. Damit sind Sie kein Problemlöser.

Beispiel

Bei der Suche nach einer selbständigen Tätigkeit entschied sich eine Frau in einem kleinen Ort, einen Obst- und Gemüseladen aufzumachen. Ihr Sortiment war zum größten Teil deckungsgleich mit dem Einkaufsmarkt nur 50 Meter weiter schräg gegenüber. Anfangs lief es noch ganz gut. Es dauerte aber nicht lange, bis die dörfliche Sympathie für die Neugründung der Bequemlichkeit beim Einkauf wich, den Bedarf an Obst und Gemüse gleich im Supermarkt zu decken und nicht gegenüber nochmals einzukehren. Statt sich auf Obst- und Gemüsesorten zu spezialisieren, die die Einkaufskette nicht im Sortiment hatte, nahm das kleine Obstlädchen noch Geschenkartikel und andere Waren mit auf und wurde schnell zum Gemischtwarenladen. Die Spezialisierung war verwässert, und man kämpft jetzt den Kampf vieler verlorener Schlachten.

Erfolgsverhinderer

Gut positioniert und schlecht kommuniziert oder zu wenig und halbherzig kommuniziert – im Sinne von unverständlicher, schlechter oder fehlender Kommunikation – ist eine Hürde. Ein weiterer Punkt ist die Kontinuität. Nach anfänglich intensiver Kommunikation vernachlässigen viele Unternehmen diese wichtige Aufgabe. Der Alltag frisst die guten Vorsätze; das Reagieren und Abarbeiten von Aufträgen und internen Aufgaben verhindert oftmals, die Zukunft vorauszuplanen. Erst wenn Auftragslöcher entstehen, kommt Panik auf und die Werbetrommel wird wieder aktiviert. Eine kurzfristige Auftragserlangung ist aber nicht immer möglich. Eine Neupositionierung bietet eine Fülle von PR-Möglichkeiten. Doch kaum läuft das Geschäft, wird dieses wichtige Instrument beiseite gelegt.

Selbstbeweih-räucherung Blättern wir durch die Anbieter-Prospekte oder surfen im Internet, so fällt auf, dass die meisten Darstellungen lediglich eine Aufzählung von Selbstbeweihräucherungen sind. Nicht der Kundennutzen und seine Problemlösung steht im Vordergrund, sondern Worthülsen, Allgemeinfloskeln und Aussagen, die andere Unternehmen ebenfalls auf ihre Fahne geschrieben haben, z.B. das Firmengebäude auf der Titelseite und der Hinweis, dass das Unternehmen bereits seit 50 Jahren existiert und über 2000 zufriedene Kunden hat. Man bietet »ein hervorragendes Preis-Leistungsverhältnis« und »die Lösung aus einer Hand«. Wenn der Leser sich der Mühe unterzieht, entdeckt er nach vielen Worthülsen auf Seite 12 links unten vielleicht doch noch seinen Nutzen.

Gründe für unternehmerisches Scheitern

Jedes Jahr werden neue Unternehmen im ganzen Land von hoffnungsvollen Existenzgründern aus den verschiedensten Beweggründen ins Leben gerufen. Unzufriedenheit mit dem eigenen Job, Arbeitslosigkeit, der Wunsch, sein eigener Boss zu sein oder das Einkommen zu erhöhen, sind nur einige Motivationsfaktoren. Leider gehen die meisten Wünsche nicht auf.

Kopieren

Ein weiterer Grund für viele Pleiten ist, dass Unternehmen von Personen gegründet werden, die ihren Arbeitgeber kopieren und glauben, dass sie besser sind, aber vergessen, dass es Jahre gekostet hat, sich einen Markennamen, Kundenbindung und Positionierung im Umfeld aufzubauen.

Anzeigenfriedhöfe

Ohne Alleinstellungsmerkmal werden in dicht gedrängten Anzeigenfriedhöfen kleine austauschbare Anzeigeninhalte geschaltet. So lernt man, dass Werbung mehr kostet, als sie an Umsatz wieder einbringt. Noch kostenintensiver sind Bemühungen, den Großen nachzueifern. Wie oft haben Sie schon eine Anzeige in einer Zeitung oder Zeitschrift gesehen, in der nur der Name, eine Headline und das Produkt abgebildet wird. Am liebsten in einer Größe, wie sie normalerweise nur große Marken schalten. Berücksichtigt wird dabei nicht, dass Großunternehmen es sich leisten können, Hunderte solcher Anzeigen aufzugeben, Kleinunternehmen hingegen nicht. Und Anzeigen wirken nicht, wenn sie nur ein- oder zweimal geschaltet werden.

Qualitätsprobleme

Nachdem ein weltweit tätiges Unternehmen endlich ein neues Produkt mit einem Alleinstellungsmerkmal entwickelt und als neue Marke mit viel Aufwand im europäischen Markt eingeführt hatte, konnte der Vertrieb sein Auftragsvolumen innerhalb weniger Monate fast verdoppeln. Als sich die weitere Lieferung der Produkte aufgrund einer Produktionsverlagerung jedoch um Monate verzögerte und die erste Lieferung noch Mängel aufwies, schlug das anfänglich große Interesse der Kunden in Unmut und Verärgerung um.

Ein großes renommiertes deutsches Bauunternehmen mit mehreren Geschäftsbereichen hatte einen besonderen Einbruch in einem

Mangelndes Beziehungsmanagement

sonst profitablen Geschäftsbereich zu verzeichnen. Bezeichnend war, dass immer mehr Ausschreibungsangebote von Mitbewerbern gewonnen wurden. Also beschloss die Geschäftsleitung, die Strategie der verantwortlichen Abteilung zu überprüfen. Nach einem zweitägigen internen Workshop mit den Verantwortlichen des Geschäftsbereiches war die Hauptursache schnell analysiert. Statt abends mit den wichtigen Kunden essen zu gehen, waren die verantwortlichen Bauingenieure auf Grund ihres Alters und des Bedürfnisses, den Feierabend im Kreise der Familie zu verbringen, abends lieber zu Hause. Von allen verantwortlichen Projektingenieuren praktizierte tatsächlich nur noch einer vorbildlich das in dieser Branche so wichtige Beziehungsmanagement.

Scheitern am Vertrieb

Bequeme und neukundenscheue Vertriebsleute

Ein mittelständisches Unternehmen, das feste Gebiets- und Provisionsverträge mit seinen eigenen und freien Vertriebsmitarbeitern einging, war auf das Engagement und die Motivation seines Vertriebs angewiesen. Für die unterschiedlichen zielgruppenorientierten Produktgruppen wurden von unserer Agentur eine Produkt-Neupositionierung und Alleinstellungsmerkmale erarbeitet.

Produktphilosophie für den Mülleimer

Zum Schrecken aller stellte man dann aber fest, dass manche Vertreter Displays und Werbematerial aus mangelndem Platz in ihrem Auto im Müllcontainer entsorgten. Die teuer erarbeitete Produkt-Neupositionierung mit dem Ziel, das Markenbewusstsein zu fördern, wurden von einigen gar nicht oder nur halbherzig weitergetragen!

Was zurückgerechnet scheinbar den größten Verlust gebracht hatte, war das Ausscheiden eines bestimmten Mitarbeiters. Nachdem er aus gesundheitlichen Gründen aufgehört hatte, musste das Unternehmen allerdings feststellen, dass der neue Mann den Umsatz innerhalb eines Jahres verdoppelte, in einem anderen Gebiet sogar verdreifachte. Ein typisches Beispiel dafür, dass mancher Vertriebsmann in dieser Firma lieber die Kunden besuchte, bei denen er willkommen war, um dem Stress der Neukundengewinnung und der Angst vor dem Nein aus dem Wege zu gehen. Wie viele

Millionen Umsatz dem Unternehmen in den letzten Jahren verloren gegangen waren und den Markenaufbau verzögert hatten, konnte man nur vermuten.

Ein schlecht motivierter Vertrieb kann nicht nur die Neupositionierung verzögern und zu erheblichen Umsatzeinbußen führen, sondern auch den Markenaufbau verlangsamen.

Man erlebt nicht alle Tage, dass eine Marketingaktion für eine zukunftsweisende Innovation durch inkompetente Vertriebsverantwortliche zum Misserfolg wird. Ich erhielt den Auftrag eines Unternehmens aus der Rapid-Prototyping-Branche (schneller Prototypenbau), eine europaweite Mailingaktion für die Neukundengewinnung für einen dreidimensionalen Drucker durchzuführen.

Zukunftsweisende Innovation in den Sand gesetzt

Zielgruppen waren Entwicklungsabteilungen von Unternehmen, die, nachdem sie ihre Produktidee per CAD entwickelt hatten, den dreidimensionalen Prototypen wenige Stunden später in den Händen hielten. Die Vorgabe der Konzernmutter aus den USA war: innerhalb von zwölf Monaten 60 Maschinen einer neuen Technologie zu je 150000 DM europaweit zu verkaufen.

Nach dem Briefing und einer Analyse, unter welchen Bedingungen das Ziel überhaupt erreichbar war und welche Voraussetzungen der Vertrieb und die Kooperationspartner vor Ort erfüllen müssten, riet ich vorerst von der Aktion ab. Für den Vertrieb, der bisher Maschinen mit der zehnfachen Auftragssumme verkauft hatte, war das neue Produkt mit den geringen Provisionen nur lästig. Mit den Kooperationspartnern aus der Softwarebranche, die vor Ort die technisch aufwendige Installation vornehmen mussten, gab es keinerlei Vereinbarung, geschweige denn eine Provisionsregelung; die meisten wussten noch nicht einmal, dass sie als Partner überhaupt vorgesehen waren. Zielgruppenadressen mussten erst noch gekauft werden. Vorhandene Datenbanken über die Zielgruppen, die zum größten Teil deckungsgleich mit dem Vertrieb der großen Maschinen waren, konnten nicht genutzt werden, da jeder Vertriebsmann sein eigenes System hatte und wie eine heilige Kuh beschützte.

Das Gespräch mit dem Vertriebsbeauftragten zeigte sehr schnell, dass er nur aus dem Bauch und mit der Hoffnung plante. Vertriebsplanung und -Controlling waren Fremdworte und die verschiedenen Entscheidungszeiträume bis zur Kaufentscheidung wurden einfach ignoriert. Die Marketingleiterin war verzweifelt, bat mich aber dennoch, die Aktion durchzuführen. Erstens, weil man sich für eine Mailingaktion entschieden hatte. Zweitens, um der Geschäftsleitung zu beweisen, dass Anfragen vom Vertrieb nicht weiterverfolgt wurden. Drittens, um der Mutter in den USA und dem Vertrieb zu beweisen, dass die Neukundengewinnung nicht am Marketing scheiterte. Und viertens, um das Feindbild des Vertriebs gegenüber dieser Abteilung ins rechte Licht zu rücken. Trotz der Warnung, dass man unter diesen Bedingungen alle potenziellen Kunden verärgern würde und die Einführung dieser neuen zukunftsweisenden Maschinentechnologie dem Image der Marke schaden könnte, sollte die Aktion durchgeführt werden.

Erfolgloser Erfolg In Windeseile wurde die Mailingaktion vorbereitet, in alle Sprachen übersetzt, Adressen im Markt gekauft, ein Partnerschaftsangebot zusammengestellt und die Informationsbroschüre konzipiert, damit die Aktion noch vor einer wichtigen Messe ankam. Der Erfolg war verblüffend: Innerhalb kurzer Zeit hatte das Unternehmen einen Response von über 14 Prozent. Doch von den Maschinen wurden in den zwölf Monaten, wie vorausgesagt, gerade mal zwei probebestellt. Hätte man mehr Zeit darin investiert, die notwendigen Voraussetzungen zu schaffen, wäre die ganze Aktion ein riesiger Erfolg geworden. Für uns als Agentur war der Rücklauf zwar ein Erfolg, aber was ist ein Erfolg, wenn das Unternehmen nicht davon profitiert? Ein teurer Spaß, um den Verantwortlichen einen Spiegel vorzuhalten!

Die hier aufgeführten Beispiele geben nur einen Teil der Erfahrung aus jahrelanger Praxis wieder. Sie zeigen vor allem eines:

Es ist oftmals einfacher, eine Positionierung zu entwickeln, als die Probleme, die den Aufbau verhindern könnten, abzubauen. Deswegen ist es wichtig, dass alle Erfolgsverhinderungs-Engpässe schon im Vorfeld analysiert und korrigiert werden. Denn Erfolg ist kein Zufall.

TEIL 6

Berufs- und branchenbezogene Positionierungsstrategien

1. Die Positionierung von Freiberuflern

Zu den Freiberuflern zählen freie Heilberufe, rechts-, steuer- und wirtschaftsberatende Berufe, technische und naturwissenschaftliche sowie freie künstlerische, publizistische und pädagogische Berufe. Nicht selten stehen Freiberufler in starker Abhängigkeit von wenigen Kunden, von Konjunkturschwächen, gesetzlichen Änderungen, Kammerzwängen, Sparmaßnahmen, einem Überangebot und der Austauschbarkeit von Anbietern und veränderten Rahmenbedingungen. Nur diejenigen, die sich spezialisiert haben, werden von den ständigen Veränderungen im Markt wenig tangiert. Typische Krisen sind derzeit die infolge ständiger Gesundheitsreformen sinkenden Einkommen der Ärzteschaft und das Überangebot an Rechtsanwälten, das wir in Deutschland mittlerweile haben (in den Großstädten ein Anwalt pro 1000 Einwohner).

Abhängigkeiten von Freiberuflern

Die aktuelle Situation im Gesundheitswesen

Innerhalb der letzten Jahre hat der Gesetzgeber die Aufforderung der EU, das deutsche Sozialsystem zu verändern und einschneidende Veränderungen in der Gebührenordnung und der Mengensteuerung von Patienten pro Arztpraxis vorzunehmen, durchgesetzt. Denn das starre System der Bundesrepublik Deutschland wurde immer mehr zum Hemmschuh in ganz Europa.

Das Europäische Recht schreibt vor, dass spätestens bis 2010 auch die letzten staatlichen und halbstaatlichen Institutionen innerhalb der deutschen Gesundheitspolitik aufzulösen sind. Bereits ab dem Jahr 2007 gehen die bisherigen goldenen Zeiten zu Ende. Die gravierenden Einschränkungen betreffen zum Beispiel: die Zugangsbeschränkung zum Facharzt, den Wegfall der Vergütung von Einzelleistungsschritten, pauschalierte Vergütungskomplexe, die fehlende Rentabilität technischer Diagnostik- und Therapieleistungen in der Einzelpraxis, das Mitlaufen von Zeit-Kontrollmaßnahmen, bundesweit einheitliche Höchstmengen / Frequenzen pro Praxis, die Freigabe des Wettbewerbs zwischen Krankenhaus, Gesundheitszentren und Arztpraxen, die Gestattung von weiteren Arztangestellten ohne Eingrenzung mit entsprechender Qualifikation.

> **Wer zu spät kommt, den bestraft der Markt. Angesichts des EU-Rechts besteht jetzt schon für jede einzelne Arztpraxis höchster, akuter Handlungsbedarf. Wenn der einzelne Facharzt sein wirtschaftliches Ergebnis unverändert beibehalten will, muss er das Defizit durch neu zu schaffende Gesundheitsleistungen im Selbstzahlerbereich kompensieren. Ansonsten muss er mit Einbußen zwischen 30 bis 70 Prozent rechnen.**

Eine Neuorientierung des kassenärztlichen Arztberufs wird unumgänglich. Doch jedes Problem ist eine Chance. Die Neuorientierung fällt in eine Zeit, in der die Menschen länger leben, mehr Geld haben als zu jedem anderen Zeitpunkt der deutschen Geschichte und in der sie auch immer mehr bereit sind, eigenverantwortlich für ihre Gesundheit zu handeln.

Die Ärzte werden gezwungen, stärker als freie Dienstleister unternehmerisch zu denken und zu handeln und Patienten als Kunden und Zielgruppen zu verstehen. Nach der Erkenntnis des Problems haben die *Kassenärztliche Bundesvereinigung* und die ärztlichen Berufsverbände einen Empfehlungskatalog (IGeL-Verfahren) für Selbstzahlerleistungen als Zukunftshoffnung und Bauchladenangebot für die notleidenden Ärzte zusammengestellt. Er umfasst eine Auswahl in der Vorsorgeuntersuchung, Labordiagnosen, alternativen Heilverfahren, psychotherapeutische Angebote und sogar neuartige Untersuchungs- und Behandlungsverfahren.

Wenn der Empfehlungskatalog die Lösung aller Probleme wäre, hätte die Branche nichts zu befürchten, oder?

Inflationierung der Spezialisierung

Laut Auskunft einiger Ärzte bewerten viele ihrer Kollegen den IGeL-Empfehlungskatalog als überflüssige Dienstleistung. Immer wenn ein Anbieter mit gleicher Problemlösung eine Flächendeckung erreicht hat, gerät er automatisch in die Austauschbarkeitsfalle. Auch dann, wenn man ein Sammelsurium an neuesten Therapien wie einen Spezialisierungs-Bauchladen für die unterschiedlichsten Leiden anbietet, verwässert man sein Profil und entfernt sich immer weiter vom Expertenstatus. Zusätzliche Leistungen anzubieten hat nichts mit einer Positionierung bzw. Spezialisierung mit Alleinstellungsmerkmal zu tun. Abgesehen von Privatärzten, die keine Krankenkassenzulassung haben und es gewohnt sind, die Leistungen zu verkaufen, ist der überwiegende Teil der Ärzte keine Verkäufer. Sie haben es in ihrem Studium nie gelernt. Einen Ausweg aus dieser Misere wird nur derjenige Arzt finden, der es schafft, ein klares Profil aufzubauen, und der sich unternehmerisch und vor allem strategisch richtig verhält.

> **Nur der Spezialist, der sich auf eine klare (Leidens-) Zielgruppe fokussiert, fällt im Markt auf, vergrößert sein Einzugsgebiet, bestimmt den Preis selbst, wird zu einer Marke und kann Warteschlangen aufbauen.**

Zukunftsmarkt erkannt

Wenn neue gesetzliche Rahmenbedingungen eine Branche zum Umdenken zwingen, ist Kreativität und Flexibilität gefordert. Denn jedes Problem ist auch eine Chance. Ursprünglich beschäftigte sich die *Medical Consulting AG* mit der betriebswirtschaftlichen Beratung von Medizinern. Wenn sich jedoch die Einkommenssituation verändert, sind neue Konzepte gefragt. Jetzt hat sich die *Medical Consulting AG* zum Ziel gesetzt, den Ärzten mit neuen Therapien zu helfen, die einen großen Nutzen bieten, sich im Markt als Experte auf eine klar definierte Zielgruppe oder Pro-

Medical Consulting AG

blemlösung zu konzentrieren und den erfolgreichen Einstieg in den Selbstzahlermarkt zu ermöglichen. Neben einem neu entwickelten Schmerzbehandlungskonzept bietet das Unternehmen umfangreiche, den ärztlichen Auflagen in Bezug auf Werbeverbot angepasste Marketing- und Informationsmaßnahmen für Patienten sowie die Erarbeitung von Positionierungs- und Alleinstellungskonzepten *(www.medical-consulting.ag)*.

Vom Arzt zum Doktor der Kinesiologie

Angesichts der Ärzteschwemme und der hohen Investition bei einer Neugründung spezialisierte sich ein Arzt in Mannheim auf die viel kostengünstigere kinesiologische Behandlungsmethode, die sich bei der Diagnose die körpereigene Feedbackschleife als Rückmeldesystem zunutze macht.

Statt aufwendiger Apparaturen und teurem Personal führt er die Praxis alleine. Betritt man die Praxis, so weist ein Schild auf seiner Tür darauf hin, dass er in Behandlung ist und man so lange Platz nehmen soll. Mit einem Stundenhonorar von ca. 150 Euro, Therapiezeiten von 10 bis 20 Uhr, Wartezeiten von bis zu drei Wochen und persönlicher Zeit für den Golfplatz ist er ein weiterer Beweis dafür, dass die richtige Spezialisierung ein beruhigendes Gefühl ist.

Mit Spezialisierung zum dynamischen Empfehlungsmarketing

Das folgende Beispiel beweist, dass eine Spezialisierung im lukrativen Selbstzahlermarkt zu einer hohen Empfehlungsaktivität in Heilberufen führt – und das für Leidenspatienten. Nicht die Kilometerentfernung oder der Preis, sondern der Nutzen steht an oberster Stelle.

Mit unerträglichen Rückenschmerzen suchte ein langjähriger Kunde unseres Hauses einen Facharzt auf. Diagnose: Bandscheibenvorfall und schnellstmögliche Operation. Ein befreundeter Arzt riet ihm sicherheitshalber, vorher einen Chiropraktiker aufzusuchen. Eine Stunde nach der Behandlung verließ er wieder schmerzfrei und leichtfüßig die Gemeinschaftspraxis von *Dr. Markus Fechler* und *Dr. Gordon Janßen*, »Doctors of Chiropractic« in Heidelberg. Während der Facharzt zur Operation geraten hatte, löste der Chiropraktiker das Problem innerhalb einer Stunde. Ein orthopädischer Facharzt äußerte: Seiner Meinung nach seien bis zu 80 Prozent aller Operationen unnötig, vor selbst ernannten Chiropraktikern allerdings sei zu warnen. Was er nicht wusste, war die Tatsache, dass diese Ärzte fünf Jahre Chiropraktik in den USA studiert hatten.

Der Chiropraktiker ist ein eigenständiger Heilberuf, der sich mit der Diagnose, Behandlung und Prävention funktioneller Störungen der Statik und Dynamik des menschlichen Bewegungsapparates beschäftigt. Dazu gehören die Wirbelsäule, das Nervensystem, die Muskeln, Sehnen und Gelenke.

www.chiropraktik.de

Betritt man die Praxis, wird bereits bei der Anmeldung die Frage gestellt: *»Wer hat Sie uns empfohlen?«* Chiropraktik bedeutet »mit der Hand behandeln«. Das Kernstück chiropraktischer Tätigkeit ist die spezifische sanfte Mobilisation blockierter Gelenke. Anders als in anderen europäischen Ländern ist die Chiropraktik in Deutschland bisher nicht als eigenständiger Heilberuf anerkannt, obwohl sie weltweit zu den drittgrößten Heilberufen gehört. Aus diesem Grund müssen auch graduierte Chiropraktiker hierzulande nach dem Heilpraktikergesetz zugelassen sein. Die graduierten Chiropraktiker haben sich im *Verband Graduierter Chiropraktoren Deutschlands e.V.* zusammengeschlossen. Bei einem Bedarf von fast 5000 Chiropraktikern sind in Deutschland erst ca. 60 qualifizierte Chiropraktiker tätig. Hier besteht eine große Nachfrage.

Dieses Beispiel zeigt, dass im Heilbereich noch viele Marktnischen unerschlossen sind, wenn es darum geht, sich auf bestimmte Zielgruppen und ihre Leiden zu spezialisieren.

Die Situation von Rechtsanwälten

So wie Ärzte müssen sich auch Rechtsanwälte den veränderten Marktsituationen und schnell ändernden deutschen und europäischen Rahmenbedingungen stellen. Mit zurzeit etwa 125 000 Rechtsanwälten und mehr als 6000 jährlichen Neuzulassungen

Überangebot

herrscht in unserem Lande ein Überangebot an Juristen. Gleichzeitig sinkt der Durchschnitt der Umsätze und Einkommen seit Jahren. Traditionelle Betätigungsfelder werden durch das Eindringen neuer Berufsgruppen in das Beratungsgeschäft bedroht. Um dem erhöhten Wettbewerbsdruck durch Steuerberater, Wirtschaftsprüfer und Unternehmensberater standzuhalten, schließen sich vermehrt Kanzleien zusammen. Die Absicherung des wirtschaftlichen Erfolges durch Empfehlungsmechanismen reicht heute bei Anwälten nicht mehr zur dauerhaften Absicherung des wirtschaftlichen Erfolges aus. Auch Anwaltskanzleien müssen in Zukunft über ihre Positionierung, Spezialisierung und ihr Marketing nachdenken und ihre Bekanntheit verbessern. Nach wie vor haben Spezialisten die größte Anziehungskraft unter den Rechtsanwälten.

Allrounder ohne Chancen

Den Rechtsanwälten stehen vielfältige Positionierungsstrategien und neue Marketinginstrumente zur Verfügung. Dazu ein einfaches Beispiel: Ein Allrounder-Rechtsanwalt, der heute einen Mandanten bei einem Verkehrsdelikt unterstützt, morgen bei einer Scheidung mitwirkt und übermorgen ein Unternehmen bei einem Betrugsfall verteidigt, der baut bei seinen Mandanten nirgendwo ein klares Bild seiner besonderen Fähigkeiten auf. Zudem hat er den Nachteil, dass er sich bei jedem neuen Fall in total verschiedene Rechtsgebiete einarbeiten muss, was jedes Mal einen hohen Arbeitsaufwand erfordert. So bleibt es nicht aus, dass die Qualität seiner Arbeit weniger hoch ist als die eines Spezialisten, der sich nur auf *ein* Rechtsgebiet konzentriert. Der Allrounder kann auf jedem Wissensgebiet, in das er sich einarbeiten muss, immer nur »an der Oberfläche kratzen«, ohne wirklich alle Feinheiten und Details der Rechtslage, der bisherigen Rechtsprechung usw. kennen zu lernen; er kann schon aus Zeitmangel nicht in die Tiefe der geistigen Zusammenhänge eindringen und wird daher im Prinzip auch seine Mandanten weniger gut beraten als ein Spezialist, der sich auf seinem Spezialgebiet durch Wiederholung gleicher oder ähnlicher Fälle und Aufgaben wesentlich besser auskennt. Bei Ärzten wie auch bei anderen Dienstleistern ist es ganz ähnlich: Von einem Herzspezialisten kann ein Patient mit einer Herzerkrankung mehr Kompetenz erwarten als von einem Allgemeinmediziner.

Die Situation von Steuerberatern

Veränderte Märkte erfordern neue Strategien. Auch Steuerberatungskanzleien müssen sich den Veränderungen stellen, denn immer mehr neue Mitbewerber drängen in den Markt: Rechtsanwälte, Banken, Dienstleister per Internet (*www.gehalt.de, www.gastrofib.de* etc.), große Steuerberatungsgesellschaften, die den Mittelstand als Klienten der Zukunft sehen. Veränderte Märkte bieten aber auch neue Chancen.

Um die Zukunft zu sichern, müssen die Steuerberatungskanzleien ihre Kernkompetenz mit neuen abrechenbaren, nachvollziehbaren und erlebbaren Mehrwertdienstleistungen ausbauen, für die der Mandant gerne bereit ist zu bezahlen. Vielfach würde auch schon eine klare Spezialisierung auf eine bestimmte Zielgruppe helfen, denn etliche Steuerberater bedienen »flächendeckend« Unternehmen aller Größenordnungen und Branchen, ohne einer besonderen Gruppe einen herausragenden Nutzen zu bieten. Hinter jeder Branche verbergen sich aber andere Steuerprobleme, so dass der Nutzen für die Mandanten größer wäre, wenn der Steuerberater wirklich mit den branchentypischen Steuer-, Finanzierungs- und Absetzbarkeitsproblemen vertraut wäre, anstatt alle Mandanten nach dem Gießkannenprinzip gleich zu bedienen.

Abschied vom Gießkannenprinzip

> **Die Kanzlei der Zukunft wird vom Vergangenheitsbewältiger zum Finanz- und Zukunftscoach, vom Steuerberater zum Consultant, Risikomanager und Zukunftssicherungsberater. Nicht der Honorarvergleich darf die Messlatte sein, sondern vielmehr der vergleichbare Mehrnutzen, mit dem Sie sich von Ihren Mitbewerbern deutlich absetzen.**

So wie in vielen anderen Branchen auch wird in Steuerberaterkanzleien die bessere Positionierung und das richtige Marketing in Zukunft den unternehmerischen Erfolg ausmachen.

Die Zukunfts-Strategie-Werkstatt

Treffpunkt innovativer Kräfte

In Kooperation mit *Robert Hebler* von *Circula*, mit dem Schwerpunkt Prozessmanagement und Potenzialentwicklung, initiierten wir ein gemeinsames Workshop-Projekt »Zukunfts-Strategie-Werkstatt« für Steuerberatungskanzleien. Zielsetzung war, einen zentralen Treffpunkt innovativ denkender und handelnder Führungskräfte aus Kanzleien aufzubauen, die gemeinsam und miteinander Zukunftsstrategien entwickeln und in der eigenen Organisation Veränderungen gestalten und steuern wollen. Bei dem Thema Zielgruppen waren die meisten Teilnehmer überrascht. Bisher hatten sie nur Mandanten.

Bei der Zielgruppenanalyse stellte zum Beispiel eine Kanzlei verblüfft fest, dass sie, ohne es zu wissen, bereits mit ca. 60 Prozent des Umsatzes auf eine Zielgruppe spezialisiert war. Als sie die Zielgruppe nach bestimmten Kriterien analysierte, stellte sie weiter verblüfft fest, dass sie diese besonders liebte, gerne für sie arbeitete und mit ihr den höchsten Deckungsbeitrag erwirtschaftete. Da fiel es leicht, sich in Zukunft ganz auf diese eine Zielgruppe zu konzentrieren und nach und nach alle übrigen Mandanten wegzuschicken. Auf diese Weise konnte die Kanzlei ein Spitzenimage in dieser einen Zielgruppe aufbauen und sich in Richtung Marktführerschaft weiterentwickeln.

Voraussetzungen zur Positionierung von Ärzten, Heilpraktikern, Anwälten und Steuerberatern

Wer nicht weiß, wie andere Kanzleien und Praxen bereits erfolgreich Geld verdienen, wie die Märkte der Zukunft aussehen, welche neuen Chancen sich eröffnen und wohin die Trends gehen, der läuft mit einem Wettbewerbsnachteil hinterher.

Mit der Positionierungsbrille gesehen, haben Freiberufler, wegen ihrer Flexibilität und ihres Fachwissens, die besten Chancen, Marktnischen zu besetzen und Spezialisierungen aufzubauen. Dazu ist es notwendig, dass man sich Freiräume für unternehmerische Chancen und Ziele schafft.

Es gilt,

- Positionierungsstrategien zu entwickeln, um für die Marktanforderungen der Zukunft gewappnet zu sein,
- bisher nicht abrechenbare Serviceleistungen als Mehrwert neu zu positionieren und zu einer abrechenbaren Leistung zu machen,
- erfolgreiche Strategien anderer Kanzleien oder Praxen kennen zu lernen,
- Marktchancen frühzeitig zu erkennen und Nischen zu besetzen (Zukunftsradar),
- neue erfolgversprechende Ideen und Produkte, die verkaufbar sind, zu entwickeln und umzusetzen,
- Konzepte und Ideen zu entwickeln, um Mandanten zu binden und neue zu gewinnen,
- zukunftssichernde Wettbewerbsvorteile zu erreichen und einen konkurrenzlosen nachhaltigen Mehrwert zu schaffen,
- Expertenwissen über Marketing, Positionierung und Werbung sinnvoll zu nutzen.

Gewinn durch Kooperation

Komplettservice bieten

Freiberufler sind häufig »Einzelkämpfer« und haben es auch darum schwer, sich auf dem Markt durchzusetzen. So kann es oft sinnvoll sein, sich mit Kooperationspartnern aus der gleichen Branche zusammenzuschließen, um für Kunden ein attraktives Leistungspaket, einen Full- oder Komplettservice anzubieten, den ein Einzelner allein nicht bieten kann, ohne sich dabei völlig zu verzetteln. In diesem Sinne ist es lohnend, sich nach Kooperationspartnern umzuschauen, die keine Konkurrenten sind, sondern die eigene Leistung sinnvoll ergänzen. Häufig lassen sich leichter Kunden gewinnen, wenn man das eigene schon vorhandene Leistungsangebot durch weitere Leistungen komplettiert, die der Kunde zur Lösung seines Problems ebenfalls benötigt; besonders wenn es bisher noch keinen Full-Service auf dem Markt gibt und man auf diese Weise mit einer neuen Dienstleistung eine interessante Marktnische erobern kann, ist dies lohnend. Voraussetzung ist allerdings, dass die gebotene Full-Service-Leistung auch wirklich im Markt benötigt wird, was sich oft nur durch Tests herausfinden lässt.

Es gibt heute viele Möglichkeiten, mit Kooperationspartnern, die das eigene Angebot komplementär ergänzen, eine Allianz einzugehen. Nicht immer ist die Gründung einer eigenen Sozietät, Kanzlei oder Partnerschaftsgesellschaft erforderlich. Nicht nur das Internet bietet heute vielfältige Chancen, sich gemeinsam zu präsentieren und Leistungen gemeinsam zu verkaufen, und zwar auch dann, wenn man an unterschiedlichen Orten wohnt und getrennte Geschäftsbetriebe unterhält.

www.buchagentur-netzwerk.de Eine »virtuelle« Buchagentur haben z.B. *Gabriele Becker, Dr. Sonja Klug* und *Ulrike Theilig* gegründet, die mit unterschiedlichen Spezialisierungen alle im Wirtschaftsbuchbereich tätig sind. Ihre verschiedenen Dienstleistungen haben sie in der *Buchagentur Netzwerk* zusammengeschlossen. Auf diese Weise können sie der Zielgruppe Unternehmen einen Full-Service im Buchbereich bieten, der alle Elemente umfasst, die für die Realisierung von Buchprojekten benötigt werden: Konzepterstellung, Ghostwriting, Verlagskontakte, Buchlayout sowie Pressearbeit für Buch und Autor. So ist ein Komplettservice entstanden, der dem bloßen Angebot von Einzeldienstleistungen weit überlegen ist und als neue Dienstleistung auch ein Alleinstellungsmerkmal auf dem Markt hat.

> **Durch Zusammenschluss mit geeigneten Kooperationspartnern, die das eigene Leistungsangebot sinnvoll ergänzen, lassen sich Komplettpakete schnüren, die für Kunden nicht nur eine höhere Attraktivität als Einzelleistungen haben, sondern auch dabei helfen, neue Marktnischen zu erobern.**

Fragen an den Leser

Bevor Sie die folgenden Fragen beantworten, sollten Sie zuerst die Fragen zur Erfolgsstrategie *RückenVital* (vgl. Teil 2, 2. Kapitel, ab Seite 72) erarbeiten. Es handelt sich um die Basisfragen zu den einzelnen Kapiteln.

1. Suchen Sie in Ihrer Branche nach erfolgreichen Spezialisierungsnischen.
2. Analysieren Sie Ihr Marktumfeld: Wer hat sich dort bereits erfolgreich niedergelassen?
3. Lernen Sie aus den Beispielen, inwieweit sich diese oder ähnliche Positionierungen auf Sie übertragen lassen.
4. Welche Leistungsangebote fehlen in Ihrem Einzugsgebiet bzw. werden von anderen nebenbei mit angeboten?
5. Welche Lücken bestehen im Leistungsangebot?
6. Analysieren Sie Ihre bisherige(n) Zielgruppe(n). Könnte eine Konzentration auf eine Zielgruppe und eine Problemlösung zu einer Spezialisierung führen?
7. Schauen Sie sich nochmals genau die Problemanalyse Ihrer Zielgruppe(n) an. Wenn Sie bisher mehrere Zielgruppen bedienen, dann erstellen Sie bitte für jede eine separate Problemanalyse. Ergeben sich eventuell durch eine genauere Betrachtung interessante Teilzielgruppen?
8. Legen Sie auch mal Ihre Branchenbrille und Ihre Scheuklappen zur Seite. Werden Sie für einige Zeit ein potenzieller Kunde und verlangen Sie ganz frech das Unmögliche, das bisher noch keiner in der Branche angeboten hat.
9. Denken Sie in Produkten und neuen abrechenbaren Dienstleistungen.
10. Überlegen Sie, mit wem Sie kooperieren können, um Ihr Angebot sinnvoll zu ergänzen und beispielsweise ein Komplettpaket für Kunden zu schnüren.
11. Kombinieren Sie bestehende Leistungen zu einer neuen Mehrwertleistung.
12. Lassen Sie sich die Anziehungskraft jeder Idee durch einen realen Markttest bestätigen.

2. Die Positionierung im Berater- und Trainermarkt

Die Marktsituation

Noch vor wenigen Jahren verzeichnete der Berater- und Trainermarkt ein gesundes Wachstum. Große Unternehmensberatungen hatten jährlich sogar einen zweistelligen Umsatzzuwachs. Doch durch das konjunkturelle Tief traten die Unternehmen in fast allen Branchen und Wirtschaftszweigen auf die Kosten- und Personalbremse; die Entlassung qualifizierter Mitarbeiter führte schnell zu einem Überangebot an Trainern und Beratern auf dem Markt, denn viele machten sich nach ihrer Entlassung mangels beruflicher Alternativen selbständig. Hinzu kommt, dass große Unternehmen andererseits aus Kostengründen weniger in Beratung und Training investieren. Mit anderen Worten:

Immer mehr Berater und Trainer bewerben sich um im weniger Aufträge. So klafft die Schere zwischen Angebot und Nachfrage auf dem Markt immer weiter auseinander.

Fehlende Alleinstellung Ein eindeutiges oder gar unverwechselbares Image bzw. Alleinstellungsmerkmal haben sich nur die wenigsten Berater und Trainer erarbeitet. Weil viele mit identischen Leistungsangeboten um die Gunst der gleichen potenziellen Klienten buhlen, verschärfte sich der Wettbewerbsdruck, so dass ein Kampf um Honorare entbrannte. Die Unternehmen schauen immer kritischer auf Effizienz, ihr Budget und die Höhe der Honorare. Viele Berater und Trainer sind gezwungen, ihre Preise nach unten zu korrigieren, um überhaupt noch Aufträge zu bekommen. Selbst gestandene Trainer und Seminaranbieter haben oft wochenlang keine Aufträge.

Die katastrophale Wirtschaftslage hat zu veränderten Prioritäten in der Auswahl der Berater geführt. Kunden verlangen zunehmend Konzepte, um kurzfristig Kosten einzusparen und mehr Umsatz zu generieren. Sie wollen, dass der Berater ihnen auch bei der praktischen Durchsetzung nötiger Veränderungen zur Seite steht. Laut einer repräsentativen Untersuchung von *TNS Emnid* waren fast 50 Prozent der befragten Manager mit den Beratungsprojekten der vergangenen zwei Jahre unzufrieden. Obwohl die generelle Bereitschaft, in Managementfragen externe Berater hinzuzuziehen, weiterhin hoch ist, fühlten sich fast 40 Prozent aller Kunden von den Strategieberatungen bei der Umsetzung nötiger Veränderungen allein gelassen – ein Defizit, das vor allem die großen Beratungshäuser auszeichnet.

Beratungsdefizite

Warum gibt es so viele Beraterspezialisten und besondere Dienstleistungen, aber keiner kennt sie? Warum klagen so viele exzellente Berater über mangelnde Aufträge, obwohl Firmen nach ihnen suchen? Warum verlieren viele Berater auf Grund der Kostenbremse Umsätze, obwohl andere sich vor Aufträgen nicht retten können? Ich kenne etliche gute Berater. Doch auf Grund ihrer »Bauchladenstrategie« – ihrem verzettelten, breiten Angebot – haben sie ein großes Glaubwürdigkeitsproblem bei der Neukundengewinnung.

Eigentlich ein Boom in Krisenzeiten

Die Notwendigkeit der Positionierung

Für viele Berater und Trainer besteht die große Herausforderung darin, sich durch eine glaubwürdige Nutzenspezialisierung von der Masse der Wettbewerber klar abzuheben. Sich prägnant und glaubwürdig am Markt zu positionieren, wird künftig über den Erfolg und die Existenz entscheiden.

In diesem Markt ist es wie in vielen anderen Märkten: Trotz Überangebot und Branchenkrise besteht nach denjenigen, die sich spezialisiert haben, nach wie vor eine große Nachfrage.

Die Vorteile einer Spezialisierung:

- Steigerung der Lerngewinne
- Steigerung der Produktivität und Effektivität
- mehr Souveränität und Sicherheit
- höhere Problemlösungskompetenz
- ein beruhigendes Gefühl
- hochkarätige Persönlichkeiten suchen Rat
- Presseberichte über die eigene Dienstleistung
- Werbung zum Nulltarif
- Einladung zu Vorträgen
- Empfehlungsmarketing
- automatische Neukundengewinnung
- mehr Kunden und Warteschlangen.

Typische Fehler Mich erreichten viele Anfragen von Beratern und Seminaranbietern mit der Bitte, ihre Selbstdarstellung zu analysieren, und der Frage, was sie verkehrt machten, da der erhoffte Erfolg ausblieb. Es war erschreckend, wie viele die wichtigsten Regeln nicht beachtet hatten. Den meisten fehlte durch ihr Bauchladenangebot ein klares Profil.

Seminaranbieter fangen in ihren Broschüren häufig direkt mit der Präsentation des Seminarangebotes an, ohne dass der potenzielle Leser weiß, warum es geht. Das Seminar ist aber nur Mittel zum Zweck, jedoch nicht der zwingende Nutzen. Es werden die Vorgehensweise im Seminar beschrieben und viele Worthülsen benutzt, aber nicht die zukünftigen Erfolge und was sich dadurch verbessert, beschrieben. Die Wirkung von Co-Branding und Referenzen wird vernachlässigt.

Das große Minus: ungenügende Nutzen- und Selbstdarstellung

Als ein Berater mit der Neukundengewinnung nicht weiterkam, sandte er mir zur Analyse seine Akquisitionsunterlagen zu. Da er auch Erfahrungen in den Bereichen Zeit- und Selbstmanagement, Präsentationstechniken, Verkaufsgesprächsoptimierung, Motivation, souveränes Auftreten in der Öffentlichkeit, Moderation und Gesprächsführung für interne Meetings sowie Train-the-Trainer-Schulungen hatte, wurde »sicherheitshalber« auf jeder Seite ein Thema kurz behandelt.

Nach dem Lesen der Werbeunterlagen wusste der potenzielle Entscheider nicht mehr, worin die Kernkompetenz des Beraters bestand; er sah nur noch einen unstrukturierten »Gemischtwarenladen«. Jeder Kunde aber weiß: Wer alles macht, kann nicht gut sein. Wer viele Hasen gleichzeitig jagt, fängt am Ende keinen.

Enttäuscht über meine Analyse während des Telefoncoachings machte mir der Berater klar, dass ein Kunde, wenn er erst einmal sein Know-how kennen gelernt habe, begeistert sei. Bei einer Neukundengewinnung nutzt ihm das aber herzlich wenig.

Lernt man Berater persönlich kennen, ist man oft über das Know-how und die Erfolgsberichte überrascht. Aus dem Stegreif sprudelt ihre Selbstdarstellung routiniert und nutzenorientiert aus ihnen heraus. Doch wenn sie sie zu Papier bringen wollen, fangen sie an, jeden Satz dreimal umzudrehen, bis sie am Ende in hochtrabenden Allgemeinfloskeln versinken.

Nichts sagende Floskeln

Ein häufiger optischer Minuspunkt der Berater und Trainer ist das äußere Erscheinungsbild bzw. das Corporate Design, das oft nicht von Profis angefertigt wurde, sondern selbst gemacht ist. Dazu heißt es dann: *»Mehr kann ich mir nicht leisten.«* Wenn Sie glauben, dass die eigene Positionierung für Werbeagenturen ein Kinderspiel ist, darf ich Sie enttäuschen. Auch die tun sich damit sehr schwer.

Entwickeln Sie die »Anders sein als andere«-Positionierung, indem Sie sich ein klares Profil für einen eng eingegrenzten Kompetenzbereich zulegen, anstatt »alles für alle« anzubieten. Investieren Sie in Ihr Corporate Design. Lassen Sie sich von Profis beraten, auch bei der Ausarbeitung Ihrer Werbeunterlagen.

Hilfe für Trainer

Während die Beraterszene noch immer schlecht organisiert ist, man sich dort auf die wenigen großen und namhaften Unternehmensberatungen wie *Boston Consulting Group, Roland Berger* oder *Mc Kinsey* konzentriert und die vielen Kleinen unbeachtet bleiben, sieht es in der Trainerszene inzwischen besser aus. Seit einigen Jahren gibt es mehrere Anlaufstellen, wo Trainer Unterstützung bei der Positionierung auf dem Markt erhalten können. So gibt es Trainer-Coaches, Trainervermittlungsagenturen, Trainerkongresse sowie Experten für Trainermarketing, Trainerconsulting und Trainer-PR. Bekannt ist z. B. *Jutta Häuser*, die mit ihrer *Ypsylon GmbH (www.ypsylon.de)* mit der Spezialisierung Trainervermittlung und -marketing auftritt. Sie rät Trainern ebenfalls dazu, eine Kernkompetenz zu entwickeln und sich auf eine Zielgruppe zu konzentrieren (Häuser: *Marketing für Trainer*, vgl. Literaturverzeichnis).

Erfolgsbeispiele

Internet-Marketing-Spezialisierung

Während seines Betriebswirtschaftsstudium führte *Marcus Amann* ein kleines Sportgeschäft. Nach anfänglicher Skepsis gegenüber dem Internet fand er 1995 in einem Computermagazin eine Diskette mit dem Angebot des Onlinedienstes *Compuserve* und einem kostenlosen Testzugang. Als er einige Nächte in den diversen Online-Foren herumstöberte, fand er ein kostenloses Probekapitel aus dem Buch eines amerikanischen Autors mit dem Titel *Marketing on the Internet*. Begeistert von den Möglichkeiten bestellte er das Buch direkt in Amerika.

Der Autor *Michael Mathiesen* empfahl, in mehreren Schritten in Richtung Interneterfolg vorzustoßen. Einer davon war, einen kurzen Infotext über ein interessantes Thema in einem Online-Forum zu platzieren. Mutig fasste *Amann* einen Beitrag aus einem Computermagazin über eine Studie deutscher Internet-Nutzer zusammen und legte sie im selben Marketing-Forum ab, in dem er die Probekapitel des Buches fand (Trojaner-Strategie). Innerhalb weniger Tage avancierte dieser Beitrag zum meistabgerufenen.

Durch diesen Erfolg ermutigt, realisierte er einen weiteren empfohlenen Schritt und schrieb einen Newsletter, der mehrere Beiträge umfasste. An das Ende hängte er einen Anmeldecoupon, mit dem man sich zu einem kostenlosen Abonnement per E-Mail anmeldete. Zu seiner Überraschung kamen innerhalb kürzester Zeit Anmeldungen von Geschäftsführern von Klein- und Mittelunternehmen, Marketing- und Werbeagenturen sowie Internet-Profis. Er erkannte sehr schnell, dass er eine Marktlücke entdeckt hatte, und mietete sich einen damals noch sehr teuren virtuellen Webserver mit eigener Domain. **E-Mail-Newsletter**

Da sich sein Internet-Marketing-Newsletter steigernder Beliebtheit erfreute, investierte er viel Zeit in die Recherche und das Schreiben von Artikeln. Obwohl er damit noch kein Geld verdiente und auch noch nicht wusste wie, war er jedoch fest davon überzeugt, dass dieses neue Medium ungeheure Chancen in sich barg. Konkrete Anfragen ließen nicht lange auf sich warten. Als Erstes kam eine Anfrage per E-Mail vom damals führenden Magazin für Internet-Entscheider, einen Beitrag zum Thema Online-Support zu schreiben. Dieser Artikel war der Start seiner journalistischen Tätigkeit. Prompt folgten die ersten Anfragen von Kleinunternehmen, die im Bereich Internet-Marketing Berater suchten.

Marcus Amann trennte sich von seinem Sportgeschäft und ist heute ein gefragter Journalist, Vortragsredner und Trainer für Internet-Marketing; als Berater unterstützt er außerdem mit erprobten Praxisanwendungen Unternehmen, die über das weltweite Datennetz preiswert mit potenziellen Kunden in Kontakt treten wollen. Hier entwickelte er Konzepte, wie man mit einfachen Mitteln, den richtigen Texten und mit höchster Sogwirkung als **Berater-Spezialisierung**

Spezialist neue Kunden über das Internet gewinnt. *Amanns* eigener Interneterfolg basiert im Wesentlichen auf einem kostenlosen Newsletter als Trojaner mit derzeit 6500 Abonnenten. Darin offeriert er Infos und Tipps, wie man mit einfachen Mitteln neue Kunden über das Internet gewinnt.

www.amann.de Durch seine Neugier, die intensive Beschäftigung mit dem Thema, den gezielten Erwerb von Know-how zu seinem Thema, die Befolgung von Anleitungen und durch Testen und Marktfeedback fand er seine Markt- und Positionierungsnische und wurde innerhalb weniger Jahre zum Experten.

Zielgruppen-spezialisierung Die Unternehmensberatung *Forplan GmbH* hat sich auf die Nische der Beratung von öffentlichen und privaten Rettungsdiensten konzentriert. Aufgrund seiner hohen Spezialisierung und der sehr engen Nische der Rettungsdienste erreichte das Unternehmen einen Marktanteil von rund 80 Prozent.

Interessant für Berater ist darüber nachzudenken, inwieweit eine bestehende Spezialisierung bzw. eine besondere Vorgehensweise sich als Softwaretool umsetzen lässt. Vorteil: Sie haben einen Trojaner für die Neukundengewinnung, generieren ein zusätzliches Einkommen auch ohne Beratungsleistung und bieten einen zusätzlichen Nutzen, der, wenn er die Erwartungen übertrifft, zum Standard wird und zu einer Empfehlungswelle innerhalb eines Zielgruppennetzwerkes führen kann. Wenn er anderen Zielgruppenbesitzern (Beratern) und deren Kunden ebenfalls einen hohen Nutzen bietet, erleichtert er die Marktdurchdringung.

www.circula.de Nach jahrelanger Tätigkeit als Berater in führenden Beratungsgesellschaften machte sich *Robert Hebler* mit seiner eigenen Beratungsgesellschaft *Circula* mit der Zielgruppe Steuerberater und Wirtschaftsprüfer mit dem Schwerpunkt Prozessmanagement selbständig. Innerhalb weniger Jahre war er ein gefragter Experte für prozessorientierte Qualitätsmanagementsysteme, die zur DIN EN ISO 9001-Zertifizierung und/oder zur Qualitätsprüfung *Peer Review* führen. Ein wichtiger Engpass für die Kanzleien war die Einbindung von Dokumentationen und Regelungen, um die betrieblichen Prozesse abzubilden. Mit externen Experten entwickelte er das Arbeits-Softwaretool *Cockpit*, mit dem die Kanzleien eine Darstellung der Prozesslandschaft und Dokumente in kurzer Zeit erstellen können und so alle Qualitätsansprüche (Kunden, Gesetzgeber, Branchenstandards und eigene) erfüllen. Nach ersten erfolgreichen Projekten wurden Berater auf das Softwaretool aufmerksam und erkannten, dass sie damit für sich selbst und ihre Kunden ein professionelles Werkzeug mit hohem Nutzen und Türöffner (Trojaner-Strategie) für die Neukundengewinnung in den Händen hielten.

Kontakte erzielen Kontrakte

In der Neukundengewinnung tun sich viele Berater wie auch Trainer besonders schwer; nicht selten ist dies ein Buch mit sieben Siegeln. Also erhofft man sich als Netzwerker, Potenziale aufzutun. Netzwerker gehen auf viele Veranstaltungen, kennen viele Menschen und potenzielle Kunden. Da sie aber oft keine Alleinstellung bzw. zwingende Positionierung haben oder nicht in der Lage sind, dem Gegenüber kurz und prägnant verbal einen zwingenden Nutzen zu vermitteln, können sie daraus keine Aufträge generieren. Auf der anderen Seite gibt es viele Spezialisten mit Alleinstellung, die es versäumt haben, ein Netzwerk aufzubauen. Wenn Sie kein ambitionierter Netzwerker sind, kooperieren Sie mit Menschen, die diese Fähigkeiten haben. Wenn Sie in diesen Netzwerken Menschen kennen lernen, die ständig neue Geschäfte anbahnen, dann schauen Sie genau hin. In der Regel sind es Spezialisten. Aber die werden Sie dort nicht so häufig finden – denn die haben meist vor lauter Arbeit keine Zeit für solche Veranstaltungen.

Netzwerke aufbauen

> **Der Aufbau und die Pflege von Netzwerken ist für Berater und Trainer für die Akquisition von Neukunden unerlässlich, um aus dem »Einzelkämpfertum« herauszukommen. Wichtig ist es aber auch hier, sich mit einer klaren Spezialisierung und einem klaren Nutzen für eine bestimmte Zielgruppe zu präsentieren.**

Fragen an den Leser

Auch Beratern und Trainern empfehle ich, zuerst die Fragen zur Erfolgsstrategie *RückenVital* (vgl. Kapitel 2 in Teil 2, ab Seite 72) zu erarbeiten, bevor sie die folgenden Fragen beantworten.

1. Als Erstes sollten Sie darüber nachdenken, ob Ihre jetzige Positionierung auch wirklich Ihre Kernkompetenz klar kommuniziert und ob Ihr Auftritt, angefangen beim Corporate Design bis zur Wertigkeit Ihrer Unterlagen, Sie glaubwürdig darstellt. Nicht selten erlebe ich auch, dass Berater und Trainer zwar »gut positioniert, aber schlecht kommuniziert« sind. Als ich heute an diesem Kapitel schrieb, hatte ich zufällig Besuch von einem Unternehmensberater, der sich auf mittelständische Unternehmensberaterfirmen spezialisiert hatte. Er bestätigte mir, dass viele seiner Klienten zwar gute Spezialisten seien, aber keine oder grottenschlechte Verkäufer. Entsprechend sei ihre Selbstdarstellung mit selbst geschusterten Allgemeinfloskeln an ihrer Kernkompetenz vorbeigetextet.
2. Erstellen Sie einen Marketingplan.
3. Analysieren Sie Ihr Marktumfeld: Wer hat sich dort bereits erfolgreich spezialisiert? Scheuen Sie sich nicht, Kontakt mit diesen Spezialisten aufzunehmen. Sie fühlen sich oft geschmeichelt, wenn man nach ihren Erfolgsgeheimnissen fragt. Es geht nicht darum, das Gleiche zu tun, sondern von ihnen zu lernen. Vielleicht werden Sie überrascht sein, dass viele erst den steinigen Weg der Verzettelung gegangen sind, bevor sie ihre Spezialisierung fanden oder durch Kundenanfragen hineingeschupst wurden.
4. Analysieren Sie Ihre bisherige(n) Zielgruppe(n) nochmals ganz genau. Könnte eine Konzentration auf eine Zielgruppe und Problemlösung zu einer Spezialisierung führen?
5. Schauen Sie sich nochmals genau die Problemanalyse Ihrer Zielgruppe(n) an. Wenn Sie bisher mehrere Zielgruppen bedienten, dann erstellen Sie bitte für jede eine separate Problemanalyse. Ergeben sich eventuell durch eine genauere Betrachtung interessante Teilzielgruppen?
6. Schauen Sie sich auch die Statistiken über den größten Beratungs- und Trainerbedarf an. Entspricht Ihre Leistung den Erwartungen des Marktes?
7. Welche Leistungsangebote fehlen in Ihrem Einzugsgebiet bzw. werden von anderen nebenbei mit angeboten?

8. Lernen Sie aus den Fehlern anderer. Wo fängt Ihre Beratung an und wo hört sie auf? Lassen Sie Ihre Kunden eventuell bei den wichtigen Umsetzungsschritten alleine?

9. Denken Sie ganzheitlich. Könnten Sie in Kooperation mit ergänzenden Spezialisten den Kundennutzen verbessern?

10. Die Diamanten liegen vor der Haustür. Viele Berater verkaufen »Eintagsfliegen«-Beratungen, während andere Berater aufeinander aufbauende Beratungsleistungen anbieten und damit den Umsatz je Kunde deutlich verbessert haben.

11. Kombinieren Sie bestehende Leistungen zu einer neuen Mehrwert-leistung. Lassen Sie sich die Anziehungskraft jeder Idee durch einen realen Markttest bestätigen.

3. Die Positionierung als Informations-, Beschaffungs- und Vermittlungszentrale

Marktnische Zentrale

Die Idee der Zentrale hat in der Vergangenheit vielen Unternehmen das Überleben gesichert. Für einige Branchen, wie z. B. Handwerker, ist die Zentrale ein ideales und teilweise noch wenig genutztes Betätigungsfeld, das neue Perspektiven bei der Positionierung eröffnet. Es gibt Wissens-, Informations-, Auftragsvermittlungs-, Kundengewinnungszentralen und viele andere Formen von Zentralen. Einzelhändler haben sich beispielsweise zu Einkaufszentralen zusammengeschlossen oder Branchen in Verbänden.

Franchise-Geschäftsideen, wie *McDonald's, Burger King,* Teeläden etc., werden durch Zentralen gesteuert. Hier werden strategische Erfolgskonzepte, Marketingstrategien und der betriebswirtschaftliche Rahmen vorgegeben, Schulungen und Seminare durchgeführt und das Controlling, die Organisation sowie der Erfahrungsaustausch zwischen den Partnern gesteuert.

Agenturen und virtuelle Marktplätze Die Idee, Zentralen für eine homogene Zielgruppe aufzubauen, ist nicht neu, aber nach wie vor lassen sich immer wieder neue Nischen finden. Denken Sie an virtuelle Marktplätze wie *Ebay,* das Unternehmen *PRO-plast Kunststoff GmbH* mit der Restmengenbörse für Kunststoffe, an Preisagenturen für spezielle Nischen, den Gebrauchtgerätemarkt, Adressbroker etc.

Typische Formen der »Zentrale« sind Agenturen, virtuelle Marktplätze und Foren im Internet sowie Franchisesysteme.

Konzepte verschiedener Zentralen

Das Konzept der Mitfahrzentralen hatte seinen Ursprung darin, Studenten organisierte und günstige Mitfahrgelegenheiten anzubieten. Heute gibt es bundesweit tätige Mitfahrzentralen, die über EDV miteinander vernetzt sind und sich längst nicht mehr auf Studenten beschränken. Angelehnt an diese Idee haben sich andere interessante und lukrative neue Zentral-Dienstleistungen entwickelt, wie zum Beispiel die Mitflugzentrale in Privatflugzeugen, für Drachen- und Gleitschirmflieger, Helikopter etc.

Mitfahrzentralen

Mit einem ähnlichen Konzept traten die Mitwohnzentralen auf den Markt, die gegen eine Gebühr Wohnungen und Zimmer für einen bestimmten Zeitraum vermitteln. Wohnungsinhaber oder Mieter reduzieren dadurch ihre eigenen Kosten für Miete und Nebenkosten. Dieser Service ist auf eine Teilzielgruppe ausgerichtet, die nur eine bestimmte Zeit an einem Ort ist und sich nicht langfristig an eine Wohnung binden möchte.

Das Last-Minute-Konzept wurde zunächst als Nische in der Tourismusbranche entwickelt. Mittlerweile wurde es auf andere Branchen übertragen. So gibt es z. B. in Köln die Last-Minute-Seminarvermittlung, die verbilligte Teilnahme an Bildungskursen anbietet. Das Konzept der Reisebranche wurde dahingehend kopiert, dass Seminaranbieter über die Anzahl der freien Plätze bei angebotenen Seminaren informieren und dann aktiv versucht wird, diese Plätze zu verbilligten Konditionen zu besetzen. Man plant, mit Hilfe einer Spezialistendatenbank die Nische weiterzuentwickeln und Last-Minute-Seminarvermittlungen als Franchisesystem auf ganz Deutschland auszuweiten.

Last Minute

Ein Vertriebsmann in den USA besuchte aus allen Branchen die unterschiedlichsten Unternehmen. Seine Kundendatei beinhaltete unter anderem auch die besonderen Stärken der Unternehmen

Wissenszentrale

und deren wichtigste Mitarbeiter. Im Laufe der Zeit wurde er ein interessanter Informationsbesitzer für seine Kunden. Tauchte irgendwann ein unlösbares Problem bei einem seiner Kunden auf, riefen sie ihn an und fragten, ob er jemanden wüsste, der ihnen bei der Problemlösung helfen könne. Als er erkannte, wie wertvoll sein Wissen war, machte er sich mit seiner »Wissenszentrale« selbständig und verkaufte fortan seine Informationen.

Bei der Marktnische Zentrale geht es darum, Problemlösungen zu finden, wie ein zentraler Informationsbesitzer einer homogenen Zielgruppe einen hohen Nutzen bieten kann und durch die Bündelung gleicher oder ähnlicher Bedürfnisse die Leistung der Informationserbringung bezahlbar wird, die für einen Einzelnen zu unwirtschaftlich oder zu aufwendig wäre.

Erfolgsbeispiel *Einer Alles Sauber*

Das Problem der Handwerker Handwerker machen in der Regel kein aktives Marketing und warten normalerweise, bis jemand etwas von ihnen will. Traditionell geprägt, erstellen sie dann, sicherheitshalber, ein kostengünstiges Angebot gegen ein Wettbewerbsumfeld. Ohne Alleinstellungsmerkmal und besonderen Kundennutzen stehen Handwerksbetriebe ständig im Preiskampf. Entsprechend gering ist bei Auftragsvergabe auch der Deckungsbeitrag. Hier bietet *Einer Alles Sauber* ein professionelles Konzept, das sich dem Preiskampf entzieht, den wirtschaftlichen Erfolg planbar macht und eine Auftragskontinuität erreicht. Nach einem gemeinsamen Workshop mit der *Einer Alles Sauber*-Zentrale, bei dem es um neue Positionierungskonzepte ging, war ich begeistert von der Professionalität und den Erfolgen.

Die Historie

Philosophie – soziale Grundaufgabe Vor etwa zehn Jahren verwirklichten *Paul Meyer*, Schwerpunkt Marketing und Spezialisierung auf strategisches Marketing im Handwerk, und *Josef Berchtold*, Schreinermeister mit betriebswirtschaftlicher Ausbildung und seit 1980 selbständiger Betriebsberater für Bauhandwerker, eine gewinnbringende Systemidee für das Bauhauptgewerbe: Die Systemzentrale unterstützt Bauhandwerker (Zimmerer, Bauunternehmer, Stuckateure) und deren Familien, sich auf die Modernisierung bewohnter Eigenheime zu spezialisieren. Zielgruppe sind zahlungskräftige Paare nach der Silberhochzeit, deren Kinder bereits ein eigenes Leben führen und die im zweiten Lebensabschnitt ihre Wohnqualität verbessern wollen.

Ziel für die Bauhandwerker ist eine sichere Zukunft, eine lückenlose Auslastung ihrer Kapazitäten zu Wunschpreisen, ein hohes Ansehen bei Kunden als selbständige Bauhandwerker und Freude an der Arbeit.

Das Angebot

Das Marktangebot von *Einer Alles Sauber* umfasst die Planung und Ausführung von großzügigen An- und Umbauten sowie Aufstockungen, anspruchsvollen Dachausbauten mit Gauben, Dachwohnfenstern, Quergiebeln und Dachterrassen, und zwar aus einer Hand. Dabei steht nicht der niedrigste Preis im Vordergrund, sondern das Ziel, mit einem Rundum-Service eine hohe Kundenzufriedenheit in allen Bereichen zu erreichen. Höchste Sauberkeit bei der Ausführung der Arbeiten, Termintreue und schnelle Abwicklung ist ebenso selbstverständlich wie der Grundsatz, dass dem Kunden Lauferei, Stress und Ärger erspart werden.

www.eas-system. de

> *Einer Alles Sauber* **steht für das strategische Zielgruppenkonzept: »Einer« regelt die Abwicklung, »Alles« wird organisiert, »Sauber« ist die Ausführung.**

Dazu wurden im Vorfeld, ähnlich einer Franchisegeberzentrale, intelligente und strategische Erfolgskonzepte entwickelt: von Strategie und Marketing über Betriebswirtschaft, Controlling, Organisation bis zum konkurrenzfreien Erfahrungsaustausch zwischen den Partnern, dem Betriebsvergleich sowie Schulungen und Seminaren.

Herzstück ist das *S.E.K.S.*®-EDV-Programm (Strategisches-Erfolgs-Kontroll-System) als Frühwarnsystem, das Folgendes umfasst: Überwachung der Anfragen, Angebote, Auftragseingang und Nachkalkulation, System zur Erkennung der Erfolgsfaktoren und Engpässe, Kostenrechnung, Kalkulation, Kostensenkungspotenzial, Organisation, Controlling, Ratingunterlagen, Geschäftsplan, jährliche Aktualisierung der Kalkulationssätze usw. Es entsteht ein permanenter Soll-Ist-Vergleich der Monatsziele im Hinblick auf Anfragen, Angebotsvolumen, Auftragseingang und Auftragsabschlussquote. Dieses einmalige, einfache und übersichtliche System bringt bei den Partnern automatisch einen Veränderungsprozess in Gang. Erfolge sichtbar zu machen und über Erfolge zu motivieren ist dabei der Grundgedanke.

Planung und Umsetzung für die Partner Zentral werden die Marketingkonzepte, zugeschnitten auf die Bedingungen der Partner vor Ort, erarbeitet, Werbepläne erstellt, die Schaltung der Anzeigen vorgenommen usw. Die Unterstützung bei der Auswahl geeigneter Kooperationspartner (Subunternehmer anderer Gewerke) gehört ebenfalls dazu.

Markteinführung und Erfolge

Nach einer Testphase erzielten die Partner einen sensationellen Erfolg. Die Partner, die die Instrumente der einfachen betriebswirtschaftlichen Planung und des Marketings umsetzten, erreichten regelmäßig Anfragen und schafften es, aus zehn Angeboten acht in Aufträge umzuwandeln. Der erzielte Stundensatz verbesserte sich schon im ersten Jahr erheblich. Das Auftragsloch-Frühwarnsystem machte die lückenlose Auslastung planbar.

Schulungen und Seminare über Verkaufstechniken, Zielfindung, Mentaltechniken, Empfehlungsmarketing, Zeitmanagement, Personalführung, Schulung der gewerblichen Mitarbeiter im Umgang mit Kunden etc. und ein offener Erfahrungsaustausch der Partner sichert den Qualitätsstandard.

Mittlerweile haben sich bundesweit etwa 50 Partnerbetriebe mit Gebietsschutz der Zentrale angeschlossen – mit steigender Nachfrage. Die Erfolge der Zentrale und der Partner sorgten in der Fachwelt für Aufsehen und führten zu Preisen und Auszeichnungen. So wurden der *Marketingpreis des Deutschen Handwerks* und der *Marketingpreis des bayrischen Zimmererhandwerks* an Partner von EAS verliehen.

Weitere Erfolgsbeispiele

Rufdenprofi.de ist eine Servicezentrale und Leistungsgemeinschaft für das Bauhandwerk. Es werden z. B. umfangreiche Baumaßnahmen, die verschiedene Gewerke erfordern, Hand in Hand geplant, koordiniert und sauber durchgeführt. Vorteil des Kunden: Er muss nicht auf eigene Faust Handwerker unterschiedlicher Gewerke selbst zusammensuchen, sondern erhält eine Komplettleistung aus einer Hand, die nicht nur professionell, sondern auch *clean* ausgeführt wird. Diplomingenieur *Rolf-Peter Medler* hat für seine erfolgreiche Umsetzung der Strategie im Baugewerbe 2003 den EKS-Strategiepreis erhalten.

www.rufdenprofi. de

Eine Nischenzielgruppe bedient die *cambio Stadtauto* in Köln. Zielgruppe sind Personen, die gelegentlich ein Auto benötigen, für die aber die Anschaffung eines eigenen Fahrzeugs nicht lohnen würde. Aus dem *Stadtauto*-Fuhrpark kann man gegen eine Aufnahmegebühr von 150 Euro, eine Kaution von 1500 Euro, einen fahrzeugabhängigen Kilometer-Pauschalpreis sowie eine Gebühr pro Stunde die Fahrzeuge nach Bedarf nutzen. Nach telefonischer Buchung werden die Fahrzeuge an festen Stellplätzen innerhalb der Stadt abgeholt.

Stadtauto Köln

Cambio Stadtauto übernimmt die Wartung, Reparatur und Versicherung der Fahrzeuge. Mit zwei Fahrzeugen, zehn Teilnehmern und einer Station startete das Unternehmen 1992. Anfang 2000 standen in Köln an insgesamt 19 Stationen 95 Autos bereit, die jährlich von etwa 1900 Teilnehmern genutzt werden. Das Unternehmen wurde damit die größte Car-Sharing-Station in Europa. Mit dem Angebot bietet die Stadt Köln nicht nur seinen Bürgern einen besonderen Service, sondern entlastet damit auch den Stadtverkehr um 400 Fahrzeuge, denn ein Stadtauto ersetzt fünf Privatwagen.

Velotaxi Berlin   Die *Velotaxi GmbH* wurde 1997 in Berlin gegründet, um ein neues Nahverkehrssystem in Verbindung mit einem neuen Werbekonzept umzusetzen. Vorbild war nicht, wie man vermuten könnte, die asiatische Rikscha, sondern das Sammeltaxi-Konzept aus Südamerika. Dort werden Fahrgäste auf festen Linien transportiert, können sich aber auf Wunsch auch abseits der regulären Fahrstrecke absetzen lassen. Die Idee hat das Unternehmen an europäische Anforderungen angepasst. Das Fahrzeugdesign der Kabinen-Dreiräder mit großer Werbefläche brachte zusätzliche Einnahmen. Die ungewöhnliche rollende Litfaßsäule im städtischen Stop-and-go-Verkehr ist für Passanten ein echter Hingucker und für die werbenden Unternehmen eine der aufmerksamkeitsstärksten Werbeflächen. Aus der einzigartigen Verkehrs- und Werbeidee ist ein mittelständisches Unternehmen mit insgesamt 14 europäischen Standorten geworden. Allein in Berlin wurden 2002 über 320 000 Fahrgäste transportiert. Über 600 Fahrer, meist sportliche Nebenjobtätige zwischen 20 und 30 Jahren, sind allein in Deutschland von April bis Oktober sieben Tage die Woche unterwegs.

ASWO – Spezia-lisierung als Beschaffungs-zentrale   Jedes Jahr gibt es eine erschreckend hohe Zahl von Firmen, die ihre Pforten schließen, weil sie pleite sind. Zur gleichen Zeit gibt es aber auch genug Firmen, die außerordentlich erfolgreich sind! Die erfolgreichen Firmen unterscheiden sich von den nicht erfolgreichen dadurch, dass sie sich konsequent Marktnischen erarbeiten. Das folgende ungewöhnlich erfolgreiche Beispiel der Firma *ASWO* würde ebenso gut in die Rubrik »Zielgruppenspezialisierung« passen. Unter dem Thema Beschaffungszentrale möchte ich Sie jedoch auf neue Ideen bringen.

1968 gründete *Karl-Börris Aschitsch* mit seiner Frau *Astrid* einen Radio- und Fernsehfachhandel inklusive Werkstatt, und zwar mit einem von der Bank geliehenen Startkapital von 5000 DM, einem drei Jahre alten *Renault R4*, einem Servicekoffer sowie ein paar alten Messgeräten. Familie *Aschitsch* hat alle Höhen und Tiefen, die der Aufbau eines Fernsehfachhandels mit Werkstatt mit sich bringt, erlebt und durchlebt. Höhen waren ein guter Abverkauf der Geräte und zufriedene Kunden; Tiefen waren ein volles Lager voller defekter Fernseher, für die man nur schwerlich Ersatzteile bekam. Die Unzufriedenheit der Reparaturkunden wegen der langen Wartezeit machte auch die Inhaber unzufrieden. Nach eingehendem Studium der EKS-Strategie (Engpass-Konzentrierte Strategie nach *Wolfgang Mewes)* kristallisierte sich als das brennendste Problem der Kunden und Kollegen die Beschaffung von Ersatzteilen für defekte Geräte heraus. Nach der Devise »*Wer das brennendste Problem anderer löst, löst auch sein eigenes*« gründete man sechs Jahre später die Firma *ASWO* mit dem Ziel, die Ersatzteilprobleme des Fachhandels, mit denen man selbst täglich zu kämpfen hatte, zu lösen. Nach vielen Jahren paralleler Führung beider Unternehmen trennte sich Familie *Aschitsch* schweren Herzens von ihrem Fachhandel und konzentrierte sich auf den Aufbau der *ASWO*.

Mittlerweile besteht das Unternehmen aus zehn Tochterunternehmen und 27 Franchisenehmern und betreut in Deutschland ca. 32 000 und in Europa ca. 70 000 CE-Fachbetriebe. *ASWO* ist in Europa heute der CE-Service-Spezialist für Ersatzteile, Zubehör, Schaltungen, Service-Know-how, Techniker-Kommunikations- und Wissensdatenbanken und bietet den Technikern kompletten Service für die CE-Branche! Der Service umfasst Unterhaltungselektronik, Weiße Ware, PC, Telekommunikation, Sicherheitstechnik und Homeautomation. Das Informationssystem beinhaltet über vier Millionen verschiedene Ersatzteil- und Geräte-Informationen. Pro Tag werden in Deutschland ca. 4000 und in Europa ca. 10 000 Aufträge bearbeitet.

Die Lebensphilosophie der Familie *Aschitsch* – die »innere Achtung der Menschen füreinander« und »niemals einen persönlichen Nutzen zum Nachteil des anderen« – prägte das Unternehmen, die Mitarbeiter und Kunden. Im Mittelpunkt ihrer Überlegungen stand stets die Frage, wie sich der Nutzen für die Kunden steigern lässt. Diese Philosophie ist heute ein Grundprinzip der Tochtergesellschaften und Partnerfirmen im In- und Ausland. Unter *www. aswo.de, Wir über uns, Grundwerte* finden Sie eine der klarsten und edelsten Firmenphilosophien, die ihresgleichen sucht.

www.aswo.de

Fragen an den Leser

1. Definieren Sie Stärken, Wissen und technische Möglichkeiten Ihres Unternehmens und analysieren Sie, welche dieser Fähigkeiten auch für andere interessant sein könnten. Was würden viele andere gerne nutzen, weil es für den Einzelnen zu teuer oder zu aufwendig ist oder kein Wissen darüber existiert?

2. Analysieren Sie Ihre Möglichkeiten nach gemeinsamer Beschaffung, Koordination für andere, Vermittlung von Diensten und Wissen etc.

3. Gibt es noch andere Ansätze, mit einer Zentrale einer homogenen Zielgruppe einen besonderen Nutzen zu bieten? Zum Beispiel hatte eine Druckerei immer wieder mal kleine Aufträge von Ärzten erhalten. Als sich der Inhaber intensiver mit den Ärzten über deren Bedarf verständigte, spezialisierte er sich auf diese Zielgruppe. Mit der Zeit erweiterte er seine Dienstleistung bis hin zur Beschaffung von allen möglichen Utensilien für die Praxis. Damit wurde er zur Druck- und Beschaffungszentrale, entzog sich dem Preiskampf im Wettbewerbsumfeld und erreichte so eine kontinuierliche Auftragslage, Sicherheit in der Planung und wieder einen lukrativen Deckungsbeitrag.

4. Denken Sie an *Einer Alles Sauber*, *GastroFib AG* und *ASWO*. Alle kamen selbst aus der Zielgruppe, kannten deren Probleme, entwickelten ein Zentralkonzept und besetzten damit eine Nische.

5. Wenn Sie bereits auf eine Zielgruppen spezialisiert sind, welche Möglichkeiten bieten sich, weitere Dienstleistungen als Zentrale anzubieten?

6. Recherchieren Sie im Markt und lassen Sie sich von Ideen anderer Zentralen inspirieren.

4. Die Positionierung von Existenzgründern

Je nachdem, in welcher Branche oder mit welcher Leistung Sie sich selbständig machen wollen, sollten Sie aus den vielen Praxisbeispielen in diesem Buch lernen und die für Sie relevanten Antworten auf die vorgegebenen Fragen erarbeiten. Es geht mir hier um die Bewusstmachung, dass der erste Schritt in die Selbstständigkeit immer die Entwicklung einer erfolgversprechenden Strategie und Positionierung erfordert. Je nachdem, in welcher Richtung Sie Ihre Existenzgründung planen, empfehle ich Ihnen zuerst, die Basisfragen zur Erfolgsstrategie *RückenVital* (vgl. Kapitel 2 in Teil 2, ab Seite 72) zu erarbeiten.

Entlassungswellen, Konkurse, Hartz IV und einschneidende finanzielle Einbußen motivieren immer mehr Menschen, nicht mehr vom Staat oder Arbeitgeber abhängig zu sein, sondern ihre Zukunft selbst in die Hand zu nehmen. Der Trend am Arbeitsmarkt geht in Richtung Eigenverantwortung und Existenzgründung. Zuschüsse durch die Bundesregierung und Unterstützung von Seiten regionaler Stellen helfen, die ersten Hürden zu nehmen.

Geschäftsideen

Ein breites Angebot an Geschäftsideen, mit denen Sie sich selbständig machen können, finden Sie z.B. im Internet mit Erklärungen zum Berufsbild, zur Vorbereitung, zur Voraussetzung sowie wichtigen Kontaktadressen. Geschäftsideen sind z.B. Gesundheitsberatung, Dienstleistungsagentur, Fitnesstrainer/in, Frühstücks-Bringdienst, Reparatur- und Hausmeisterservice. Doch Vorsicht, wenn sich in Ihrem Umfeld viele selbständig machen, das Gleiche anbieten und Sie automatisch in einem Wettbewerb stehen. Auch sollten Sie bei besonders empfohlenen und »gängigen« Geschäftsideen mit Ihren Mitbewerbern Kontakt aufnehmen und die Erfolge hinterfragen. Besser, als eine Standard-Geschäftsidee zu übernehmen, ist es, sich an den eigenen individuellen Stärken zu orientieren und daraus ein Angebot zu entwickeln. Im Bereich der Dienstleistungen gibt es noch viele Möglichkeiten, die zudem oft nur geringes Startkapital erfordern.

Wenn Sie sich an die Prinzipien und Vorgehensweisen in diesem Buch halten, werden Sie auf neue und Ihren Fähigkeiten entsprechende Geschäftsideen stoßen. Nutzen Sie die Chance und lernen Sie aus den Möglichkeiten, neue Marktnischen mit Alleinstellungsmerkmal systematisch zu finden und zu besetzen.

Höhere Zufriedenheit Gerade wirtschaftlich schwierige Phasen und ausgefallene Ideen waren schon oft der Beginn vieler Erfolgsgeschichten. Das Berufsleben in die eigenen Hände zu nehmen heißt: aktiv werden, recherchieren, fragen, lernen, kommunizieren, planen, rechnen und entscheiden. Sie können dabei jedoch viel gewinnen. Wenn Sie vom »Unterlasser« zum »Unternehmer« geworden sind, müssen Sie für Ihren Lebensunterhalt bestimmt nicht weniger arbeiten, aber es kann Ihnen keiner kündigen. Das Selbstbewusstsein und die Lebenszufriedenheit ist unter Selbständigen im Vergleich zu abhängig Beschäftigten im Schnitt höher. Das liegt nicht nur an dem allgemein höheren Grad der Selbstbestimmung, sondern es gibt einfach mehr Erfolgserlebnisse!

Die Positionierung ist eine der wichtigsten Vorüberlegungen im Rahmen der Existenzgründung, um im Markt wahrgenommen zu werden. Eine gute Positionierung kann Sie schneller bekannt machen, erspart Werbekosten und setzt eine Nachfragelawine in Gang. (Eine systematische Anleitung zur Positionierung in mehreren Schritten finden Sie in: *Klug/Köhler: Internet für Existenzgründer,* siehe Literaturverzeichnis).

Die Entwicklung einer zukunftsweisenden Positionierungsstrategie setzt eine ausführliche Analyse voraus. Entscheidend ist, dass die angestrebte Positionierung im Markt nachgefragt wird, der Unterschied zu Mitbewerbern deutlich gemacht wird und dass für diese Position auch ausreichendes Kundenpotenzial vorhanden ist. Je nach Geschäftszweck ergibt sich, ob Sie regional, national oder international tätig sein wollen und über welche Medien bzw. Marketinginstrumente eine Kundenansprache mit welchem Aufwand und welchen Kosten möglich ist.

Entscheidend ist die Nachfrage

In den letzten Jahren habe ich einige Neugründer auf dem Weg zur Selbständigkeit und Positionierung begleitet. Der Erfolg fiel nicht vom Himmel, sondern war immer ein Weg der Lernprozesse und intensiver Arbeit. Um den Prozess der Marktdurchdringung und Zielgruppenkontakte zu beschleunigen, ist für Neugründer u.a. das Thema Joint-Venture-Marketing sehr wichtig.

Anhang

Danksagung

Ich möchte mich an dieser Stelle ganz herzlich bei meinen Kunden bedanken, die mir vertrauten und die erarbeitete Positionierung im Markt umsetzten, sowie allen, die mich bei diesem Buchprojekt unterstützt haben. Vor allem bei *Christian Görtz,* der mich als wertvoller Sparringspartner immer wieder inspirierte und mit neuen Ideen und Informationen versorgte. Danke an meine lieben Kinder *Katja* und *Sascha* und an meine Mitarbeiter. Bei *Dr. Sonja Ulrike Klug* bedanke ich mich für das professionelle Lektorat und die Textüberarbeitung.

Danken möchte ich vor allem auch *Wolfgang Mewes,* der mit der EKS-Strategie mein Leben, Denken und Handeln nachhaltig geprägt hat. Die EKS-Strategie ist die Basis und Voraussetzung bei der Erarbeitung einer erfolgversprechenden Positionierungsstrategie.

Ganz besonders möchte ich mich bei meiner Frau und besten Freundin *Ruth* bedanken; für über dreißig Jahre Ehe, in der sie mir bei allen Hochs und Tiefs zur Seite stand, mir den Rücken freihielt sowie für ihr Verständnis und ihre Geduld, wenn ich bis spät in die Nacht und am Wochenende an meinen Büchern schrieb; für die vielen Gespräche und die konstruktive Kritik zu diesem Buch und dafür, dass sie alle Texte aus Sicht des Lesers kritisch auf Verständlichkeit gegengelesen hat.

Literaturverzeichnis

Beratergruppe Strategie / Wolfgang Mewes (Hrsg.): *Mit Nischenstrategie zur Marktführerschaft*. Band 1 und Band 2. Zürich: Orell Füssli, 2000 und 2001.

Buchholz, Andreas / Wolfram Wördemann: *Was Siegermarken anders machen*. München: Econ, 1998.

Buchholz, Andreas / Wolfram Wördemann: *Der Wachstums-Code für Siegermarken*. München: Econ, 2000.

Breidenbach Theo: *Targeting: Marken erfolgreich positionieren. Marken ohne Streuverluste*. Düsseldorf: Metropolitan, 1998.

Dieterle, G. S.: *Verhaltenswirksame Bildmotive in der Werbung. Theoretische Grundlagen – praktische Anwendung*. Heidelberg: Physica-Verlag, 1992.

Ederer, Günter / Lothar J. Seiwert: *Der Kunde ist König. Das 1 x 1 der Kundenorientierung*. Offenbach: GABAL, 2000.

Emge, Hans: *Wie werde ich Unternehmer? Und die knallharte Antwort für 7,50 Euro*. Reinbek: Rowohlt, 1999.

Friedrich, Kerstin / Lothar J. Seiwert / Edgar K. Geffroy: *Das neue 1 x 1 der Erfolgsstrategie. EKS – Erfolg durch Spezialisierung*. Offenbach: GABAL, 2003.

Friedrich, Kerstin: *Erfolgreich durch Spezialisierung. Kompetenzen entwickeln, Kerngeschäfte ausbauen, Konkurrenz überholen*. Offenbach: GABAL, 2003.

Friedrich, Kerstin: *EKS-Unternehmens-Strategie*. Frankfurt: FAZ, 1993.

Geffroy, Edgar K.: *Das einzige, was stört, ist der Kunde. Clienting ersetzt Marketing und revolutioniert Verkaufen*. Landsberg: Moderne Industrie, 2000.

Häusel, Hans-Georg: *Think Limbic! Die Macht des Unbewussten verstehen und nutzen für Motivation, Marketing, Management.* Freiburg: Haufe, 2003.

Häuser, Jutta: *Marketing für Trainer. Kein Profi(t) ohne Profil.* Bonn: Manager Seminare, 2. Aufl. 2004.

Von Heimburg, York: *Gewinnen durch konsequente Fokussierung. Mehr Erfolg durch Konzentration auf die profitablen Produkte.* Düsseldorf, Berlin: Metropolitan, 2000.

Herzig, O. A.: *Markenbilder / Markenwelten – Neue Wege in der Imageforschung.* Wien: Ueberreuter, 1991.

Jary, Michael / Dirk Schneider / Andrew Wileman: *Marken-Power. Warum Aldi, Ikea, H & M und Co. so erfolgreich sind.* Wiesbaden: Gabler, 2000.

Jay, Abraham: *1000 Supertipps für Power-Marketing mit kleinem Budget.* Landsberg am Lech: mvg, 2000.

Klug, Sonja / Dorothee Köhler: *Internet für Existenzgründer. So nutzen Sie das Netz auf dem Weg in die Selbstständigkeit.* Frankfurt am Main: Campus, 2001.

Kroeber-Riel, Werner: *Konsumentenverhalten.* Saarbrücken: Vahlen, 2003.

Linxweiler, Richard: *Marken-Design. Marken entwickeln, Marktstrategien erfolgreich umsetzen.* Wiesbaden: Gabler, 2004.

Micic, Pero: *Der Zukunftsmanager. Wie Sie Marktchancen vor Ihren Mitbewerbern erkennen und nutzen.* Freiburg: Haufe, 2000.

Moser, Klaus: *Sex-Appeal in der Werbung.* Göttingen: Verlag für angewandte Psychologie, 1997.

Muthers, Hans / Heidi Haas: *Geist schlägt Kapital.* Wiesbaden: Gabler, 1994.

Ries, Al / Jack Trout: *Die 22 unumstößlichen Gebote im Branding.* München: Econ, 1999.

Ries, Al: *Die Strategie der Stärke.* Düsseldorf: Econ, 1996.

Sawtschenko, Peter / Andreas Herden: *Rasierte Stachelbeeren. So werden Sie die Nr. 1 im Kopf Ihrer Zielgruppe.* Offenbach: GABAL, 2000.

Sawtschenko, Peter: *Jafra Erfolgs-Handbuch für den Direktvertrieb.* Jafra Cosmetics 1997.

Trout, Jack: *Trout über Strategie. Wie Sie die Köpfe der Verbraucher und damit die Märkte erobern.* Wien: Linde, 2004.

Trout, Jack / Steve Rivkin: *New Positioning: Das Neueste zur Business-Strategie Nr. 1.* Düsseldorf: Econ, 1996.

Über den Autor

Peter Sawtschenko ist Praxisexperte, wenn es um die Entwicklung und Umsetzung von Alleinstellungsmerkmalen, Spezialisierungs- und Positionierungsstrategien von kleinen und mittelständischen Unternehmen, deren Dienstleistungen und Produkten geht. Seine ungewöhnlichen Markterfolge machten ihn und seine Agentur zu einer gefragten Anlaufstelle für Unternehmen, die neue Wege aus der Austauschbarkeit und dem Preiskampf suchen.

Bevor er sich 1991 selbständig machte, arbeitete er in internationalen Dialogmarketing-Agenturen *(Ogilvy & Mather Direkt, TBWA, Wunderman)* mit den Schwerpunkten: Entwicklung und Gestaltung von Dialogmarketingstrategien, Verkaufsförderung und Vertriebsunterstützung.

Mit seiner Werbeagentur konzentriert sich Sawtschenko auf Marktnischen und Positionierungsstrategien, und zwar mit den Schwerpunkten Entwicklung von Spezialisierungsstrategien, Positionierung und Repositionierung von Produkten, Dienstleistungen und Unternehmen. Er setzt in seinem Unternehmen alle notwendigen Marketingmaßnahmen um. Sawtschenko hält Vorträge und gibt Seminare sowie interne Workshops.

Zu seinen Referenzen zählen Unternehmen wie *AT&T, röhm, Rewe, Convotherm, FAZ/EKS, Dow Corning, Südhessische Gas und Wasser*

AG, Telekom, 3D Systems, ARA-Werke, Seiwert Institut, DISG, Arcadis, Saeilo, Theresia, hessenwasser, Jafra Cosmetics sowie viele kleine und mittelständische Unternehmen.

Peter Sawtschenko ist Autor des Branding-Buchs *Rasierte Stachelbeeren* (GABAL Verlag, 2000), Co-Autor des Strategie-Handbuchs für mittelständische Unternehmen *Mit Nischenstrategie zur Marktführerschaft* (Orell Füssli Verlag, 2000) sowie Autor des umfangreichen Erfolgshandbuchs für den Direktvertrieb *Jafra Direktvertrieb* (1997). Er war beratend tätig bei der Entwicklung des neuen *EKS-Unternehmens-Strategie-Handbuchs* (FAZ).

Werbeagentur Sawtschenko
Werbeagentur für Marktnischen
und Positionierungsstrategien
Industriestr. 15
D-64380 Rossdorf

Homepage: www.sawtschenko.de
E-Mail: mail@sawtschenko.de

GABAL
Business-Bücher für Erfolg und Karriere

Trotzdem Lernen
128 Seiten
ISBN 3-89749-418-3

Trotzdem Lehren
300 Seiten
ISBN 3-89749-419-1

Intelligente Wissens-Spiele
128 Seiten
ISBN 3-89749-360-8

Intelligente Kopf-Spiele
136 Seiten
ISBN 3-89749-420-5

Nur Fledermäuse lassen sich hängen
176 Seiten
ISBN 3-89749-465-5

Organisationsaufstellung und systemisches Coaching
176 Seiten
ISBN 3-89749-292-X

Ärger, Angst und andere Turbulenzen
160 Seiten
ISBN 3-89749-435-3

Projekt-Moderation
128 Seiten
ISBN 3-89749-432-9

GABALs großer Methoden-koffer Kommunikation
296 Seiten
ISBN 3-89749-434-5

GABALs großer Methoden-koffer Arbeitsorganisation
ca. 300 Seiten
ISBN 3-89749-454-X

GABALs großer Methoden-koffer Managementtechniken
ca. 300 Seiten
ISBN 3-89749-504-X

Projekt-Marketing
224 Seiten
ISBN 3-89749-251-2

Informationen über weitere Titel unseres Verlagsprogrammes erhalten Sie
in Ihrer Buchhandlung, unter info@gabal-verlag.de oder im GABAL Shop.

www.gabal-verlag.de

Business-Bücher für Erfolg und Karriere

Love it don't leave it
200 Seiten
ISBN 3-89749-502-3

Beziehungsmanagement
144 Seiten
ISBN 3-89749-503-1

Die souveräne Stimme
ca. 220 Seiten
ISBN 3-89749-505-8

Die 18-Loch-Strategie
176 Seiten
ISBN 3-89749-362-4

Souverän freie Reden halten
168 Seiten
ISBN 3-89749-363-2

Empfehlungsmarketing
170 Seiten
ISBN 3-89749-467-1

Erfolg durch Effizienz
191 Seiten
ISBN 3-89749-433-7

Erfolgreiche Führungsgespräche
192 Seiten
ISBN 3-89749-464-7

Gestern Kollege – heute Vorgesetzter
176 Seiten
ISBN 3-89749-463-9

Ganz einfach verkaufen
136 Seiten
ISBN 3-89749-341-1

Mit Worten führen
160 Seiten
ISBN 3-89749-250-4

Moderation & Kommunikation
136 Seiten
ISBN 3-89749-003-X

Informationen über weitere Titel unseres Verlagsprogrammes erhalten Sie
in Ihrer Buchhandlung, unter info@gabal-verlag.de oder im GABAL Shop.

www.gabal-verlag.de

Bücher für Management

**Die M.O.T.O.R.-
Strategie**
280 Seiten, gebunden
ISBN 3-89749-441-8

**Das verborgene
Netzwerk der Macht**
240 Seiten, gebunden
ISBN 3-89749-122-2

**next practice - Erfolgreiches
Management von Instabilität**
224 Seiten, gebunden
ISBN 3-89749-439-6

Instant Marketing
366 Seiten, gebunden
ISBN 3-89749-350-0

Rasierte Stachelbeeren
264 Seiten, gebunden
ISBN 3-89749-080-3

**Positionierung –
das erfolgreichste Marke-
ting auf unserem Planeten**
ca. 220 Seiten, gebunden
ISBN 3-89749-506-6

**Verkaufen. Aber wie?
Bitte!**
184 Seiten, gebunden
ISBN 3-89749-346-2

**Arbeiten. Aber wie?
Bitte!**
178 Seiten, gebunden
ISBN 3-89749-458-2

**Auf der Suche nach dem
richtigen Mitarbeiter**
168 Seiten, gebunden
ISBN 3-89749-442-6

NAME-POWER
ca. 220 Seiten, gebunden
ISBN 3-89749-508-2

surpriservice
280 Seiten, gebunden
ISBN 3-89749-197-4

Co-Aktives Coaching
ca. 300 Seiten, gebunden
ISBN 3-89749-507-4

Informationen über weitere Titel unseres Verlagsprogrammes erhalten Sie
in Ihrer Buchhandlung, unter info@gabal-verlag.de oder im GABAL Shop.

www.gabal-verlag.de